UNDERGROUND CITIES

世界の地下都市 大解剖

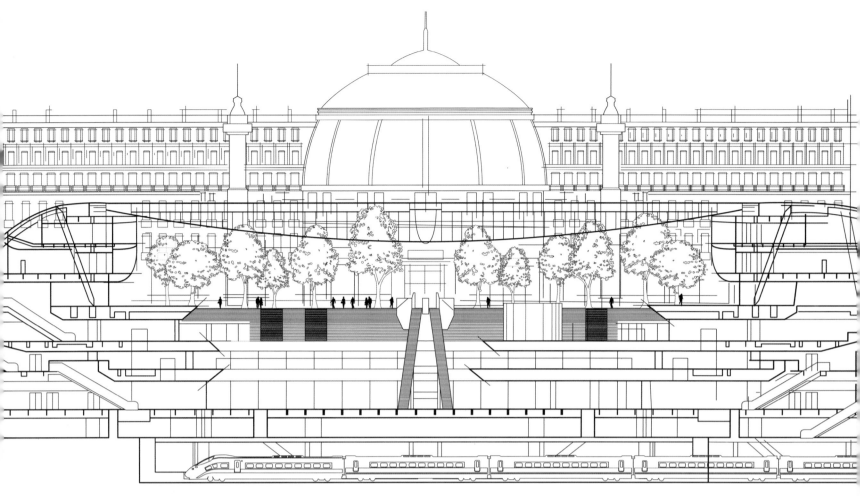

# UNDERGROUND CITIES

MAPPING THE TUNNELS,
TRANSITS AND NETWORKS
UNDERNEATH OUR FEET
MARK OVENDEN

# 世界の地下都市
# 大解剖

立体イラストで巡る、
見えない巨大インフラ

マーク・オーブンデン 著
梅田智世、竹花秀春 訳

**NATIONAL GEOGRAPHIC**

Contents

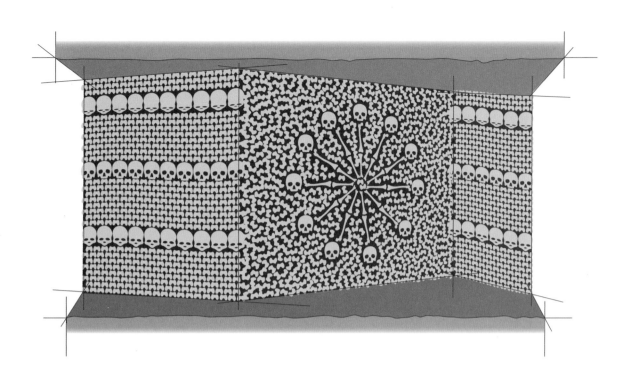

本書は英Quarto Publishing社の書籍「UNDERGROUND CITIES」を翻訳したものです。内容については、原著者の見解に基づいています。

# はじめに

この21世紀に都市の街路を歩き回る人たちの足は、おそらくかなりの確率で、舗道よりもずっと多くの構造物の上にのっている。土壌をきれいにはがしていくことができるなら、ミミズやモグラたちの間に、ケーブルダクト、水道管、排水溝、地下室、地下墓地、井戸、トンネル、地下鉄、古い建物の基礎が渾然一体となった、乱雑ながら人の心をとりこにする混合物が見つかるはずだ。歴史の古い都市では、わたしたちはまさに文字通り、過ぎ去った文明という巨人の肩の上に立っていると言える。

人類社会はいったいなぜ、古い構造物や忘れ去られた遺物の上に新しい構造物を築き続けるのか？　古代ローマや先史時代の集落のうちのどれくらいが、現代の都市の下に埋もれているのだろうか？　地下鉄の新路線建設のために地面を掘ったら、何が見つかるのか？　そうした疑問は、子どもの頃からわたしの心をとらえて離さなかった。わたしの父は、廃線になった鉄道や使われなくなった運河をめぐって、長々と散歩するのが好きだった。そんな探求心旺盛な父に引きずられて、幼いわたしは、産業が空洞化しつつあった1960〜70年代のイギリスの残骸の間を、なかばいやいや歩き回ったものだった。

わたしが生まれ育った街から田舎町に引っ越してまもなく、転入先の新しい学校で、自分の故郷をめぐる四行詩を書く課題が出た。わたしはこんな詩を書いた。

わたしはまたロンドンの街へ来た
緑の地は小さくなり
新しい建物が立ち、古い建造物は倒れる
いつになったらロンドンは完成するのか？

とても詩人にはなれそうもない出来だが、この詩に見られる「都市は絶えず更新されている」という認識の芽生えは、都市が果てしない再生のサイクルをどのように繰り返しているのか、その仕組みをもっと詳しく知りたいという欲求を、わたしの心に植えつけたようだ。公共交通システムや新たな建物の基礎の建設は、おそらく地下に埋もれた人間の活動を明るみに出す最大の原因だろう。そんなわけで、乗り物オタクであるわたしは、ごく自然ななりゆきで、地下鉄の壁の向こうに眠るものをめぐる疑問へ導かれることになった。

わたしは生まれてからほぼずっと、交通機関の印刷物（路線図、パンフレット、写真など）を収集してきたが、1990年代には音楽関連の仕事で世界のもっと広い地域を旅して回る幸運に恵まれ、おかげで世界各地のサンプルをコレクションに加えることができた。遠方の都市を訪ねる予定の友人たちに、メキシコシティや東京の地下鉄の路線図のコピ

ーをくれと頼まれるようになった頃から、「各地の路線図を並べて掲載する本が存在しないのはどうしてだろう」と不思議に思うようになった。そこから生まれたのが、2003年に刊行されたわたしのはじめての本『Metro Maps of the World（世界地下鉄路線図）』のアイデアだ。この本はちょっと驚くほどヒットし、以来、大手の出版社に引き継がれ、別の言語に翻訳され、何度か改訂もされている。この成功に刺激されたわたしは、フランスへ引っ越してパリのメトロについて調べ、2013年のロンドン地下鉄開業150周年を機に、ロンドン地下鉄の設計に関する本を制作するためにロンドンへ舞い戻った。そうした興味と新たな知識のすべてが、さらに徹底した都市探索と、わたしにとっておなじみの領域である地下鉄トンネルの枠を越えた、あらゆるタイプの人工の地下構造物を探る本書『世界の地下都市 大解剖（UNDERGROUND CITIES）』の発想につながった。

　この本を書くために調査を重ねるうち、いくつか驚きの発見が生まれた。その一例が、ヘルシンキの地下に穿たれた、広大な複合スペースだ。冷戦時代に市民を攻撃から守るための策として建設が始まったこの空間は、継続的に拡大しながら維持され、現在ではあの美しい都市のもう1つの活動階層として機能するまでになっている。もっと商業的なところで言えば、モントリオールやトロントなどのカナダの都市の地下に広がる、歩行者用トンネルが連結した広大なショッピングモール網がある。そして、モスクワの地下深くに軍用の第2のメトロがあるという噂はわたしも知っていたが、彼の地につくられたいくつかの秘密の地下壕があれほどの規模だとは想像もしていなかった。そうした数々の発見が、本書で一堂に会している。

　豊かで多様な地下構造を美しく彩っているのが、ロバート・ブラントによる素晴らしいイラストだ。ブラントの地下世界の解釈は、彼の明快なイラストにより、いっそう説得力を増している。ラベル・ジョンズ社、とりわけ見事なマップの数々をつくってくれたクレア・バーニーにも感謝しなければならない。

　本書で紹介する都市の登場順を決めるのはなかなか難しかったが、アルファベット順や人口の多い順に並べるのではなく、国際日付変更線から地球をぐるりと回る順番で落ち着いた。これなら、えこひいきだと文句を言われることもないだろう！

　地下スイミングプールから秘密の指令室まで、本書に登場する多様な構造物を見れば、誰であれ、足の下に広がる迷宮に思いをめぐらせずにはいられなくなるはずだ。ここに出てくる都市を旅したくなった人もいるだろうし、肘かけ椅子に座って探検を夢想する人もいるかもしれない。本書がどんな視点から読まれるにしても、あなたがわたしと同じくらい、わたしたちの足の下に眠るものに魅了されることを、そして次に街路を歩くとき、目に見えない世界をめぐるあなたの想像が大きく膨らむことを願っている。

# 南北アメリカ

North and South America

1906年の絵はがきに描かれたニューヨーク市のBMT
地下鉄とブルックリン橋ターミナルの断面図。

# ロサンゼルス[アメリカ]

## ストリートカーとともに育った街

　アメリカ、カリフォルニア州の太平洋岸に位置するロサンゼルスは世界屈指の広さを誇る都市圏で、市域人口は400万人にのぼる（都市圏人口は1200万人以上）。今でこそフリーウェイと車の多さで知られているが、この街のそもそもの配置は、意外なことに公共交通機関の広がりに沿ったものだった。

　現代のロサンゼルス（LA）は、サンタモニカ山脈とサンガブリエル山脈の足もとのおおむね平らな土地に広がっている。先住民族がこの地域に住みついたのは紀元前5000年から3000年頃のことだ。1542年、最初のスペイン人探検家がこの地に足を踏み入れた。200年後、再びスペイン人がこの地を訪れたときには、現在ロサンゼルス盆地と呼ばれているエリアに5000人ほどのガブリエレーニョ族が暮らしていたとされている。1781年、44人の入植者が「天使たちの女王の町」を築いたが、"町"といっても小さな農場に毛が生えたようなものだった。1820年までに人口は650人に増加。その後、町はメキシコの支配下に入るが、1847年にアメリカ領になった。鉄道が到来したのは、サザン・パシフィック鉄道が完成した1876年のことで、1885年にはサンタフェ鉄道がそれに続いた。1892年には石油が発見され、1900年までに人口は10万人を超えた。

### LAの半乾燥気候

　ロサンゼルスはポップカルチャーから受ける印象ほどカラカラに乾燥しているわけではないが、それでも19世紀末になる頃には、ロサンゼルス盆地に降る雨では人口を維持するだけの飲用水を確保できなくなっていた。そこで浮上したのが、60キロの運河、70キロの暗渠、156キロの開放舗装水路に

よって、街の北にあるオーウェンス・バレーから水を引くロサンゼルス導水路計画だ。この大事業は1905年に着工し、1913年に完成した。でき上がった水路の威力は絶大で、やはり水不足に悩まされていたハリウッドなどの近隣の町や都市が、水路の恩恵を受けようと、自ら身を投げ出してLAに併合されたほどだった。その結果、予想以上に水の消費量が増えたため、のちに水路を拡張する必要が生じた。たとえば、1930年にはモノ湖までの延長工事が、1956年には第2導水路の建設が始まった。現在では、ネバダ州との州境ぎりぎりの地域からはるばる水が引かれている。

　長さ82キロのロサンゼルス川は、街の背後にそびえる山脈から流れる雪どけ水や雨水を海へ運んでいる。街の広がる平野がしばしば洪水に見舞われていたことから、1930年代半ば、ロサンゼルス市は川をまっすぐにして幅の広いコンクリート製水路に流し込む工事をアメリカ陸軍工兵司令部に依頼した。「ウォーターフリーウェイ」とも呼ばれるこの見事なインフラは、『グリース』から『ターミネーター2』まで、無数の映画やテレビ番組の背景になってきた。現在では、2028年夏季五輪の開催に備えて、フランク・ゲーリーなどの建築家の協力のもと、コンクリートを植物に覆われたテラスに置き換えて、より自然な外観にする作業が進められている。

### ストリートカーと地下鉄

　サンタクララの平野にできた最初の街路網は、スペイン流の計画をもとにつくられたため、中央に広場のある格子状の配置になっていた。その様式が受け継がれたのは、1873年に開業したLA最初の公共

上左　ロサンゼルス導水路。何キロも離れた水源から大都市ロサンゼルスに供給する。

上右　1925年に開業した地下鉄ターミナルビルに向かうパシフィック電鉄のトンネルの1つ。毎日平均6万5000人の乗客を運んだ。この写真は廃止されるわずか10年前の1945年頃撮影されたもの。

交通機関「パイオニア・オムニバス・ストリート・ライン」──馬の引くバス──にとっては恩恵だった。だが、轍だらけの路面に手を焼き、開業の翌年、スプリング・ストリートと6番ストリート沿いに線路が敷かれた。ストリートカーで街中を移動しやすくなると、街の辺縁部で不動産投機が巻き起こる。1876年、当時まだ馬が引いていたストリートカーがイースト・ロサンゼルス（現リンカーン・ハイツ）とボイル・ハイツに到達し、その地に最初の郊外都市が誕生した。1877年には、ロサンゼルス＆アリソ・アベニュー・ストリート旅客鉄道もボイル・ハイツに乗り入れるようになった。同じように、ストリートカー路線の周囲に郊外都市ができるという発展パターンが広範囲で繰り広げられた結果、かつての荒野や木の生い茂る平野がすっかり姿を変え、今のような現代的な都市配置ができ上がった。

　1880年代までに技術が進歩し、馬以外の方法でストリートカーを動かせるようになった。たとえば1885年には、ケーブルを埋設する溝がつくられ、このケーブルを利用するセカンド・ストリート・ケーブル鉄道が開業した。そのおかげで、馬が苦労していたバンカー・ヒルの急勾配でも車両を楽に引き上げられるようになり、新たな郊外の範囲が起伏の

多い西側のエリアに広がった。1887年には電気動力が到来し、LAのそこかしこに架線が登場する。メイン・ストリート＆アグリカルチュラル・パーク・ストリート鉄道が走らせていた馬の引く最後のストリートカーが役目を終えたのは、そのわずか10年後のことだった。

　ダウンタウンや近隣地区で軌間の狭いストリートカーを運営していたのが、ロサンゼルス鉄道（LARy、別名イエローカー、ロサンゼルス・トランジット・ラインの前身）だ。この会社は1901年、不動産王ヘンリー・E・ハンティントンが既存の鉄道会社を大量に買収した際に設立された。ハンティントンは買収した会社の路線を統合し、利用者の多い25路線からなる、特徴的な明るい黄色の車両が走るネットワークを築き上げた。

　イエローカーは市中心部の大量輸送手段としては申し分ないが、無秩序に広がりつつある郊外都市を結ぶためには、もっと頼りになる手段が必要だ。そう認識していたハンティントンは1901年、パシフィック電鉄を設立する。その狙いは、辺縁部の小規模な鉄道各社を統合し、大型の都市間トラムが走れる標準軌の新しい線路で各社の路線をつなぐことにあった。この新たなネットワークを走るあざやか

な赤のトラムは、すぐにレッドカーとして世に知られるようになる。この強気の買収戦略が最高潮に達したのが、"新たな"パシフィック電鉄を生んだ1911年の大合併だ。この新会社の運営する路線は1920年代に世界最大の電気鉄道システムとなり、南カリフォルニア全域で総延長1600キロ超の線路をレッドカーが走るようになった。こうして、カリフォルニア州の都市基盤ができ上がった。

　ほどなくして、郊外のエリアからLAのダウンタウンに乗り入れる路線を数多く運営するようになったパシフィック電鉄は、地下鉄ターミナルビルとそこに至る長いトンネルの建設に多額の資金を費やす価値があると考えるようになる。1925年に開通したベルモント・トンネルは、事実上、ロサンゼルス初の地下鉄区間だ。このトンネルの開通により、ダウンタウンから遠く離れた郊外までの所要時間が15分ほど短縮された。ターミナルビルの大部分は現存していないが、かつてはヒル・ストリートの地下に6本のプラットフォームがあり、そこからストリートカーの走る複線トンネルがおよそ2キロ西のグレンデール・ブルバード入口まで伸びていた。この路線はまもなくハリウッド地下鉄と呼ばれるようになった。ストリートカーは1960年代に廃止されたが、この巨大な地下空間は冷戦時代に核シェルターとして第2の命を与えられた。

### 自動車の台頭

　おそらくハリウッド地下鉄の建設に刺激されたのだろう、ロサンゼルス市とロサンゼルス郡も独自の"独創的な発想"を温め始めた。1925年の包括的高速輸送計画では、ボストンとシカゴのものに似た高架鉄道網の構想が描かれたが、市中心部やその周辺では新たな地下区間の設置が提案されていた。郊外では、この計画にもとづく路線がパシフィック電鉄の主要路線を引き継ぎ、「立体交差」区間で各路線を拡張し、鉄道と自動車の流れを分離する予定になっていた。計画のうち、少なくとも4つの路線で「即着工」が提案されていたが、地面が掘り返されることはついになかった。この計画は第二次大戦後に再検討され、大幅に縮小された。唯一残された地下区間案では、ハリウッド地下鉄を転用し、ブロードウェイの地下を走る短い新区間を付け足すことになっていたが、この計画も実現しなかった。

　1930年代には、ストリートカーと自家用車の交通渋滞はすでに危機的な段階に達しつつあった。南カリフォルニア自動車クラブは高架フリーウェイシステムの建設を求めたが、その狙いがストリートカーをバスに置き換えることにあったのは明らかだ。とはいえ、市がフリーウェイ計画を練り始めた当初は、線路を使う交通機関のための複線スペースが中央分離帯に確保されていた。車の利用増に伴ってストリートカーは衰退し、1950年代はじめには大がかりな新フリーウェイ建設のための土地争奪戦が本

格化する。レッドカーの大規模な都市間ネットワークとイエローカーの密集したローカル路線は大部分が廃止され、残っていたストリートカー路線はナショナル・シティ・ラインズ社に売却された。その後、この会社がゼネラル・モーターズの取締役から資金援助を受けていたことが発覚。その裏には、すべてのストリートカーを段階的に廃止し、市民に否応なく車を買わせようとする狙いがあったという。このアメリカ路面電車スキャンダルは、1988年の映画『ロジャー・ラビット』の筋書きにも採り入れられた。

### ロサンゼルスのメトロ

　最初の地下鉄区間を失っても、ロサンゼルスと鉄道用トンネルとの縁は切れなかった。ロサンゼルス郡都市圏交通局の1954年の計画で提案されたパノラマシティとロングビーチを結ぶ単線路線には、市中心部のヒル・ストリートの地下を走る区間が含まれていた。何度か予備的なボーリング調査が行われたものの、1960年まで具体的な進展はなく、その年の新たな計画では高架鉄道構想が復活した。2年後、東西を結ぶ「バックボーン・ルート」構想が提唱される。この構想には、ウィルシャー・ブルバードの地下を走るセンチュリー・シティまでの長いトンネルと、サンバーナディーノ・フリーウェイの上を通る高架区間が盛り込まれていた。だが、何の進展もないまま1960年代が過ぎていき、その間にほかの構想も次々に浮上した。そのうちの1つ、1968年に提案された「5コリドー・システム」は、のちに生まれるLAのメトロ網と驚くほどよく似ていたが、当時は何の工事も行われなかった。

　だが、その状況をいつまでも続けるわけにはいかなかった。1970年代半ば、ロサンゼルスは大量輸送のニーズが切迫していることに気づく。排ガスに息をつまらせ、スモッグに絶えず視界を遮られている車依存の街に本格的な地下鉄を建設するべく、いくつかの案が検討された。そして1980年、ついにロサンゼルス・メトロ・レール網建設のための地方税が承認された。

　数年の設計作業を経て1985年に工事が始まり、1990年7月、メトロのブルーラインが開通した。この路線には短い地下区間があり、そこでレッドラインと接続する予定になっていた。大部分が地下を走るレッドラインは3年後に完成。1995年には高架区間の多いグリーンラインも開通した。ハリウッド/バイン駅などのいくつかの駅は、美しく飾り立てられた地下聖堂のようなおもむきがある。

### バンカー・ヒル

　1970年代に浮上したのが、「ロサンゼルス・ダウンタウン・ピープル・ムーバー」プロジェクトだ。その目的は4駅を結ぶ2.5キロの高速輸送路線をつくることにあり、うち1駅（3番ストリートとオリーブ・ストリートの近く）はフラワー・ストリートからヒル・ストリートまでの地下区

間に置かれることになっていた。トンネルの建設は
すでに始まっていたが、1981年、プロジェクトはロ
ナルド・レーガン政権の横やりで中断し、3番スト
リート沿いの短い区間だけが今に残されている。プ
ロジェクトが進んでいれば、このバンカー・ヒル・
トランジット・トンネルは、すでに建設が進行して
いたLAメトロ網とつながっていたかもしれない。

そのほか、同じくバンカー・ヒルの近辺には、一
般市民が入れるトンネルもいくつか残っている。
1900年代の異なる時期につくられたと伝えられる
このトンネル群は、おもにこの地区の行政ビルをつ
ないでいる。装飾は必要最低限だが、シカゴのペド
ウェイと似ていなくもないこの地下歩道は、事実
上、官僚御用達の秘密の通路と化している。

### 未来に待ち受けるもの

ロサンゼルスでは現在、新たな地下駅や地下区
間をはじめ、いくつかの新プロジェクトが進行して
いる。既存の複数路線を結ぶ「リージョナル・コネ
クター」も提案されている。これが完成すれば、し
ばしば地下鉄空白地帯と揶揄されるバンカー・ヒ
ル地区にようやく地下鉄駅ができることになる。

都市鉄道の拡張計画はそれだけではない。ロサ
ンゼルスでは今、どんな大都市にとっても運命の大
逆転になるであろう第2の計画も進められている。
億万長者のイーロン・マスク率いるボーリング・
カンパニーは、超高速輸送システム「ハイパールー
プ」の開発にとりかかっている。興味をそそるこの
構想は、乗客を繭のような「ポッド」に乗せ、超高速
で長距離を移動させるというものだ。マスクは先
頃、LAの街にそれよりも低速のローカル網をつく
る計画を発表した。初期試験に使われる最初の路
線は、高速道路405号線と平行する長さ10.5キロの
「トンネル」を走ることになっている。同社はすで
に、複数のルートの許可を申請している。

下 LAメトロ駅の中でもとりわけ
美しく、創造性にあふれたレッドラ
インのハリウッド/ハイランド駅。
開業は西暦2000年。設計したシー
ラ・クラインはこの駅の建築を「地
下の少女」と呼ぶ。

深度（メートル）

0

-50

-60

-70

-80

-90

-100

## ハリウッド／バイン駅と
## ボーリング・カンパニーの試験トンネル

ロサンゼルスと言われても、胸躍るような地下施設の宝庫は想像しないだろう。それもそのはず、ロサンゼルスは地下開発において後発組だ。しかし、近年は地下開発を積極的に進めている。1925年開業の地下鉄ターミナルは時代の先を行っていたが、すぐに廃止となった。カリフォルニアの住人がマイカー志向だったこともあって、適切な地下鉄システムの計画立案には長い時間を要した。結局、地下鉄網の開業は1990年代になってしまったが、建物やデザインの質の高さだけでも待った甲斐があったと許された。それ以降、たくさんの地下施設の建設が進められている。

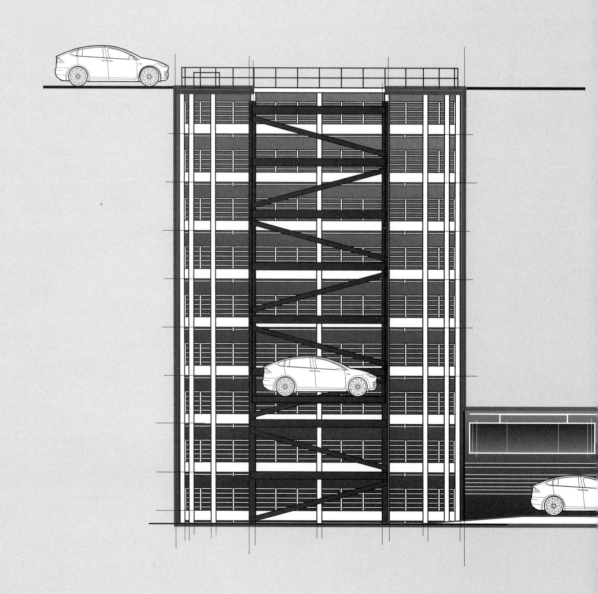

左　レッドライン（現B線）のほかの数十の地下鉄駅に負けず劣らず、ハリウッド/バイン駅もロサンゼルス・メトロの装飾の模範だ。地元の芸術家ギルバート・ルハン（別名Magu）は、地元の映画産業を象徴する光をこの駅のテーマに選び、映写機の閃光、南カリフォルニアの太陽、ハリウッドのスターたちを描いた。駅には2台の年代物のパラマウント映画の映写機が置かれ、天井は空のフィルムリールコンテナで飾られている。ルハンによって駅の支柱はヤシの木に仕立てられ、乗客は「黄色いレンガの道」を通って地上へ出る。

下　密閉された真空チューブの中に磁力の力でポッドを浮かべ、それを音速で打ち出して長距離を高速移動するアイデア（ハイパーループと呼ばれるコンセプト）とともに、億万長者のイーロン・マスクはより遅いシステムも試している。マスクはボーリング・カンパニーを2017年にSpaceXの子会社として設立すると、金属製の「スケート」やソリに自動車を載せて最高時速100マイルで運ぶ全長1マイルの試験トンネルを、2018年にカリフォルニア州ホーソーンに建設した。この地下トンネルまで車と乗客はエレベーターを使って下りる。実験が成功すれば、ウエストウッドまで試験トンネルが延伸されるかもしれない。ロサンゼルス空港（LAX）とカルバーシティの間にこれができれば、地上の道路なら45分かかるところをわずか5分に短縮できるだろう。

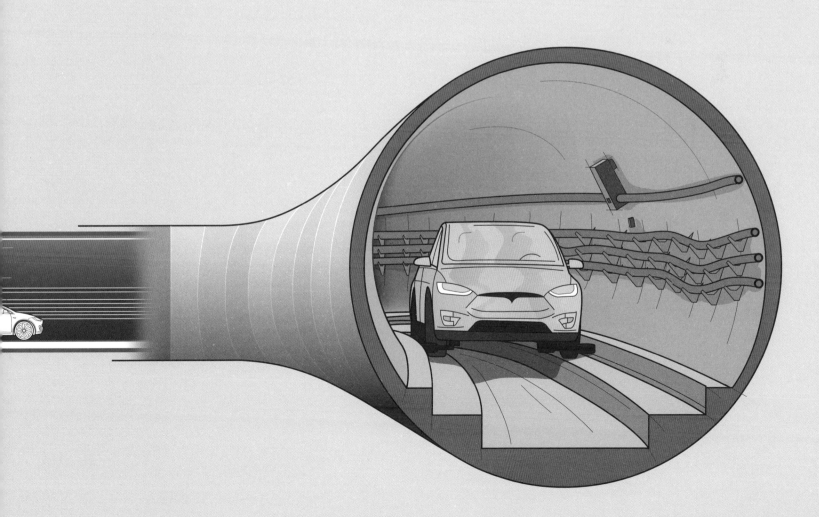

ベルドゥーゴ山地

ゴールドライン

サウスウエスト・ミュージアム

ヘリテージ・スクエア

リンカーン/サイプレス

ゴールドライン

マリアッチプラザ

ソト

チャイナタウン

ユニオン・ステーション

リトルトーキョー/アーツディストリクト

ピコ/アリソ

バンカー・ヒル/シビックセンター

1st/セントラル

ハリウッド地下鉄ターミナルビル

マンガード・ビル

バーシング スクエア

ハリウッド/LATTC

サンペドロ

ワシントン

ロサンゼルス川

ロサンゼルス川

ドジャースタジアム

ベルモント・トンネル

ウィルシャー/マッカーサー

エコーパーク/シルバーレイク

バーモント/サンセット

バーモント/ビバリー

ウィルシャー/バーモント

ウィルシャー/ノルマンディー

グランドアベニュー・アーツ/バンカー・ヒル

7丁目/メトロセンター

バーシング スクエア

ピコ

グランド/LATTC

ジェファーソン/USC

エキスポパーク/USC

コンベンションセンター/ステープルズセンター

LATTC/オーソニー・インスティテュート

USC/コロシアム

エキスポ/バーモント

グリフィスパーク

グリフィス天文台

ハリウッドの看板

レイク

ハリウッド公園

グリフィス天文台

ハリウッドボウル

ハリウッド/ハイランド

ウォーク・オブ・フェイム

ハリウッド/バイン

ハリウッド/ウエスタン

バーモント/サンセット

ハリウッド墓地

ハリウッド・フォーエバー墓地

ウィルシャー/ウエスタン

ウィルシャー/クレンショー

エキスポ/クレンショー

エキスポ/ウエスタン

ライマート・パーク

クレンショウ/LAXライン

クレンショウ エリア

州立レクリエーション・クレンショウバーク

ケネス・ハーン州立レクリエーションエリア

ウィルシャー/フェアファックス

ウィルシャー/ラ・ブレア

ノースハリウッド

レッドライン

ユニバーサルシティ

ユニバーサルシティ

フランクリンキャニオン公園

ウィルシャー/フェアファックス

ウィルシャー/ラ・シエネガ

ウィルシャー/ロデオ

センチュリーシティ/コンステレーション

ラ・シエネガ/ジェファーソン

カルバーシティ

パームス

ラ・シエネガ/ラ・ブレア

ロサンゼルス カントリークラブ

ウエストウッド/UCLA

ウエストウッド/ランチョパーク

ウエストLA

バーブルライン

ウエストウッド退役軍人病院

ストーンキャニオン貯水池

ゲッティ

ゲッティ

エキスポ/セプルベーダ

エキスポ/バンディ

ゴールドライン

エキスポ/バンディ

26丁目/バーガモット

17丁目/SMC

ダウンタウン サンタモニカ

サンタモニカ

サンタモニカ桟橋

シャーマンオークス

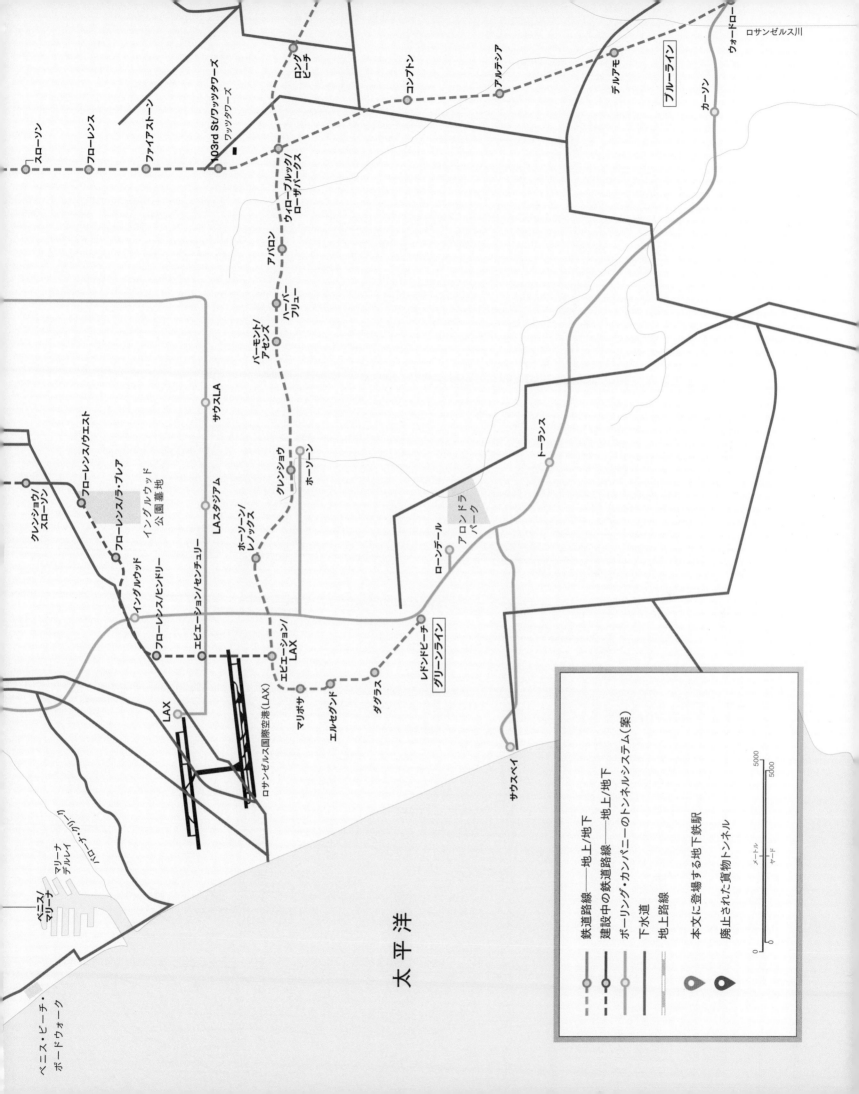

# メキシコシティ［メキシコ］

## かつての湖に広がる街

1325年頃にアステカ人がテノチティトランの名で築き、現在はメキシコシティと呼ばれるこの街は、南北アメリカで最も歴史の古い首都だ。メキシコ中央部の高原に位置するメキシコシティは900万人近い市域人口を擁し、周辺を含めた都市圏にはさらに1200万人が暮らしている。

この人口は北アメリカのどの都市圏よりも多い。2016年、それまで「連邦区」だった正式名称がメキシコシティ（CDMX）に改められ、メキシコ国内の各州と同じ自治権が与えられた。

メキシコシティは昔から大都市だった。アステカ帝国時代でさえ、1519年にスペイン人が到来する頃までに都市周辺の人口は20万人に達していた。この街はテスココ湖に浮かぶ島に築かれた。スペインの侵略者たちに包囲されて徹底的に破壊されたが、植民者を率いていたエルナン・コルテスはこの立地の重要性を認識し、同じ場所にコンスティトゥシオン広場（地元民にはソカロと呼ばれている）を中心とする現在のメキシコシティを築いた。

スペイン人の征服者たちは、南アメリカのスペイン帝国の首都にするつもりでこの街を発展させた。そのため、19世紀に至るまでに、いくつもの宮殿をはじめとする壮麗なコロニアル様式の建築物が数多く生まれた。中には、謎めいた秘密の地下通路を持つ建物もある。

街を取り囲む湖の深さは、かつては最大150メートルまであったが、氷河期以降、少しずつ干上がっていった。アステカ人はさまざまなダムや堤道で湖を手なずけていた。1600年代はじめに洪水がたび重なると、新たな入植者たちは湖全体の干拓に乗り出し、パヌコ川につながる長さ12キロの溝とトンネルをつくった。だが、その後も洪水は繰り返された。1960年代になってようやく、数百キロに及ぶ深さ30〜250メートルのトンネルの巨大ネットワークからなる現代的な排水システムが建設された。しかし残念なことに、それに伴って長期的な悪影響も生じ、水不足、谷間の地域の半乾燥帯化、地震の際の液状化現象が起きることになった。さらに、街の地盤はこの100年で10メートルも沈下した。

### 下水問題の解決策

メキシコシティの人口規模からすれば、公衆衛生の問題が生まれるのは避けられない。2008年、メキシコ国家水委員会（CONAGUA）は、メキシコシティから出る廃水を運ぶ幅の広い排水トンネルを地下深くに建設する大型事業に着手した。長さ62キロのこのトゥネル・エミゾール・オリエンテ（東下水道）は、総工費110億ペソで4年をかけて建設される予定になっていた。実際にはさらに2年がかかり、2014年の完成までに総工費は150億ペソに膨らんだ。だが、地下200メートルで毎秒150立方メートルの廃水を運べるこの下水道には、それだけの時間と費用をかける価値があったと評価されている。

### 初期の交通

メキシコシティが急速に拡大したのは19世紀のこと。そのさなかの1858年、馬の引く路面鉄道がソカロとタクバヤの間で開通し、市民が広い街を移動しやすくなった。同じ年には、メキシコシティとビジャ・グアダルーペを結ぶ幹線鉄道も登場する。どちらの鉄道でも散発的な延伸が繰り返された結果、1890年までに、連邦区鉄道会社が運営する総延長

**上** 建設中に批判の声もあった直径 8.7mのトゥネル・エミゾール・オリエンテ（東下水道）は、最も深いところでメキシコシティの地下200mを通り、建設に6年の歳月を要した。

200キロの路線を、3000頭のラバが引く600車両が走るようになっていた。その後の10年で一部が電化され、1901年にメキシコ電動トラム社に引き継がれた。路面電車は50年にわたって市民の中心的な交通手段として活躍したが、自動車が街路を支配するようになった1960年代に人気が翳り始める。1976年までに、路面電車網は総延長156キロの3路線に縮小し、最後に残った路線（ソチミルコ～タスケーニャ間）は1986年から1988年にかけて現代的なライトレール路線に改造された。

## 地下へ向かって

メキシコシティの市内交通については、ずっと昔からいくつかの案が出ていたが、のちにメキシコシティ・メトロとなる交通網がインヘニエロス・シビレス・アソイアドス（ICA）の創業者ベルナルド・キンタナにより提案されたのは、中心部の街路が車で渋滞し始めた1960年代になってからのことだった。キンタナが主張した3路線からなる大規模構想は、

1967年に「マエストロ計画」として採用された。最初の路線は記録破りの速さ（1カ月あたり約1キロ）で建設され、16駅を結ぶ12.7キロの路線が1969年に完成。フランス式のゴムタイヤ（プヌ）車両技術が採用されたこの路線は、まずインスルヘンテス駅とサラゴサ駅を結ぶ区間で開通した。

1972年までにメトロ網は何度か拡張され、総延長41キロで48駅を結ぶまでに発展する。1985年までに、最初に計画された3路線が現在の長さまで伸び、6号線と7号線も新たに追加された。今では、200近い駅（うち115駅は地下にあり、一部の区間では最大で地下35メートルの深さがある）を結ぶメキシコシティ・メトロはニューヨークに次ぐ北アメリカ第2の規模を誇り、年間延べ16億人の乗客を運んでいる。

数十年にわたるメトロ建設の過程で、2万点を超える考古学的遺物が発掘された。小さな道具から建造物の基礎、女神像、ピラミッドの積み石に至るまで、先史時代からアステカ帝国時代までのありとあ

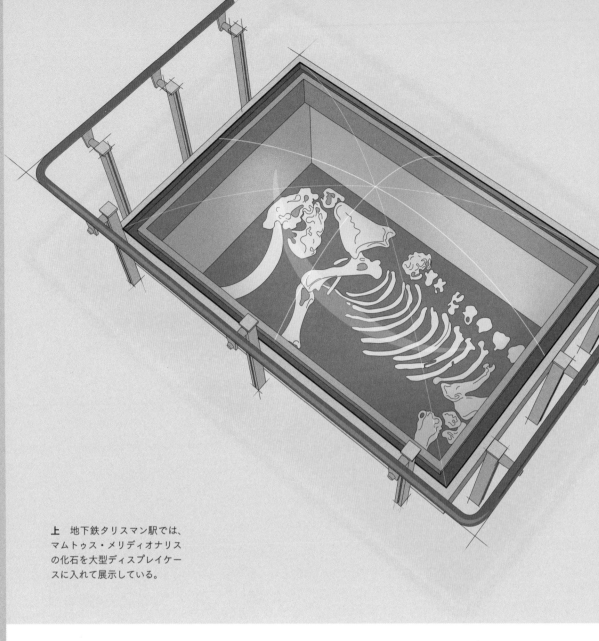

深度（メートル）

0

10 — メトロポリタン大聖堂の地下にある
　　アステカ遺跡

20

30
ガーデン・サンタ・フェ
メトロのトンネル（最深部）

40

50

60

排水トンネル

70

80

90

100

200 — トゥンネル・エミゾール・オリエンテ

250

上　地下鉄タリスマン駅では、
マムトゥス・メリディオナリス
の化石を大型ディスプレイケー
スに入れて展示している。

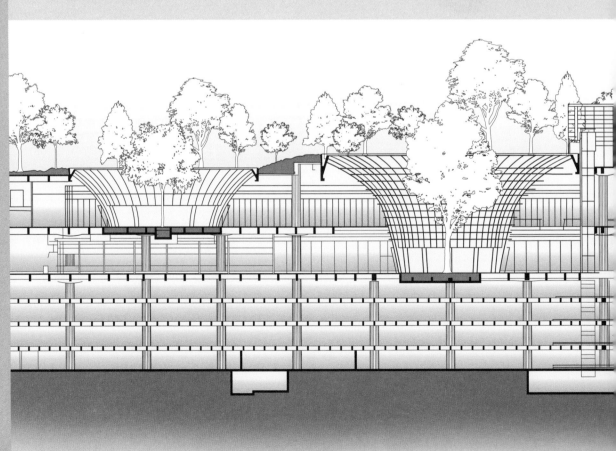

## タリスマン駅とガーデン・サンタ・フェで
## 発見されたマンモスの骨

メキシコは過去に何度も大きな地震に見舞われ、首都であるメキシコシティも地震が多い
が、地下ではトンネルの掘削が続いている。メキシコシティのメトロの開業時期は、北ア
メリカ最大のニューヨーク市地下鉄が開業してから約70年後の1969年と歴史は浅いが、
現在では北アメリカ2番目の規模を誇る地下鉄網となっている。全195駅のうち115駅が
完全地下で、延伸工事のたびに考古学上の新たな発見がある。1号線の建設中にはアステ
カの偶像とマンモスの骨が発見された。近年、新たな地下構造物の建設案がいろいろと出
ている。空想に近い計画もある中、ガーデン・サンタ・フェは実現可能な建築の手本だ。

下 ショッピングモールのガーデン・
サンタ・フェを周囲の高層ビル群から
見下ろした姿は、まるで植物でできた
宇宙船だ。中央商業地区に位置するこ
の施設は、KMDアーキテクツが設計
し、2014年にオープンした。

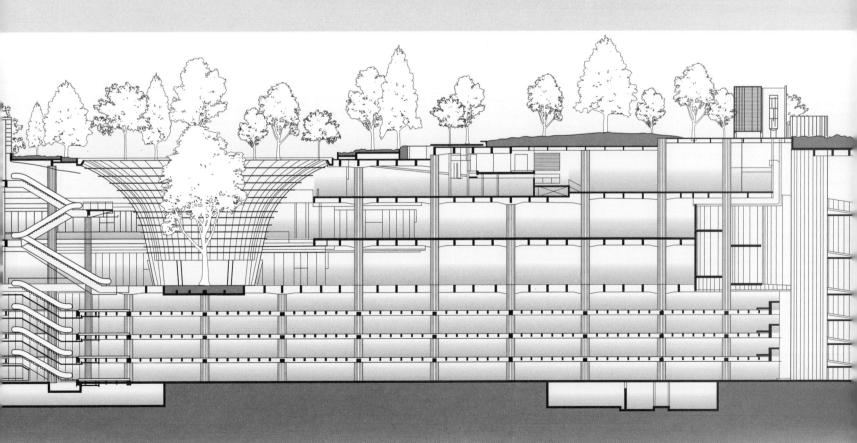

らゆるものが工事中に見つかった。その多くはメキシコ国立人類学歴史研究所で展示されている。発掘品の中には、特徴的な形をしていることから、各駅のシンボルマークのデザインに使われたものもある。各駅をマークで表すこのグラフィック・システムは、アメリカ人アーティストのランス・ワイマンが発案したものだ。

最も象徴的な発見は、このあたりがもっと寒かった時代に生きていたケナガマンモスの化石だ。マンモスをかたどったエンブレムは、化石の発掘場所につくられた4号線のタリスマン駅のシンボルマークになっている。駅構内には、復元されたマンモスの化石が展示されている。

## 構造の驚異

2014年、メキシコシティでとあるショッピングモールが開業した。それ自体は特段変わったことではないが、このガーデン・サンタ・フェは地下4階にまたがる地下ショッピングモールで、しかも緑の木々が満ちあふれている。金融地区の中心部に位置する広さ1万2000平方メートルのこのモールは深さ最大35メートルで、90の店舗が入っている。この手の緑あふれる地下モールが中央アメリカにできたのは、これがはじめてだ。

メキシコシティの建築物は、上に向かうにしても下に向かうにしても、耐震性を備えていなければならない。この街の耐震能力を証明したのが、1985年の大地震だ。この地震はマグニチュード8.1を記録したが、メトロ駅を含む現代建築のほとんどが揺れにしっかり耐えた。

メキシコシティは今、地下建造物に関する新たな記録の樹立をめざしているようだ。水平方向にどこまでも広がる巨大な地上建築物は「スカイスクレイパー（摩天楼）」をもじって「グラウンド（地面）スクレイパー」と呼ばれるが、メキシコシティは「アース（地中）スクレイパー」という新語を辞書に加えるかもしれない。2009年に実施されたコンペでは、"高さ"300メートルの65階建てのビルを地面から下に

右　1967年に地下鉄1号線の建設地でアステカの神、エヘカトルを祀った祭壇の遺構が発見された。現在はピノ・スアレス駅の1号線と2号線の接続通路に展示されている。

下　風の神エヘカトルを祀るために16世紀の変わり目に建立されたアステカの神殿の遺構が2017年に発見された。考古学者の見解では、この神殿には運動場、おそらく球技のための競技場があったようだ。

向かってつくる案が出た。メキシコシティの市中心部では、現地法により8階建てを超えるビルの建設が禁じられているが、それをすり抜ける手段として、ブンケル・アルキテクトゥーラの創業者エステバン・スアレスがこの"ビル"を設計した。スアレスの構想には、ビルの中心を走り抜けるメトロ路線と"宙"に浮いているように見える駅も盛り込まれている。このビルは、240メートル×240メートルの面積を占めるメキシコシティのメイン広場ソカロにつくられる前提で、住宅、オフィス、文化センター、博物館が入る設計になっている。ピラミッドを逆さにしたようなその構造は、控えめに言っても物議を醸した。とはいえ、問題視されたのは形状ではない——アステカ帝国の流れをくむメキシコシティでは、ピラミッドは文化の一部として浸透している。むしろ、最大の懸念は地震活動にあった。大きな揺れがそうし

た形の建造物に与える影響だけでなく、地下の微妙な力のバランスがこのビルの建造で乱れるおそれがあるのではないかと不安視されている。

「アーススクレイパー」構想を思い描いたのは、スアレスが最初ではない。それよりもはるか以前の1931年にも、地下35階の円筒形バージョンが東京で提案されていた。とはいえ、メキシコシティのアーススクレイパーは、実現すれば史上最も深い建造物として後世に大きな影響を残すことになるはずだ。このコンペのあと、建築物の高さ規制が緩和され、少なくとも当面のところ、メキシコシティはもう少し見慣れた「スカイスクレイパーが輝く地平線」で手を打っている。

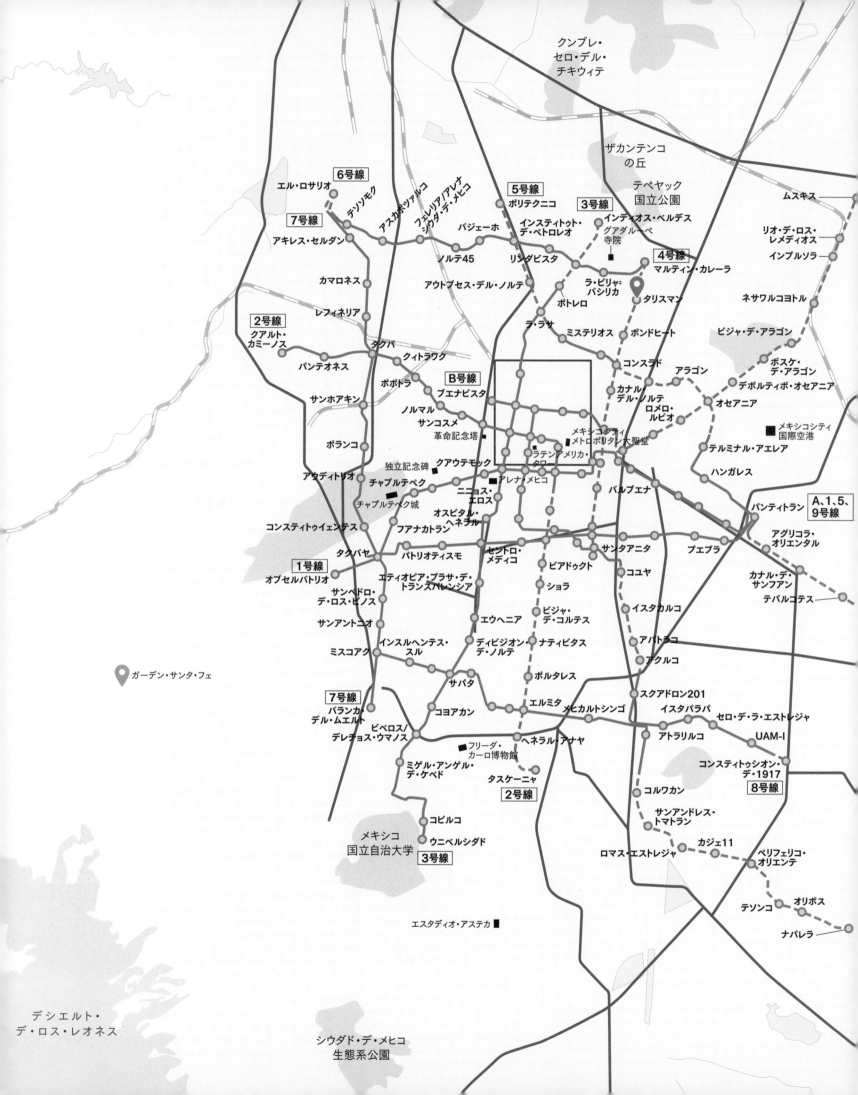

クンブレ・
セロ・デル・
チキウィテ

ザカンテンコ
の丘

テペヤック
国立公園

6号線
エル・ロサリオ
テソンモク
7号線
アキレス・セルダン
アスカポツァルコ
フェレリア/アレナ
シウダ・デ・メヒコ

5号線
ポリテクニコ
インディオス・ベルデス
3号線
ムスキス

カマロネス
バジェーホ
インスティトゥト・
デ・ペトロレオ
グアダルーペ
寺院
4号線
マルティン・カレーラ
リオ・デ・ロス・
レメディオス
インプルソラ

レフィネリア
ノルテ45
リンダビスタ
ネサワルコヨトル

2号線
クアルト・
カミーノス
アウトブセス・デル・ノルテ
ラ・ビリャ=
バシリカ
タリスマン
ビジャ・デ・アラゴン

パンテオネス
タクバ
クィトラワク
ポトレロ
ボンドヒート
ボスケ・
デ・アラゴン

サンホアキン
ポポトラ
ラ・ラサ
ミステリオス
コンスラド
アラゴン
デポルティボ・オセアニア

B号線
ブエナビスタ
カナル・
デル・ノルテ
ロメロ・
ルビオ
オセアニア

ポランコ
ノルマル
サンコスメ
革命記念塔
メキシコシティ
メトロポリタン大聖堂
メキシコシティ
国際空港

アウディトリオ
独立記念碑
クアウテモック
ラテンアメリカ・
タワー
テルミナル・アエレア

チャプルテペク
アレナ・メヒコ
バルブエナ
ハンガレス

チャプルテペク城
ニヨス・
エロス
A、1、5、
9号線

コンスティトゥイェンテス
フアナカトラン
オスピタル・
ヘネラル
サンタアニタ
プエブラ
パンティトラン

タクバヤ
パトリオティスモ
セントロ・
メディコ
ピアドゥクト
コユヤ
アグリコラ・
オリエンタル

1号線
オブセルバトリオ
エティオピア・プラサ・デ・
トランスパレンシア
ショラ
イスタカルコ
カナル・デ・
サンフアン
テパルコテス

サンペドロ・
デ・ロス・ピノス
ビジャ・
デ・コルテス
アバトラコ

サンアントニオ
エウヘニア
ナティビタス
アクルコ

ミスコアク
インスルヘンテス・
スル
ディビジオン・
デ・ノルテ

ガーデン・サンタ・フェ

ポルタレス
スクアドロン201
セロ・デ・ラ・エストレジャ

7号線
バランカ・
デル・ムエルト
サパタ
エルミタ
メヒカルトシンゴ
イスタパラパ
UAM-I

コヨアカン
ヘネラル・アナヤ
アトラリルコ
コンスティトゥシオン・
デ・1917

ビベロス/
デレチョス・ウマノス
フリーダ・
カーロ博物館
コルワカン
8号線

ミゲル・アンヘル・
デ・ケベド
タスケーニャ
サンアンドレス・
トマトラン

2号線
カジェ11
ペリフェリコ・
オリエンテ

コピルコ
ロマス・エストレジャ

メキシコ
国立自治大学
ウニベルシダド

3号線

テソンコ
オリボス

エスタディオ・アステカ

ナパレラ

デシエルト・
デ・ロス・レオネス

シウダド・デ・メヒコ
生態系公園

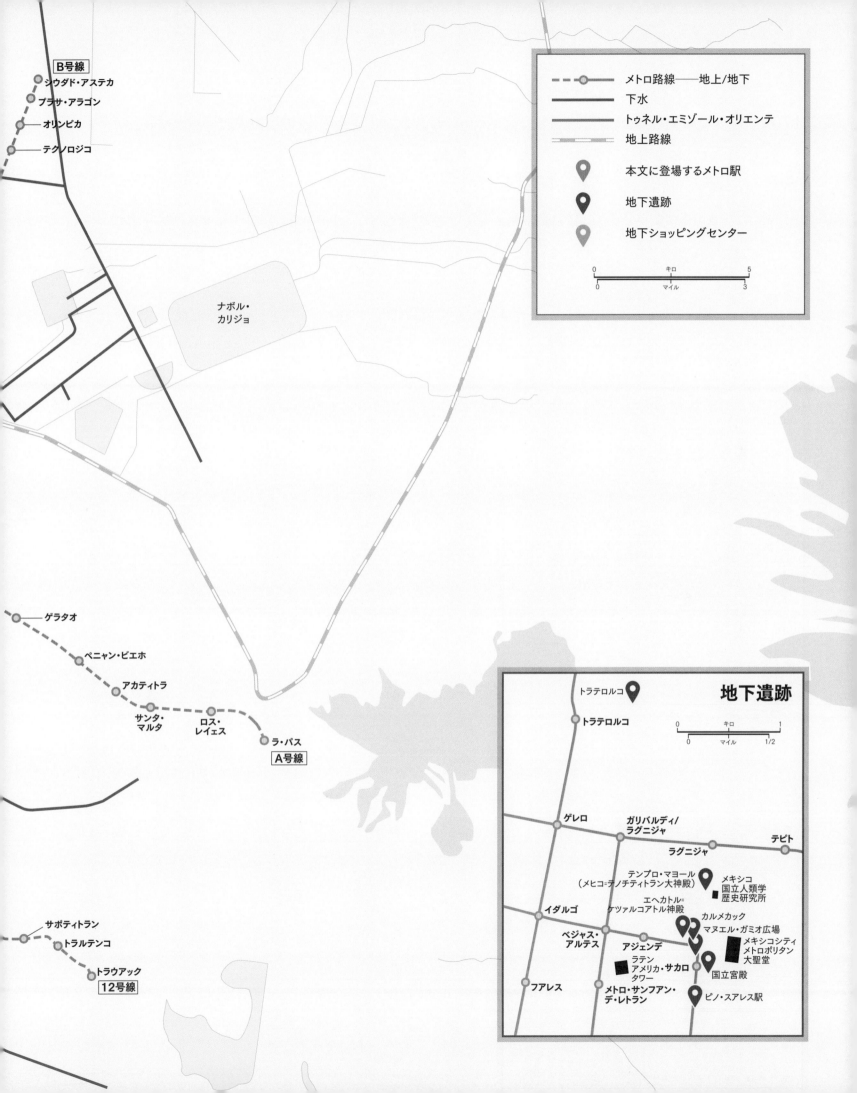

B号線
シウダド・アステカ
プラサ・アラゴン
オリンピカ
テクノロジコ

ナボル・カリジョ

ゲラタオ
ペニャン・ビエホ
アカティトラ
サンタ・マルタ
ロス・レイェス
ラ・パス
A号線

サポティトラン
トラルテンコ
トラウアック
12号線

メトロ路線——地上/地下
下水
トゥネル・エミゾール・オリエンテ
地上路線
本文に登場するメトロ駅
地下遺跡
地下ショッピングセンター

0  キロ  5
0  マイル  3

地下遺跡

トラテロルコ
トラテロルコ

0  キロ  1
0  マイル  1/2

ゲレロ
ガリバルディ/ラグニジャ
ラグニジャ
テピト

テンプロ・マヨール
（メヒコ＝テノチティトラン大神殿）
メキシコ国立人類学歴史研究所

エヘカトル＝ケツァルコアトル神殿

イダルゴ
カルメカック
マヌエル・ガミオ広場
ベジャス・アルテス
アジェンデ
ラテンアメリカ・サカロタワー
メキシコシティメトロポリタン大聖堂
国立宮殿
フアレス
メトロ・サンフアン・デ・レトラン
ピノ・スアレス駅

# シカゴ [アメリカ]

## 一段高くなった街

アメリカ中西部の都市シカゴは市域人口が270万人で、周辺を含めた都市圏には1000万人が暮らす。現在のきれいに整った市街中心部からは、無計画ででたらめだった初期の街を想像するのは難しい。

### 街を丸ごと持ち上げる

ミシガン湖のほとりに広がる平らな低地に位置するシカゴは、19世紀前半に急速に発展した。当時のシカゴの大通り（ステート、ディアボーン、マディソン）の歩道はひどくでこぼこで、歩行者はただまっすぐに進むだけでも、石ではなく木の板が敷かれた道で待ちかまえる段差や危険な斜面を上り下りしなければならなかった。雨の多い季節には、水浸しの地面にたまった水が、低いところにある歩道にあふれ、下水まじりの汚れた水がつくるぬかるみに、歩道の板がぷかぷか浮かぶありさまだった。チフスや赤痢がたびたび流行し、1854年には全人口の6%が流行病で死亡した。

すでにある建物を取り壊して一からつくり直す以外の方法で、公衆衛生をきちんと整え、「基準面」——舗道の高さ——で平らな地面を実現する唯一の手段は、街全体を高くすることだった。そんなわけで、1850年代半ばからおよそ10年をかけて進められた当時最大の土木工事事業により、シカゴ中心部の歩道ばかりか、建物の高さまでもが2メートル近く上昇することになった。

工事は1856年から始まった。土木技師のエリス・S・チェスブロウ率いるチームがまずとりかかったのが、既存の路面に新しい下水道システムを建設することだった。その後、下水道を覆って新しい基準面をつくり、地下に埋められた下水道システムの上

に舗道を設ける。さらに、独創的な水圧式機械とジャッキを使って建物を持ち上げ、以前の玄関を新しい路面の高さに合わせた。

1858年以降、数百棟にのぼる建物と街の区画全体がほとんど壊れることなくジャッキで持ち上げられ、その過程で大量の深い地下室が新たに出現した。だが、数年もしないうちに、最初の上昇だけではミシガン湖が氾濫したら高さが足りないかもしれないと技師たちが考えるようになり、2度目の上昇——当初の路面から5メートル近く上昇する——が提案された。しかし、1度の上昇だけでも負担が大きすぎると判断され、その案は却下された。実現していれば、街路の地下にはかなりの空間ができていたはずで、シカゴの地下鉄ももっと早く建設されていたかもしれない。

### 川をくぐる

シカゴの街の拡張では、シカゴ川が大きな障害になった。というのも、この川を船で航行できる状態に保たなければいけなかったからだ。そのせいで、橋の架設が制限され、どんな橋であれ、船が通り抜けられる高さにすることが求められた。シカゴのウエスト・サイドが発展し、橋が渋滞するようになると、川の流れを逆向きにする必要が生じた。1867年、川の地下を走ってクリントン・ストリートとフランクリン・ストリート西側を結ぶ490メートルのトンネルの建設工事が始まった。2年後、歩行者と馬車用のワシントン・ストリート・トンネルが開通した。工事がずさんだったことから、このトンネルは水漏れし、1884年に閉鎖を余儀なくされた。川をくぐる2本目のトンネルは、ミシガン・ストリート（現ハバ

右上　数百基のスクリュージャックでレイク・ストリートを持ち上げる工事の様子を描いた1857年のイラスト。98メートルの1区画全体を一度に持ち上げた。

右下　きれいな水をミシガン湖の沖合から直接市内へ引き込むシカゴ・アベニューの地下水路の写真。1928年の点検の際に撮影された。地下水路は湖畔から数キロ沖合に建設された取水口につながっている。これらの構造物はクリブと呼ばれ、シカゴ市民に供給される水は以前よりも格段にきれいになった。最初のクリブは1865年に3.22キロ沖合に建設された。

ード・ストリート）とランドルフ・ストリート北の
間に1871年に建設された。この長さ576メートルの
ラサール・ストリート・トンネルも拙い工事に悩ま
されたが、同じ年に起きたシカゴ大火で思わぬ効果
を発揮する。街全域を焼きつくし、10万人以上が家
を失った大火の際に、炎から逃れる多くの人がこの
トンネルを避難路に使ったのだ。

## シカゴのケーブルカー

　初期の都市設計者たちがうまく対応できなかった
もう1つの問題が、公共交通機関だ。1859年、州が
介入してシカゴ市鉄道（CCRy）と北シカゴ路面鉄道
（NCSR）を法人化し、両社の運営する馬の引くスト
リートカー路線が、下水道建設計画から生まれた新
道路を走るようになった。1861年には、この2社に
シカゴ西地区鉄道（WCSR）が加わる。各社の路線
はシカゴの別々の地区を走り、おもにシカゴ川で隔
てられていた。

　1882年までに、CCRyがストリートカーの動力と
して最新の技術を導入し、道路の側溝に長い移動ケ
ーブルが敷設された。このケーブルに固定した車両

深度（メートル）

- 0
- 元々の路面の高さ
- ペドウェイ
- 10
  - L トンネル（平均）
  - クラーク/レイク駅、貨物列車用トンネル
- 20
  - ワシントン・ストリート・トンネル、バン・ビューレン＆ジャクソン・ストリート・トンネル、ラサール・ストリート・トンネル
- 30
- 40
- 50
- 60
- 70
- 80
- 90
- 100
- 111 リバーデイル・カルメット TARP ポンプ場

## クラーク/レイク駅と貨物列車用トンネル

北アメリカにおいてシカゴはニューヨークに次いで地下インフラの種類が最も豊富な都市だが、意外なことに地下鉄の規模はさほど大きくない。2つの主要地下鉄の開通時期も、同程度の人口を擁するほかの世界の都市に比べると遅かった。だがかつてのシカゴには、数キロにわたる貨物専用地下鉄道、気送管、地下水路、そして建物を持ち上げて生まれた地下空間があった。

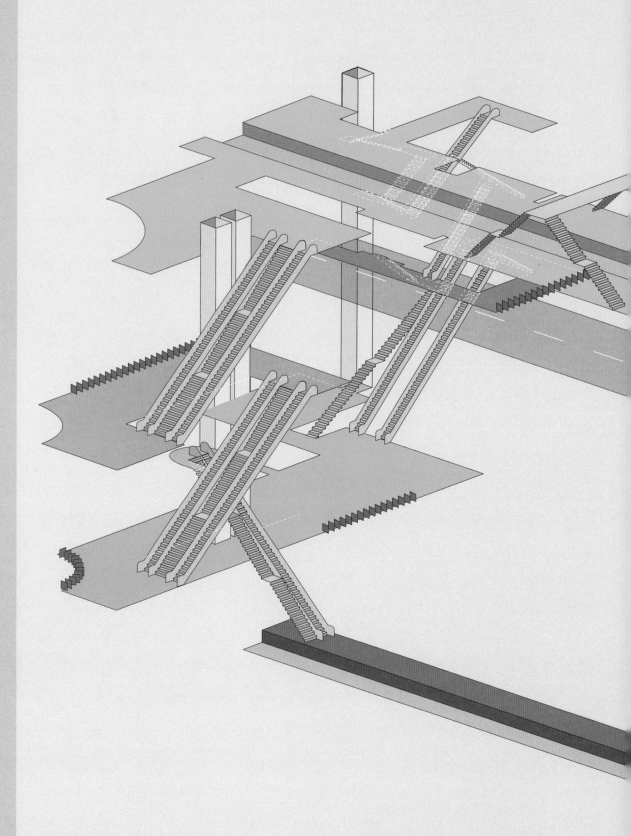

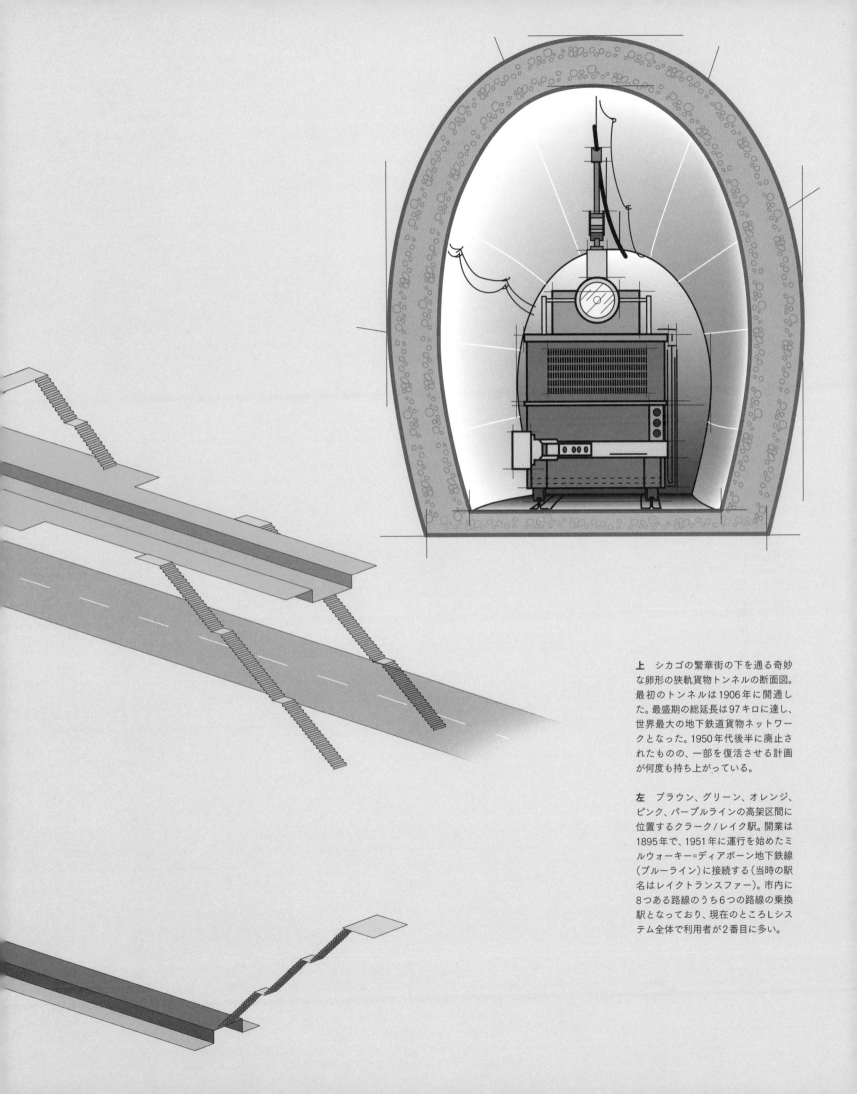

**上** シカゴの繁華街の下を通る奇妙な卵形の狭軌貨物トンネルの断面図。最初のトンネルは1906年に開通した。最盛期の総延長は97キロに達し、世界最大の地下鉄道貨物ネットワークとなった。1950年代後半に廃止されたものの、一部を復活させる計画が何度も持ち上がっている。

**左** ブラウン、グリーン、オレンジ、ピンク、パープルラインの高架区間に位置するクラーク/レイク駅。開業は1895年で、1951年に運行を始めたミルウォーキー=ディアボーン地下鉄線（ブルーライン）に接続する（当時の駅名はレイクトランスファー）。市内に8つある路線のうち6つの路線の乗換駅となっており、現在のところLシステム全体で利用者が2番目に多い。

を引っぱって線路を走らせるという仕組みだ。ほかの2社もそれに続き、それぞれケーブルカー路線を開業した。1900年までに、シカゴにはアメリカ第2の規模を誇るケーブルカー網ができ上がり、ケーブルの総延長は66キロを超えた。さらに、シカゴ川をくぐってウエスト・サイドまで路線を走らせるようと、NCSRはラサール・ストリート・トンネルを引き継いでケーブルカー用に改修した。WCSRもワシントン・ストリート・トンネルで同じことをした。1894年には、バン・ブレン・ストリートとジャクソン・ストリートの間にまた別のトンネルが掘られる。この新トンネルは最大18メートルの深さがあったため、トンネルの入口と出口は必然的に急勾配になった。このトンネルの12%という勾配は、現代の多くの列車が走る坂道のほぼ3倍だ。1906年以降、3本のトンネルはいずれも、電動式のストリートカーが走れるように改造された。

電動式とケーブル牽引式のストリートカーのネットワーク（1913年にシカゴ・サーフェス・ラインとして統合）は広範囲にわたっていたが、どちらも人気を失い、高架鉄道（"L"）に取ってかわられた。ストリートカーのトンネルは放棄され、封印された。

## シカゴの鉄道改革

地下鉄以外の交通手段が進歩し、ストリートカーや貨物用のトンネルはいくつかあったものの、地下水の問題を抱えるシカゴでは、本格的な地下鉄網の開発は後れをとっていた。最初期の公共鉄道の大部分は木製や金属製の支柱の上につくられ、1892年にはシカゴ・アンド・サウスサイド高速輸送鉄道が誕生した。これは「エレベーテッド（L）」の通称で知られるようになる。ほかの都市が高架鉄道を取り壊して地下鉄への移行を検討するのをよそに、シカゴの高架鉄道網はその後も拡大を続けた。高架鉄道

**上** 碁盤の目状になったシカゴの道の下にはシカゴ・トンネル・カンパニーの複数の貨物線が走り、この写真のような分岐点が数多くあった。1924年撮影。

**右上** シカゴのディアボーン・ストリートとステート・ストリートの2つの大通りの下に建設される新しい地下鉄をPRする絵はがきに描かれたイメージ。このステート・ストリート地下鉄と思しき予想図は1941年に発行されたもので、アダムスからステートを北に見た風景が描かれている。

があったニューヨーク（1868年に先陣を切って開通）、ボストン（1901年）、フィラデルフィア（1922年）、イギリスのリバプール（1893年）などの都市では、その大部分が撤去されたが、シカゴだけは今に至るまで高架鉄道を守り通している。シカゴの高架鉄道網は2.9キロの「ループ（環状線）」というユニークな特徴を持ち、総延長は164キロに達している。

シカゴのもう1つのユニークな特徴は、貨物列車用トンネルの大規模ネットワークだ。いくつかのトンネルは、もともとは電話線を通すた

めに計画されたものだが、建設開始直前の1899年になって、電話線のほかに特別設計の貨物列車のための線路を敷けるだけの広さにすることが決まった。続く7年の間に、シカゴの地下およそ12メートルに総延長100キロ近いトンネル（高さ最大2メートル）が掘られた。このトンネルは、パリ・メトロのトンネルと同じバスケットハンドル型（馬蹄型）だった。1906年、石炭などの荷物を積んだ小型の貨物列車が、このコンクリートづくりのトンネルを走り始めた。このトンネルは、市庁舎や巨大なトリ

ビューン・タワーのような大量の燃料を消費する施設
への石炭供給に役立っただけでなく、人口の密集する
市街地の道路を行き交う荷車を減らす効果もあった。
とりわけ、15番街とイリノイ・ストリート、ミシガン・
アベニューとウエスト・サイドの鉄道駅に挟まれた地
区では効果絶大だった。シカゴ経済の起爆剤となった
この貨物用トンネルは1959年まで使われていた。ほと
んどは当時のまま残っているが、1992年にシカゴ川の
近くで行われていた杭打ち工事中に現場の真下にある
トンネルに穴が開き、トンネル網全体が深刻な浸水被
害に遭った。

　シカゴの都市設計者たちの頭の中には、いつも地下
鉄があった。1909年には、のちにバーナム計画として
知られるようになる構想の中で、新しい公園、街路拡
張、鉄道サービスの改良、新たな港や公共ビルの建設
と並んで、「地下ストリートカー網」が提案されていた。
浸水防止やトンネル掘削の技術が確立されると、本格
的な地下鉄網の計画が立てられた。だが、ステート・ス
トリート地下鉄（現レッドライン）は、1943年になるま
で開通しなかった。この地下鉄の建設では、浸水を防
ぐために新開発の圧気工法が採用された。しかし、完
成までに時間がかかったせいで、シカゴの「地下鉄クラ
ブ」参入は大幅に遅れることになった。第二次大戦の終
戦直後には、ディアボーン地下鉄（現ブルーライン）も
開通した。シカゴの地下鉄では、システムを最大限に
活用するための賢明な決断が下された。世界中のほと
んどの地下鉄網のように駅間を短くするのではなく、
トンネル内の線路の脇にどこまでも続く通路をつくり、
乗客や歩行者が隣の駅まで歩いて行けるようにしたの
だ——これはシカゴ地下鉄独自の特徴である。

　この2つの地下鉄路線は、のちにLシステムに吸収さ
れた。どちらの路線でも、高架を走ってきた列車が都心
部で地下に入り、街の反対側に抜けたらまた高架に戻
る。新たな地下区間は計画されていないが、レッドライ
ンでは、95丁目／ダンライアン駅と130番街の新駅を結
ぶ高架線の新区間ができる予定になっている。

## ペドウェイ

　シカゴは暖房のきいた歩行者用地下通路の建設に力
を注いできた。シカゴ運輸局が運営するこのひとつな
がりの長い地下通路は、ダウンタウンの「ループ」エリ
アにある50以上の施設の地下をつないでいる。「ダウン
タウン・ペデストリアン・ウォークウェイ・システム（略
してペドウェイ）」の始まりは、ワシントン駅、レイク駅、
ジャクソン駅などの地下鉄駅をつなぐ単なる連絡通路
にすぎなかった。1951年以降、別のセクションが増え、
メイシーズなどの店舗、ホテル、イリノイ・センターの
高層ビル、ジェームズ・R・トンプソン・センターや市

上　シカゴ初の地下鉄路線に使われたBMT形式
の「ブルーバード」車両が描かれた1940年代の絵
はがき。

右上　店が立ち並ぶ現在のペドウェイ。ペドウェ
イの建設は、1951年にシカゴ市がワシントン・ス
トリートとジャクソン・ブルバードの間のレッド
ラインとブルーラインの両地下鉄をつなぐ1区画
のトンネルを作ったときから始まった。

右下　ペドウェイには利便性を考えて区画同士を
結んだ箇所がいくつか存在する。これは上層のア
ッパー・ランドルフ通りと下層のローワー・ラン
ドルフ通りの中間に位置する「橋（接続通路）」。

庁舎などの行政施設が結ばれるようになった。さらに、最近できたアクア・タワーをはじめ、いくつかの居住区にまでつながっている。ペドウェイには地上の道路からも入ることができ、黒・赤・黄のコンパスのロゴが目印になっている。とりわけ、ミシガン・アベニュー沿いには入口が多い。地上の建物に行けるだけでなく、ペドウェイそのものにも、カフェや時計修理店から理容室、靴磨きまで、多くの地下施設が入っている。このアイデアの成功に触発され、ペドウェイにはつながっていないものの、ほかにも多くのビルを結ぶ地下通路ができた。

## さらなる深みへ

ここまでに紹介した地下構造では浅すぎるというなら、地下111メートルに潜る小旅行はいかがだろうか？　シカゴ大都市圏下水道局は、リバーデイル地区の東130番街400番地の地下深くに、とある施設をつくった。そのカルメットTARPポンプ場が、あなたにもたどりつける「風の街」の最深部だ。

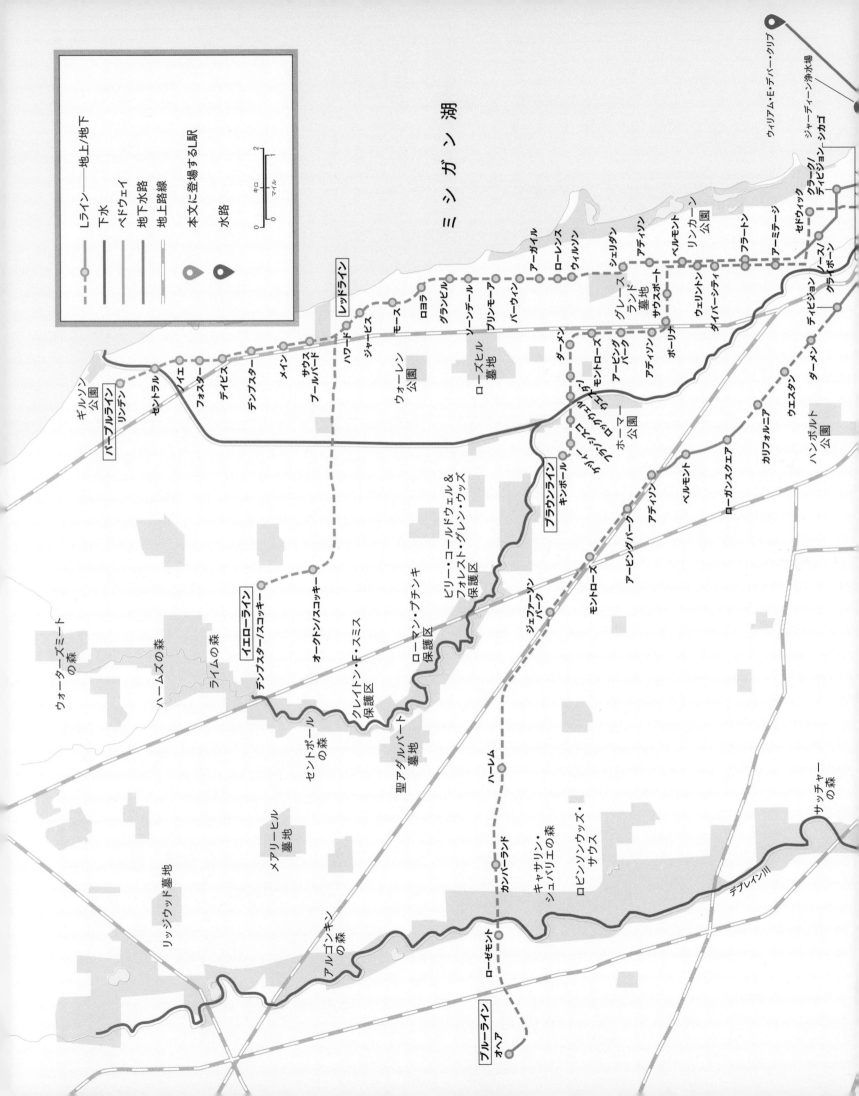

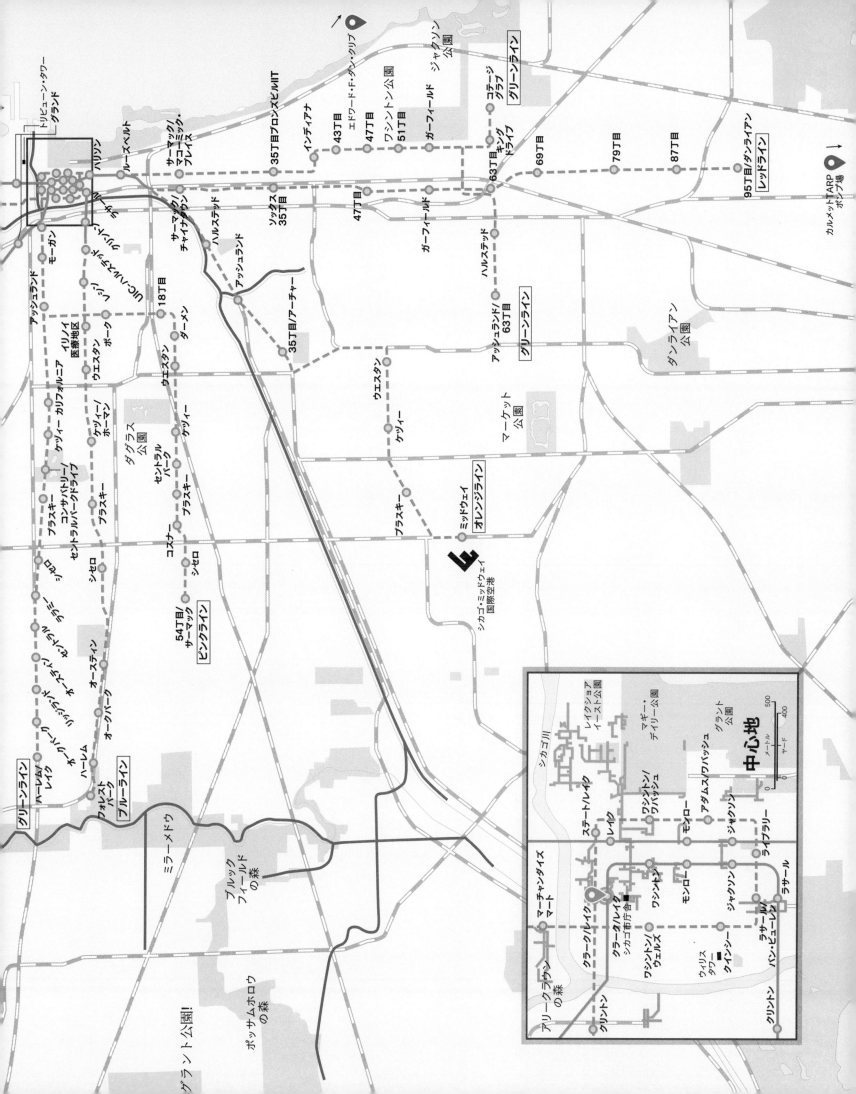

# シンシナティ[アメリカ]

## 実現しなかった地下鉄

アメリカ、オハイオ州の南西の端、丘に囲まれた盆地に位置するシンシナティは、アメリカ屈指の歴史を誇る都市だ。州と同じ名を持つ川の河畔に広がる街の人口は30万人ほど、都市圏人口は200万人を超え、現在ではオハイオ州最大の都市になっている。1788年に開かれたシンシナティは、文化と教育の中枢、蒸気船の主要寄港地、そして製紙と活字製造の中心地として急速に発展した。19世紀半ばの一時期には、全米で6番目の大都市だった。じきに、シカゴなどの中西部のほかの都市に追い抜かれたものの、シンシナティの始祖たちは大いなる野望を持ちつづけ、1904年には、世界初の鉄筋コンクリート製摩天楼——16階建てのインガルス・ビル——の所在地という栄誉を手にした。

### 挫折した地下鉄構想

シンシナティにストリートカー網ができたのは1859年のことだ。当初は馬が車両を引いていたが、のちにケーブルカーとインクラインが登場し、1889年からは電化された。1920年代半ばの最盛期までには総延長357キロに拡大し、年間延べ1億人の乗客が利用するようになっていた。だが、その成功の代償として、渋滞や登場したばかりの自動車との事故が生じ、ストリートカー網の混雑緩和が必要になった。ほかの都市と同じように、シンシナティでも地下鉄構想が浮上することとなった。

それに先立つ1825年、エリー湖とオハイオ川を結び、シンシナティ市街を通り抜ける見事な運河が建設された。だが、丘陵地を貫くこのマイアミ・エリー運河は多くの閘門を通過する必要があり、進むのに時間がかかった。さらに、寒さの厳しい冬の間

は水が凍りがちだった。運河としては登場が遅かった（ニューヨーク州を貫くエリー運河はそれよりもかなり前に開通し、大きな成功を収めていた）マイアミ・エリー運河は、ほどなくして最新式の鉄道との熾烈な貨物輸送競争に敗れることになった。

維持費のかかるこの運河は1856年に採算がとれなくなり、1877年に使われなくなってからは、「死んだ古い溝」とあだ名されるようになる。1906年頃までには完全に見捨てられていた。1913年、オハイオ全域で河川が決壊し、600人以上が死亡する大洪水が起きる。その後、あちらこちらの水路で補修工事が行われたにもかかわらず、マイアミ・エリー運河のインフラはほぼ壊れ、使いものにならなくなった。大部分は埋め戻されるか、蓋で覆われた。

1910年、将来の地下鉄網の建設費を浮かすチャンスを嗅ぎつけたシンシナティ市長のヘンリー・トーマス・ハントは、放棄されたマイアミ・エリー運河の管理権限を手に入れる。高架鉄道と地下鉄で近郊都市をつなぐ全長26キロの「ループ（環状線）」構想にこの運河を組み込み、市街地を貫く運河の基礎を利用しようと目論んだのだ。1920年から1925年にかけて、旧運河の3.5キロの区間を地下鉄の基礎に改造するべく、600万ドル前後を投じた工事が行われた。だが、工費が膨らみ、手抜きが頻発。工事はお粗末なものになり、地上の建築物の被害による訴訟も起きた。1929年の株式市場崩壊とその後の大恐慌で工事は中断したが、11キロのトンネルと、ホームを含む4つの地下駅エリアはすでにでき上がっていた。塞がれた運河の上には新道路セントラル・パークウェイもつくられた。だが、地下に線路が敷かれることはなかった。

上　一度も使われずに終わった
シンシナティ地下鉄の工事のイ
ラスト。カット・アンド・カバ
ー工法で建設された。

地下鉄構想に再び火を灯そうと試みられたこと
も何度かあった。1936年、1939年、1940年にいくつ
かの案が浮上したが、どれも1948年に棚上げされ
た。1950年代には、新しい水道本管を掘削する費用
を浮かすために、北行きの地下鉄が走るはずだった
トンネルに水道管が設置されることになり、地下鉄
構想は完全につぶされた。1960年代には、リバティ・
ストリートの駅予定地を核シェルターに改造する
計画もあった。ワインセラー、ナイトクラブ、映画
セットも提案されたが、どれも実現しなかった。
2002年に提案されたライトレール構想「メトロムー
ブス」ではトンネルの一部が利用されることになっ
ていたが、この構想は住民投票で市民の68％が反
対して否決された。

過去にできた地下空間の一部をうまく活用して
いる唯一の事業が、リバーフロント・トランジット・
センターだ。2003年にオープンしたこのセンター
は、市内バスや長距離バス路線といった複数の交通
サービスの拠点になっている。全長27キロのイー
スタン・コリドー計画の通勤列車プロジェクトが実
現すれば、このセンターにはいずれ鉄道も乗り入れ

るようになるはずだ。イースタン・コリドー計画で
は、オハイオ南西部の道路と鉄道の大規模な改良が
予定されている。そのうちの1つ、オアシス鉄道輸
送プロジェクトでは、新しい地域鉄道網の最初の区
間として、市中心部のリバーフロント・トランジッ
ト・センターとミルフォードを結ぶ10駅からなる
路線ができるはずだったが、2012年に中断された。

## 失敗の遺産

シンシナティの幻の地下鉄網は、長期にわたって
工事が進み、基本的には頑丈につくられていたこと
から、大部分が今も無傷で残っている。そのおかげ
で、シンシナティは鉄道マニアの間で、最も惜しむ
べき未完の鉄道網が存在する街という伝説的な地
位を獲得している。地下鉄網を完成できなかったこ
とが、シンシナティの長年にわたる凋落の一因だと
指摘する人も多い。1929年に建設された最後の区
間、ホップル・ストリート・トンネルでは、ときお
り実施される公式ツアーの際に、普段は封印されて
いる入口が開く。都市探検家にとっては、長々と続
く地下空間に踏み入る絶好のチャンスだ。

# トロント [カナダ]

## 全天候型のショッピングモール

カナダ最大の都市トロントは、五大湖の最も東に位置するオンタリオ湖の北西に広がっている。市域に270万人が暮らし、都市圏人口は600万人にのぼる。

考古学者によれば、オンタリオ湖周辺には少なくとも1万年前から人が住んでいたという。1700年代はじめにこの地にたどりついたヨーロッパ人は、イロコワ族が暮らす小さな村々に遭遇した。その1つが、ハンバー川のほとりにあるテイアイアゴンと呼ばれる村だ。1700年代半ばにはフランスの入植者がフォート・ルイユとフォート・トロントに毛皮の交易所を設けたが、いずれも七年戦争で破壊された。18世紀後半になってようやく、その近くにフォート・ヨークと呼ばれる新しい要塞が築かれ、集落が発展する。人口1万人に満たないこの小さな港町は1834年に都市の地位を手に入れ、同じ「ヨーク」の名を持つ別の町と区別しやすくするために、名をトロントに改めた。移民を積極的に受け入れたトロントでは、1800年代はじめに工業が発展し、多くの蒸留所ができた。1853年には鉄道も到来した。

### 初期のインフラ

100棟を超える建物が焼失した1904年のトロント大火後、市街の復興は急ピッチで進んだ。ほどなくして、公共交通機関の改良に関心が向けられるようになる。当時のトロントには、大規模な「ストリートカー（路面電車）」網がすでに存在していた。1861年に導入されたストリートカーは、1890年代以降は電気で走っていた。だが、街が拡大していく一方で、民間のストリートカー事業者が路線拡大の熱意を見せなかったため、システム全体が交通局の管理下に収まることになった。ほかの多くの都市とは違い、トロントはもともとあったストリートカー路線のうち10路線を維持している。今に残る路線は、ライトレール車両により全面的に現代化され、街の交通に欠かせない存在になっている。ストリートカーの駅のうち4駅は地下にある。ストリートカーと地下鉄が接続するスパダイナ駅、セント・クレア駅、ユニオン駅の3駅と、ベイ・ストリートの地下を走るトンネルにつながるクイーンズ・キー駅（ストリートカーのみ）だ。

パリやロンドン、シカゴと同じく、トロントにも郵便配達用の気送管システムがあった。とはいえ、ほかの都市よりもかなり小規模で、4.5キロの管が2つの新聞社と市庁舎、ユニオン駅、ロイヤル・ヨーク・ホテル、カナダ太平洋鉄道本社の15階（最上階）を結んでいるだけだった。このシステムは役に立っていたものの、それ以上は広がらなかった。

### トロントの地下鉄

1909年、腰の重い民間のストリートカー事業者に業を煮やした市議会は、地下を走る新しいストリートカー路線の建設案を検証し始める。この案は住民投票にかけられ、トロント市民の支持を得た。1年後、ジェイコブズ・アンド・デイビス社が3路線からなる18キロのネットワークの最初の計画を立てる。この計画は工費が理由で頓挫し、のちに何度か復活が試みられたものの、そのたびに失敗に終わった。1946年になってようやく、住民投票で新しい計画が支持されたが、交通量の多いヤング・ストリートに沿って走る7.4キロの最初の路線が着工を迎えるまでには、さらに3年の月日を要した。ほぼ全線

が地下を走るこの路線は開削工法でつくられたため、駅は比較的浅い場所にある。

1954年には、エグリントン駅とユニオン駅を結ぶ新路線が開通する。この路線はその後の数十年で少しずつ延伸された。現在のトロント地下鉄には4路線があり、総延長はほぼ80キロ（うち60キロが地下）、駅数は75駅にのぼる。

現在の地下鉄網には、2つの幽霊駅がある。1942年、長いクイーン・ストリートの地下に東西を結ぶ路線をつくる案が浮上した。このとき提案されたのは2本のストリートカー路線で、もう1本はベイ・ストリートとヤング・ストリートをつなぐ南北方向の路線だった。南北に走る路線（ヤング線）ではメトロ方式が採用されたが、距離の長いクイーン・ストリートではストリートカーが引き続き走ることになった。

だが、ヤング線の建設が進められる裏で、東西に走るクイーン線が実現した場合に備えて、地下に接続駅もつくられていた。ときに「ロウワー・クイーン駅」と呼ばれる（シティ・ホール駅と呼ぶ人もいる）

この駅のホームは、生命を吹き込まれることのないまま、もともとあったクイーン駅の現在のホームの真下で眠っている。建設以来（少なくとも1966年までは）、別の新路線に組み込む計画が何度か浮上したものの、現時点ではからっぽのままだ。

そのほかにも、6カ月だけ使われた「ロウワー・ベイ駅」が存在する。1966年に開業したブロア・ダンフォース線（現在の2号線）には、ベイ駅と呼ばれるヨークビル地区の駅がある。当時、地下鉄網の全駅に2路線が乗り入れるようにするために、トロント交通局は実験的に、ブロア・ダンフォース線とヤング線のそれぞれ一部を含むパターンの路線を運行していた。その結果、路線パターンが3つになり、ベイ駅の真下につくられた駅（ロウワー・ベイ駅）にも複数の路線が乗り入れるようになった。

残念ながら、このアイデアには欠陥があった。次に来る列車を逃したくない乗客が地上のベイ駅と地下のロウワー・ベイ駅を結ぶ階段で列車待ちをするようになり、混乱が巻き起こったのだ。とはいえ、ロウワー・ベイ駅の線路は、人員訓練のために

下　2017年に開業したボーン・メトロポリタン・センター駅は、トロント市外に2つしかない地下鉄の駅の1つ。色つきガラスと鏡を敷き詰めたドーム状の天井はポール・ラフ・スタジオの「Atmospheric Lense（大気レンズ）」という作品で、ガラスとスチールでつくられた卵形の地上の入口（ここに写真はない）はグリムショー・アーキテクツの手によるものだ。

深度（メートル）

0

スパダイナ・ストーム・トランク下水道
カサ・ロマ・トンネル

-10  PATH

-20  ローレンス駅（深い地下鉄駅）

-30  コープランド変電所トンネル
アベニュー駅（最深部の軽便鉄道駅）
スコシアプラザ金塊貯蔵庫

-40

-50  ウエスタン・ビーチーズ・トンネル

-60

-70

-80

-90

-100

## PATHとザ・ボールト（地下保管庫）

トロントはカナダで初めて地下鉄を開通させたものの、その後の開発は停滞し、モントリオール（トロントより小さい）に最も地下路線が多い都市の地位を明け渡すことになった。しかし近年になって地下鉄1号線がボーンまで8.6キロ延伸し、ほかにも5号線をはじめとするいくつかのプロジェクトが進行中であることから、カナダ随一の地下鉄都市の座に返り咲く日も近いかも知れない。また、連結する地下ショッピングモールの長さでも両都市は競っている。トロントの魅力は地下街だけでない。素晴らしい金庫や地下保管庫の宝庫でもある。

下　ザ・ボールトのイラスト。店舗の営業にまったく似つかわしくない場所の1つ、ザ・ボールト（「地下保管庫」の意味）は、元々カナダ政府の金塊貯蔵庫として建設されたものだ。ユニバーシティ・アベニュー250番地の地下にあり、広さは420平方メートル、分厚いコンクリートの壁と厚さ1メートルの金庫扉で構成される。それが今では全面改装されて近代的なケータリング施設やバー設備、さらにパッティンググリーンまでも完備している。スコシアプラザの下にも巨大な金塊貯蔵庫があるが、これもまた本来の貴金属を保管する目的ではもう使われてない。

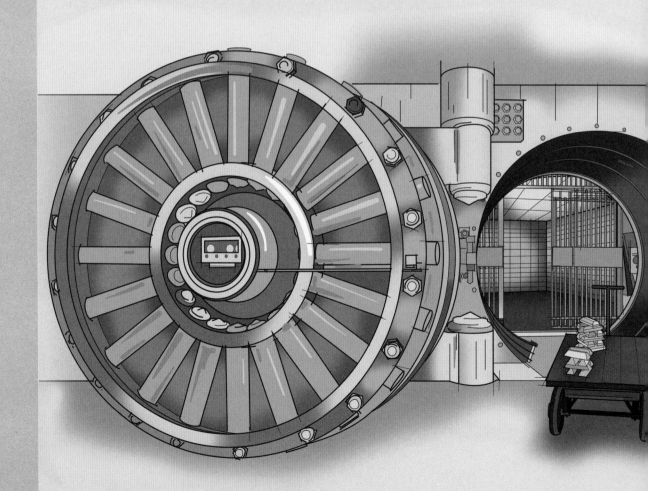

**上** 迷路のように入り組んだトロントのPATHにおいて最も成功し、建築的にも美しい区画の1つがイートンセンターだ。アメリカを代表する小売業者だったイートンデパート（1869年に小さな乾物屋から始まった）にちなんで名づけられた。本家のイートンは1999年に倒産したものの、イートンセンターでは現在、2つのブロックで230軒以上の店舗が営業し、観光客数でCNタワーに負けていないと運営者は豪語している。

今も残されている。地上を走る列車に邪魔される心配のない映画セットやコンサート会場として使われることもある。

トロント地下鉄の3号線にあたる長さ6.4キロのスカボロー線は、1985年に開通した。これは自動運転のライトメトロ方式の路線だが、2号線の延伸線としてヘビーメトロ方式に改造される予定だ。全長5キロのシェパード線（4号線）は2002年に開通し、全線が地下を走っている。両端が延伸される予定だが、どちらについてもまだ資金が調達できていない。市街を東西に横切るまったく新しいエグリントン線（5号線）はまだ建設途中だが、全長19キロで少なくとも12の地下駅がある。ライトレール路線となることが正式に決定されたこの新路線は、2021年の開通が見込まれている。全長11キロのライトレール路線として提案されている6号線も計画段階にあり、2023年の開通が予定されているが、地下区間は含まれない見込みだ。そのほかにも、複数の延伸線が計画されている。ブロア・ダンフォース線は2026年までに6キロ延伸され、スカボロー線につながることになっている。ヤング線も北方面に5駅ぶん延伸される可能性があるが、この計画はまだ資金が得られていない。

この地域の通勤路線を運営するGOトランジットも、トロントにあるいくつかのトンネルを利用している。GOトランジットのメトロリンクスRER計画では、150キロの新線路の敷設が予定されている。その一部は地下区間で、高速道路401号線と409号線の地下などを走ることになる。

## 地下の水路

トロントにはよくできたつくりの下水道が無数にあり、その多くはもとは小川だったものだ。街の西端を流れていた長さ7キロのギャリソン・クリークもその1つである。この川は1800年代後半に暗渠化され、排水路として転用された。ローズデール・クリークも1888年に同じようにつくりかえられた。現在ノース・ヨーク雨水排水路とスパダイナ雨水排水路と呼ばれている2施設は、2013年に写真家マイケル・クックの写真展に登場してアートにもなった。

トロントに休みなく飲用水を供給しているのが、10あまりある地下貯水池だ。貯水池の上には、あるところでは運動場が、別のところでは別のものがつくられた。2000年代半ばには、熱波の際に湖の水で街を冷やそうと目論んだ公益事業会社が、ひそかにトンネル掘削工事を進めた。トロントの高層ビルの冷房を助ける天然の冷却剤として冷たい水を内陸に運ぶために、直径15メートルのトンネルが掘られた。

## 地下のショッピングモール

モントリオールと同じく、トロントでもショッピングモールや主要ビルをつなぐ巨大な地下通路網が発達した。トロントの地下街「PATH（パス）」のルーツは1900年にさかのぼる。この年、T・イートン社がヤング・ストリートにある自社デパートと近くの支店を結ぶ地下通路をつくった。わずか数年で別の企業もあとに続き、1917年までには、少なくとも5本のトンネルが市中心部のビルをつないでいた。

上　トロント市公共事業局の元局長にちなんで名づけられたR・C・ハリス水処理場のアールデコ調の地上建築物は、市民の大きな誇りだ。大理石で飾られた入口の通路と濾過施設から「浄化の宮殿」と呼ばれている。

1927年にユニオン駅が開業すると、天候を気にせずに自由に行き来できるようにするために、駅と近くのホテルを結ぶトンネルがつくられた。1970年代には、リッチモンド・アデレードの巨大なオフィスセンターが、新しくできたホテルタワーのシェラトン・センターとつながった。以来、トンネルは街全体に広がっていった。1980年代には、複雑につながる通路を案内する標識システムが必要になった。現在のPATHは75のビルと6つの地下鉄駅をつなぎ、370平方メートル近い店舗スペースには1000軒を超えるレストランが入っている。毎日、この地下街を行き交う20万人が20億カナダドル近い売上を生み出している。

## 風変わりな空間

1884年、ゴシックとロマネスクのリバイバル様式の精神病院がレイクショアに建てられた。患者を小部屋で治療する「コテージ・システム」と呼ばれる治療方針に従い、敷地内には複数の小さな棟もつくられた。棟から棟へ安全に職員が行き来し、装置、補給品、患者を移動させる手段が必要だったことから、棟の地下にひとつながりのトンネルが掘られた。

この敷地は現在は大学になっているが、身の毛もよだつトンネルを垣間見ることのできる見学ツアーがときどき催されている。

堂々たるカサ・ロマは大昔の城のように見えるが、実際には資本家ヘンリー・ペラットが1914年にゴシック・リバイバル様式で建てたものだ。この城の地下では、250メートルのトンネルが本館と狩猟用ロッジや厩舎をつないでいる。

カナダは世界有数の金の産出国だ。そして、PATHと地下鉄よりもさらに深いところには、トロント最深の空間が潜んでいる——金融中心地区にそびえる摩天楼スコシア・プラザの地下につくられた、広さ400平方メートルの金塊貯蔵庫だ。

ブレムナーの一画、かつて列車庫があった場所では、水道会社トロント・ハイドロが新しい地下変電所を建設している。この変電所の上には、古い蒸気機関車の扇形庫が忠実に再現される予定になっている。総工費2億カナダドルにのぼるこの事業は、市街地の人口急増とショッピングモールの拡大に伴って水の需要が膨らんだことから計画された。

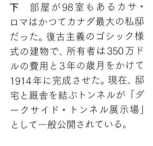

下　部屋が98室もあるカサ・ロマはかつてカナダ最大の私邸だった。復古主義のゴシック様式の建物で、所有者は350万ドルの費用と3年の歳月をかけて1914年に完成させた。現在、邸宅と厩舎を結ぶトンネルが「ダークサイド・トンネル展示場」として一般公開されている。

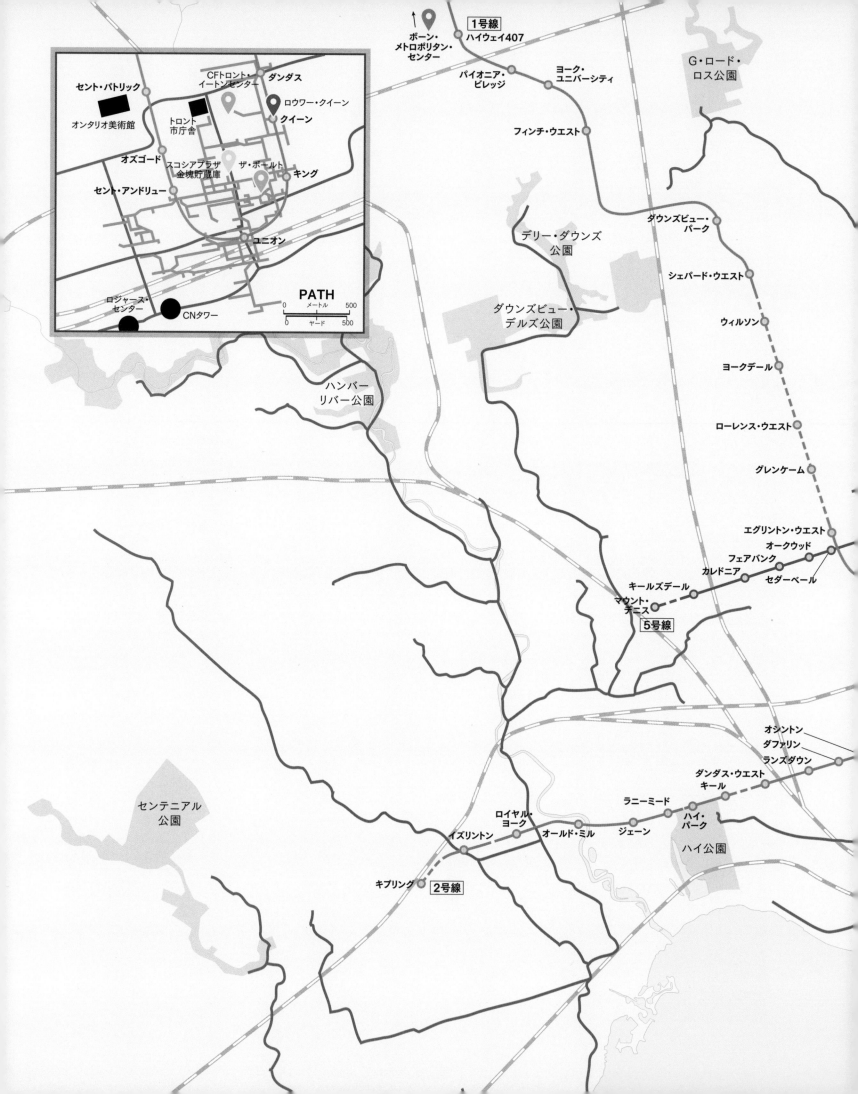

セント・パトリック
オンタリオ美術館
オズゴード
セント・アンドリュー
CFトロント・イートンセンター
ダンダス
トロント市庁舎
スコシアプラザ 金塊貯蔵庫
ロウワー・クイーン
クイーン
ザ・ボールト
キング
ユニオン
ロジャース・センター
CNタワー
PATH
メートル 0 500
ヤード 0 500

ボーン・メトロポリタン・センター
1号線 ハイウェイ407
パイオニア・ビレッジ
ヨーク・ユニバーシティ
G・ロード・ロス公園
フィンチ・ウエスト
デリー・ダウンズ公園
ダウンズビュー・パーク
シェパード・ウエスト
ウィルソン
ヨークデール
ダウンズビュー・デルズ公園
ローレンス・ウエスト
グレンケーム
エグリントン・ウエスト
オークウッド
フェアバンク
カレドニア
セダーベール
キールズデール
マウント・デニス
5号線
ハンバーリバー公園
オシントン
ダファリン
ランズダウン
ダンダス・ウエスト
キール
ラニーミード
ラニーミード
ジェーン
ハイ・パーク
センテニアル公園
ロイヤル・ヨーク
イズリントン
オールド・ミル
ハイ公園
キプリング
2号線

1号線　フィンチ
ノース・ヨーク・センター
ベイビュー
ベサリオン
シェパード/ヤング

4号線　ドン・ミルズ
レスリー

3号線　マッカワン
ミッドランド
スカボロー・センター
エレズミア
ローレンス・イースト

ヨーク・ミルズ

ケネディ
アイオンビュー
ゴールデン・マイル
バーチマウント
2号線

ローレンス

サニーブルック公園

アガ・カーン公園＆博物館
スローン
ファーマシー
オコナー
ハキミ・レボビッチ

ウィンフォード

科学センター

ウォーデン

レインド
サニーブルック・パーク

エグリントン
リーサイド

マウント・プレザント

アベニュー
チャップリン
フォレスト・ヒル
デイビスビル

ビクトリア・パーク

セント・クレア

ウッドバイン
メインストリート

セント・クレア・ウエスト
カサ・ロマ・トンネル
サマーヒル

グリーンウッド
ペープ
コックスウェル

カサ・ロマ

ブロードビュー
チェスター
ドンランズ

ローゼデール

デュポン
ロウワー・ベイ
ブロアー＝ヤング

キャッスル・フランク
ダンフォース音楽堂

スパダイナ
バサースト
ベイ
ウェルズリー

シェルボーン

クリスティー
ロイヤルオンタリオ博物館
ミュージアム
クイーンズ・パーク
カレッジ

オンタリオ美術館
トロント市庁舎

ロジャース・センター
CNタワー
コープランド変電所

プリンセスゲート

| | |
|---|---|
| - - ◯ - - | 地下鉄線路──地上/地下 |
| - - ◯ - - | 建設中の軽便鉄道路線──地上/地下 |
| | 地上路線 |
| —— | 下水道 |
| —— | PATH |
| 📍 | 地下鉄の廃止駅 |
| 📍 | 本文に登場する駅 |
| 📍 | 地下金塊保管庫 |
| 📍 | ここにしかない地下施設 |
| 📍 | 地下変電所 |

0　キロ　2
0　マイル

# モントリオール［カナダ］

## 気温が生んだ地下ショッピング街

カナダ、ケベック州最大の都市で経済の中心でもあるモントリオールは、セントローレンス川とオタワ川の合流地点にある中州に位置している。500平方キロ近い面積を持つモントリオール島は広さにしてパリの5倍、マンハッタン8つがすっぽり収まるほどの大きさだ。島の中央には、3つの"山頂"を持つかつての火山、モン・ロワイヤルがそびえている。過去の火山活動の影響に加えて、1万5000年前の氷河期には氷河の重みでその下の岩に亀裂が入った。そうしてできた空洞の1つが、1812年に発見されたサン・レオナール洞窟だ。最近では、その洞窟から街の東地区にあるピー XII 公園の地下まで広がる別の巨大な洞窟も見つかった。この洞窟は長さ最大250メートル、深さ6メートルで、深いところでは5メートルの水がたまっている。

モントリオールの3つの山頂のまわりでは、都市が島の大部分を埋めつくしている。市域人口は200万人で、近くの島々にほぼ50万人、市周辺の都市圏にはさらに150万人が暮らしている。モントリオールは、パリに次ぐ世界で2番目に大きいフランス語圏の都市でもある。

### 村から都市へ

モントリオール島では4000年前から集落があった証拠が見つかっている。モン・ロワイヤルのふもとには、フランス人がこの地に到来する200年前から、オシュラガと呼ばれる村があった。

1611年までに、旧市街の現ポワンタカリエール考古学歴史博物館があるあたりに、探検家サミュエル・ド・シャンプランが毛皮交易所を設けた。30年後、入植者たちがこの地にたどりつき、1642年にモ

ントリオール島南岸にビル・マリーと呼ばれる村が開かれる。たび重なる戦争や攻撃にもかかわらず、集落は発展していった。1826年のラシーヌ運河開通と新しい橋の架設を経て、1836年の鉄道開通を目前に控えた1832年、モントリオールは都市としての地位を手に入れた。1860年までには、英領北アメリカと呼ばれる地域で最大の都市になっていた。

### 地下の水路網

人口が増加するにつれて、とりわけ1800年代には、水と衛生に関するニーズが高まった。その頃（1739年までさかのぼる例もある）、サン＝ピエール川をはじめとする多くの河川で流路を変える工事や暗渠化が行われた。1832年までに長さ350メートルのウィリアム下水道が建設され、サン＝ピエール川の一部がこの石づくりの下水道を流れるようになる。1世紀後には、この川の全長の3分の1近くが下水道システムとして使われるようになっていた。現在では、かつての堂々たるサン＝ピエール川のうち、地上に残されているのは西モントリオールを流れるわずか200メートルの区間だけだ。1870年代までに、市街地を流れるすべての川が暗渠化されるか、人工的に流れを変えられた。

広いモントリオール島で新たな地区が都市化されていくにつれて、さらなる新水路が必要になった。第二次大戦後、新しくできるすべての地区できちんとした下水・給水システムを確保するための計画が練られた。この計画では、2000年までに都市圏人口が700万人に増加するとされていたが、この数字はまだ半分ほどしか達成されていない。この計画をもとにつくられた下水設備の1つが、1953年にカル

ティエビルに建設された巨大なメイユール=アトランティック下水道だ。それとは別のデカリー・ランボー下水道システムでは、トンネルが石灰岩の地盤を貫いている。ほかにも大きな雨水排水路（ウエスト・アイランドにあるものなど）や地下導水路があり、モントリオールの地下を流れる下水道や水路は総延長5000キロ近くにのぼる。

## 地下都市

モントリオールの気候は大陸性でありながら湿度が高い。そのため、夏は暖かくてすごしやすいが、冬は恐ろしく厳しく、気温はときに零下30℃まで下がる。そのうえ、年平均で2.1メートルの雪が積もるほどの降水量がある。1962年、都市設計家ビンセント・ポンテの指揮のもと、プラス・ビル・マリーと呼ばれる高層ビルが建設された。このときポンテの頭に浮かんだのが、果てしなく広がる巨大な地下

空間の構想だった。地上の厳しい天候を避けながら街の別の場所へ行ける、空調のきいた地下空間。それを実現するべく、プラス・ビル・マリーとその地下にある店舗が、トンネルを通じて中央駅とクイーン・エリザベス・ホテルとつながることになった。1967年のモントリオール万国博覧会と1976年夏季五輪の開催地に決まり、モントリオール・メトロの建設が始まったことで、地下トンネル網はさらに拡大し、ボナバンチュール駅、ウィンザー駅、シャトー・シャンプラン・ホテル、カナダ広場のオフィスビルともつながった。こうして、ポンテが「地下都市」と称したものの核ができ上がった。この地下都市は、地元では「ネットワーク」を意味するフランス語の「レゾー（réseau）」をもじってRÉSOと呼ばれている。

メトロシステムができると、さらに10棟のビルがメトロ駅と直接つながった。1970年代には大規模な商業開発も始まり（モントリオール中心部にあるオ

深度（メートル）

0 ── RÉSO

── サン・レオナール洞窟

-10

-20 ── メトロのトンネル

-30 ── シャルルボワ駅
（グリーンライン；メトロ最深駅）

── 下水管

-40

-50

-60

-70 ── エドゥワール・モンプティ駅（REM）

-80

-90

-100

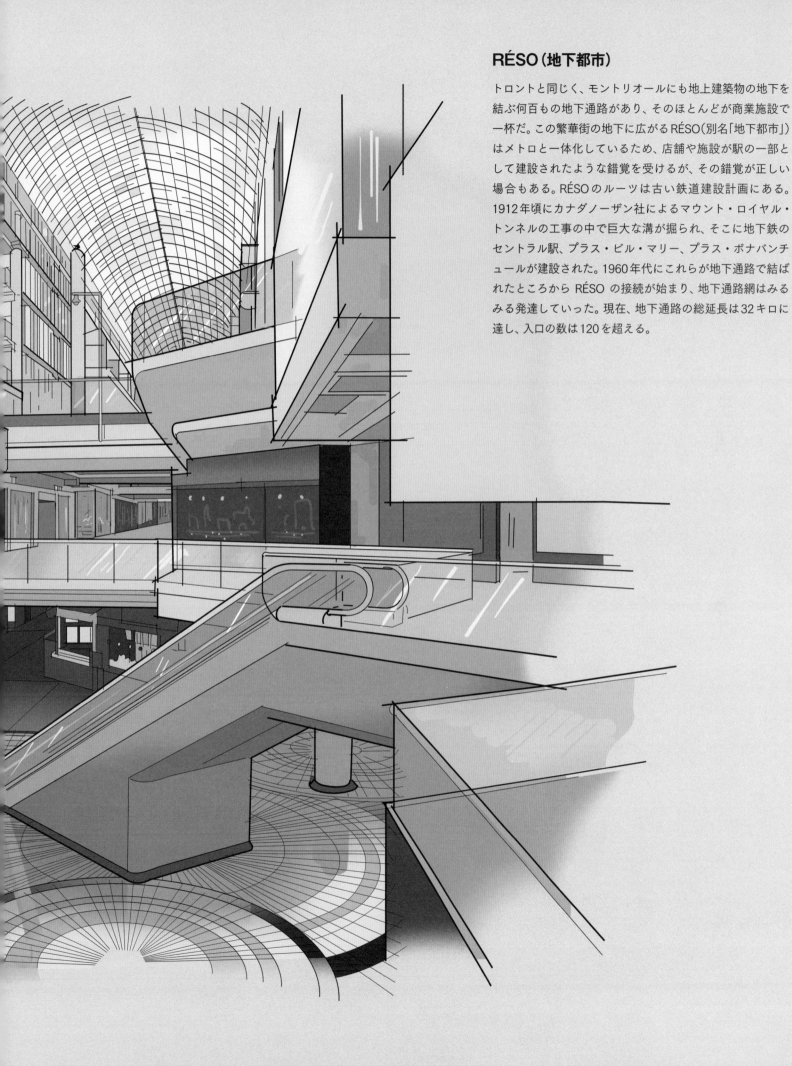

## RÉSO（地下都市）

トロントと同じく、モントリオールにも地上建築物の地下を結ぶ何百もの地下通路があり、そのほとんどが商業施設で一杯だ。この繁華街の地下に広がるRÉSO（別名「地下都市」）はメトロと一体化しているため、店舗や施設が駅の一部として建設されたような錯覚を受けるが、その錯覚が正しい場合もある。RÉSOのルーツは古い鉄道建設計画にある。1912年頃にカナダノーザン社によるマウント・ロイヤル・トンネルの工事の中で巨大な溝が掘られ、そこに地下鉄のセントラル駅、プラス・ビル・マリー、プラス・ボナバンチュールが建設された。1960年代にこれらが地下通路で結ばれたところからRÉSOの接続が始まり、地下通路網はみるみる発達していった。現在、地下通路の総延長は32キロに達し、入口の数は120を超える。

フィス・店舗複合施設のコンプレックス・デジャルダンなど）、地下接続がいっそう進んだ。1984年から1992年にかけて、互いにつながった3つの巨大な地下ショッピングモールが建設され、地下街は12キロから22キロに拡大する。新しいオフィスビルとの接続やメトロ延伸によりいっそう広がったRÉSOは、今や市中心部ではこの地下都市とつながっていない新ビルの建設など考えられない域にまで成長し、モントリオールの生活にしっかり根を下ろしている。

## モントリオールのメトロ

モントリオールのメトロ網開発構想は20世紀のはじめにさかのぼる。1902年には、この構想を後押しするために、カナダ政府がモントリオール・サブウェイ・カンパニーを設立した。1910年からは、路面電車の運営事業者をはじめとする既存の民営交通会社が次々と案を出した。だが、資金のめどが立たないうえ、基幹鉄道会社が反対したことから、何の進展も見られなかった。

大恐慌と2つの世界大戦、そして交通渋滞の深刻化を経て、1944年、2路線からなる交通網の新計画が立てられた。片方の路線はサン=ジャック通り、ノートルダム通り、サン=ドニ通りといったメインストリートの地下を走り、もう1本はサン=カトリーヌ通りの地下を走ることになっていた。この計画は、地上を走る路面電車がバスに移行したときに一時中断した。その後、計画が見直されて無数の延長案が出たが、結局は費用がかかりすぎることが明らかになる。1953年の計画の路線図は、当時トロントで建設が進められていたメトロシステムと瓜ふたつだった。このときもまた、モントリオールは大量輸送の実現には遠く及ばなかった。

1961年になってようやく、パリのメトロで使われているものと同様のゴム車輪技術（プヌ）をベースにした計画が市議会で承認される。3路線が予定されていたが、1962年に着工したのは1号線（グリーンライン）と2号線（オレンジライン）だけだった。1966年10月から1967年4月にかけて、モントリオール地下鉄はようやく段階的な開業にこぎつけた。

その後、セントローレンス川をくぐって近郊都市ロングイユに至る短いイエローラインのトンネルが掘られた。1967年万博の会場を経由するこの路線により、初期の地下鉄網が26駅を結ぶ3路線に拡大した。

以来、地下鉄網は長年の間に少しずつ広がり、1986年には新しいブルーラインが加わった。現在では、総延長70キロの4路線が68の駅を結んでいる。1970年代には、いくつかのメトロ拡張案が出た。中には度を超えていると言われそうなものもあったが、600万ないし700万の人口予想に対応できる総延長160キロの地下鉄網の構想は、それほど常軌を逸したものではなかった。何度かの前進と後退を経て、現在では、短いイエローラインをロングイユ市中まで延伸する計画が進んでいるほか、今後数年のうちにブルーラインがアンジュにできる待望の新ターミナルに到達する予定になっている。

上　1984年に開業した地下鉄オレンジラインのナムール駅。設計はラベール・マルシャン・エ・ジェフロイによる。切符売り場の上に吊されたアルミ製の照明彫刻は芸術家ピエール・グランシェの作品「システーム」だ。

下　1978年に開業したグリーンラインの
シャルルボワ駅は独特な構造で、2つのホ
ームが段違いに重なっている。下のホーム
は地下29.6メートルにあり、メトロ全駅の
中で最も深い。駅の設計はアヨット・エ・
ベルジェロンが行い、中を飾る美しいステ
ンドグラスはピエール・オステラートとマ
リオ・メローラが手がけたものだ。この2
人のステンドグラス職人はベルギーを拠点
に活動し、ベリUQAMとデュ・カレッジ両
地下鉄駅にも作品を提供している。

2017年には、モントリオール新市長の選挙公約の1つとして、ピンクラインと
呼ばれるまったく新しい路線の構想も浮上した。
　メトロとは別の都市圏高速鉄道網（REM）の建設も進んでいる。完成すれば、
高速のライトレールシステムにより、市街の地下駅とモントリオール・ピエール・
エリオット・トルドー国際空港がわずか20分で結ばれる。REMは2021年に開
通する見込みだ。メトロのエドゥアール・モンプティ駅の下に位置するREM用
の新ホームは、深さが地下70メートルに達する。これは地下20階の深さに相当
し、完成すれば北アメリカで2番目に深い駅ということになる。

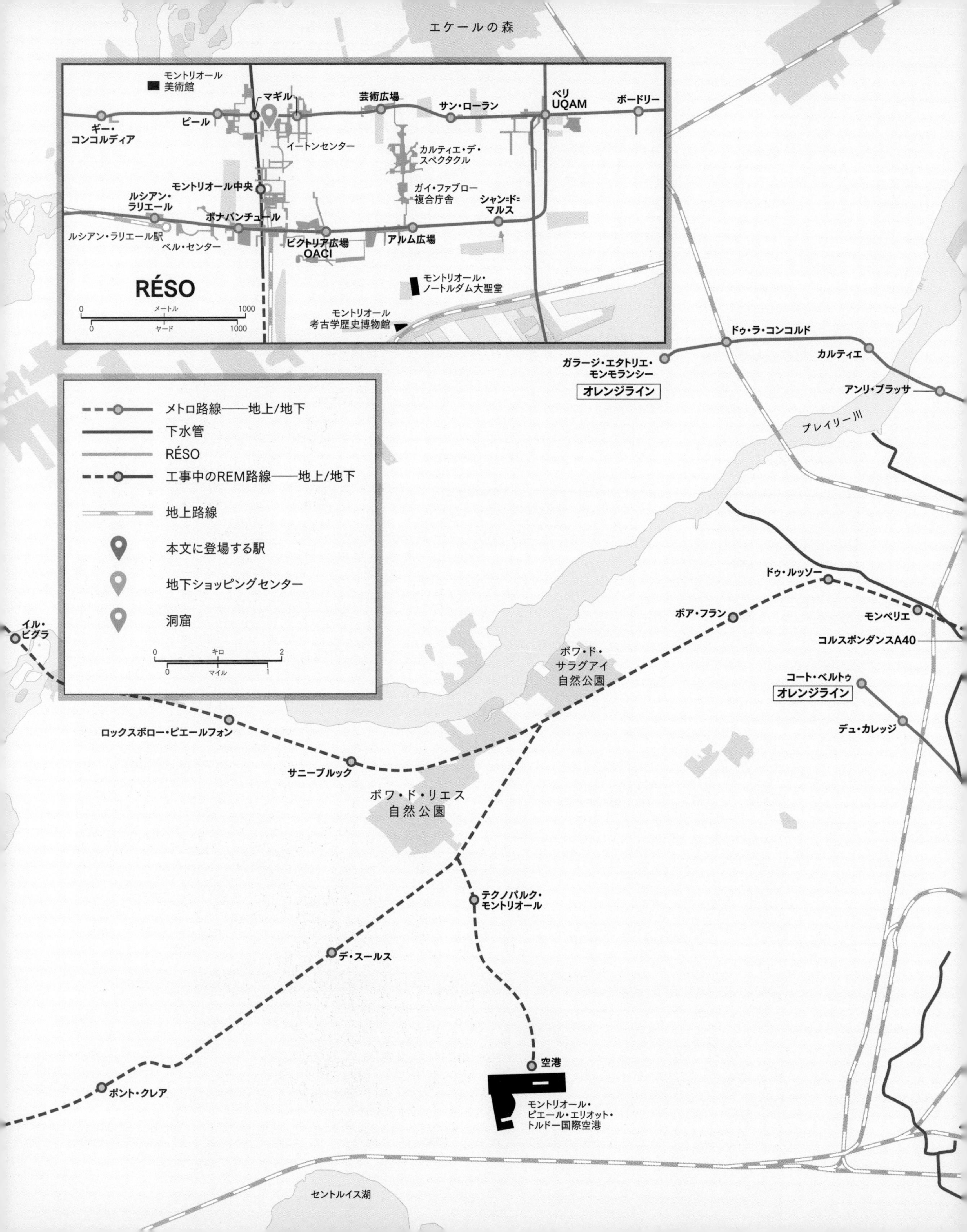

エケールの森

モントリオール
美術館

マギル　　　芸術広場　　　サン・ローラン　　　ベリ　　　ボードリー
ギー・　　　ピール　　　　　　　　　　　　　　　　　UQAM
コンコルディア　　　　　　　　　　　　　　カルティエ・デ・
　　　　　　イートンセンター　　　　　　　スペクタクル

モントリオール中央　　　　　　　　　ガイ・ファブロー
ルシアン・　　　　　　　　　　　　　複合庁舎
ラリエール　　ボナバンチュール　　　　　　　　　　　シャン＝ド＝
ルシアン・ラリエール駅　　　　　　　　　　　　　　　マルス
　　　　　ベル・センター　　ビクトリア広場　　アルム広場
　　　　　　　　　　　　　　OACI
RÉSO　　　　　　　　　　　　　　　　モントリオール・
　　　　　　　　　　　　　　　　　　ノートルダム大聖堂
0　　　　メートル　　　　1000
　　　　　　　　　　　　　　モントリオール
0　　　　ヤード　　　　　1000　考古学歴史博物館

ドゥ・ラ・コンコルド

ガラージ・エタトリエ・　　　　　　　　　カルティエ
モンモランシー
オレンジライン　　　　　　　　　　　アンリ・ブラッサ

プレイリー川

ドゥ・ルッソー

ボア・フラン　　　　　　　　モンペリエ

ボワ・ド・　　　　　　　　　コルスポンダンスA40
サラグアイ
自然公園　　　　　　　　　コート・ベルトゥ
　　　　　　　　　　　　　オレンジライン

凡例

━━━●━━　メトロ路線――地上/地下　　　　　デュ・カレッジ

━━━━━━　下水管

━━━━━━　RÉSO

━━━●━━　工事中のREM路線――地上/地下

━━━━━━　地上路線

📍　本文に登場する駅

📍　地下ショッピングセンター

📍　洞窟

0　　キロ　　2
0　　マイル　　1

イル・
ビグラ

ロックスボロー・ピエールフォン

サニーブルック

ボワ・ド・リエス
自然公園

テクノパルク・
モントリオール

デ・スールス

ポント・クレア

空港

セントルイス湖　　　　　モントリオール・
ピエール・エリオット・
トルドー国際空港

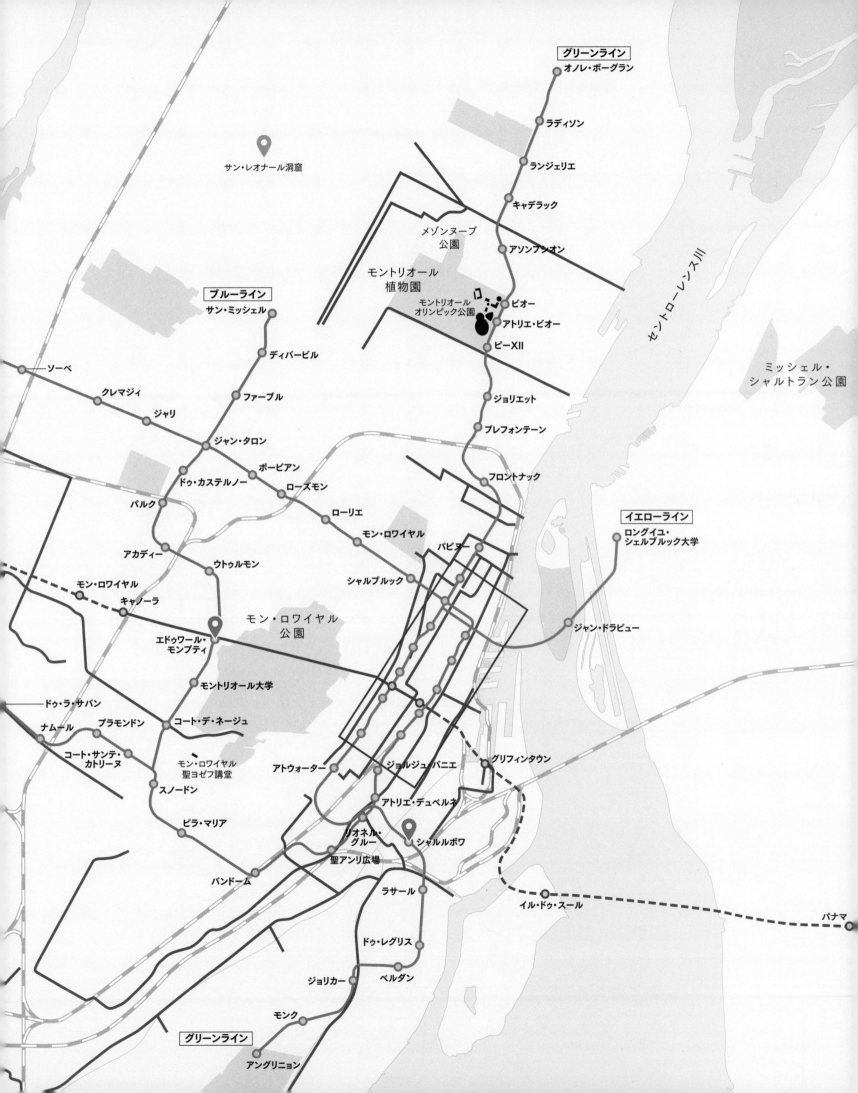

サン・レオナール洞窟

グリーンライン
オノレ・ボーグラン
ラディソン
ランジェリエ
キャデラック
アソンプシオン
メゾンヌーブ公園
モントリオール植物園
モントリオールオリンピック公園
ビオー
アトリエ・ビオー
ピーXII
ジョリエット
プレフォンテーヌ
フロントナック

ブルーライン
サン・ミッシェル
ディバービル
ファーブル
ジャン・タロン
ボービアン
ローズモン
ローリエ
モン・ロワイヤル
パピヌー
シャルブルック

ソーベ
クレマジィ
ジャリ
ドゥ・カステルノー
パルク
アカディー
ウトゥルモン

イエローライン
ロングイユ・シェルブルック大学
ジャン・ドラピュー

モン・ロワイヤル
キャノーラ
エドゥワール・モンプティ
モン・ロワイヤル公園
モントリオール大学

ドゥ・ラ・サバン
ナムール
プラモンドン
コート・デ・ネージュ
コート・サンテ・カトリーヌ
スノードン
ビラ・マリア

セントローレンス川

ミッシェル・シャルトラン公園

モン・ロワイヤル聖ヨゼフ講堂

アトゥォーター
ジョルジュ・バニエ
グリフィンタウン
アトリエ・デュベルネ
リオネル・グルー
シャルルボワ
聖アンリ広場
バンドーム
ラサール
イル・ドゥ・スール
パナマ
ドゥ・レグリス
ジョリカー
ベルダン
モンク
グリーンライン
アングリニョン

# ニューヨーク・シティ ［アメリカ］

## 世界の首都

アメリカ東海岸に位置するニューヨークは北アメリカ最大の人口密集地帯だ。5つの主要区の人口は860万人、内陸に広がる都市圏にはさらに2000万〜2300万人が暮らす。経済規模は途方もない大きさで、仮にニューヨークが独立国だったなら、国内総生産（GDP）という点で世界12位の富裕国になるほどだ。北アメリカには、本書に登場するヨーロッパの都市のような長い歴史を持つ街はないが、地下の多様性にかけては、世界の首都ニューヨークがヨーロッパの各都市と肩を並べるのは間違いない。

### 街の歴史

ニューヨーカーの元祖は、ハドソン川とデラウェア川の河畔で暮らしていたアルゴンキン族の狩猟採集民たちだ。1624年、マンハッタンから南に730メートル、ハドソン川が注ぐアッパー・ニューヨーク湾に浮かぶ現在のガバナーズ島にオランダ西インド会社が交易所を設けた。その2年後、植民地総督のピーター・ミニュイットがその周辺の土地とさらに広いマンハッタン島を先住民から買い取り、最初の要塞をニューアムステルダムと名づけた。マンハッタンの先端に位置する港町ニューアムステルダムは、1664年からイギリスの支配下に入り、ヨーク公にちなんだ名に改名された。ニューヨークという新たな名のもとで街は着実に発展し、1760年までに、人口はボストンをしのぐ1万8000人に達した。1785年から1790年までは誕生まもないアメリカ合衆国の一時的な首都として機能していた。

独立戦争で重要な役目を担ったにもかかわらず、ニューヨークはイギリスの産業都市リバプールやマンチェスターとの強い結びつきを保っていた。これは綿や織物の輸入のおかげで、そうした交易が3都市すべてを発展させた。1840年までに人口20万人を突破したニューヨークは、世界屈指の大都市になった。1898年、マンハッタン、ブロンクス（島では

ない唯一の区）、ブルックリン、クイーンズ（いずれもロングアイランドにある）、スタテンアイランドがニューヨークの5つの行政区として1つにまとまった。

自由の女神のたいまつを掲げる腕と手は、1876年にフィラデルフィアで開催された万博ではじめて展示され、残りの部分をつくる資金が集められた。フランスで制作された像は船で大西洋を渡り、1886年に完全な女神の姿になった。女神像が立つリバティ島のかつての要塞には、ありとあらゆる種類の秘密の通路があると噂されているが、元建設作業員が明かしたところによれば、地下の立ち入り禁止区域にあるのは、塩の貯蔵庫と「サリー・ポート」と呼ばれる訪問者用の緊急避難路だけだったという。

### ニューヨークの蒸気

ニューヨークの定番のイメージといえば、街路からもうもうと立ちのぼる蒸気だ。その大部分は、この街に古くからある、それでいて効果的な蒸気生成・配気システムから生まれている。その起源は1882年にさかのぼる。この年、ニューヨーク・スチーム社がロウワー・マンハッタン周辺で、パイプやチューブの地下ネットワークを通じて高圧・高温の蒸気を運ぶサービスを開始した。よそ者には信じがたい話だが、このシステムは今も稼働していて、総延長170キロにのぼる現役のパイプが1700軒の家屋や社屋に蒸気を運んでいる。暖房だけでなく清掃にも利用され、何と冷房にまで使われている。

### 初期の地下鉄トンネル

ブルックリンのアトランティック・アベニューの地下には、ボーラム・プレイスからコロンビア・ストリートまでを結ぶ770メートルのトンネルが走っている。コブル・ヒル・トンネルと呼ばれるこのトンネルは、北アメリカ最古の鉄道用の地下構造とし

てギネス世界記録に登録されている。もともとは、イースト川のサウス・フェリー乗り場近くまで列車を走らせるために、1845年にブルックリン・アンド・ジャマイカ鉄道（のちのロングアイランド鉄道）が深さ5メートルの切通しとして掘ったものだ。1850年にトンネル化されたが、1861年に閉鎖された。55年後の第一次大戦のさなか、ドイツのシンパの爆弾工場として使われているのではないかとの疑いが持ち上がり、警察がこのトンネルに突入したが、結局何も発見されず、また封鎖された。このトンネルはさまざまな形で転用が試みられたが、再び注目を浴びるようになったのは、1980年に20歳のロバート・ダイヤモンドが（公益事業者の助けを借りて）擁壁をぶち抜き、放棄された地下建造物の見学ツアーを始めてからのことだ。

1925年頃から、ブルックリンとマンハッタンのダウンタウンを道路でつなぐべく、イースト川を渡るさまざまなルートが検討されるようになる。橋を架けるのは負担が大きすぎるとされたことから、1940年、全長2.7キロのブルックリン＝バッテリー有料トンネルの工事が始まった。2012年に元ニューヨーク州知事ヒュー・L・ケアリーにちなんで改名されたこのトンネルは建設に10年を要し、開通当時は世界で2番目に長いトンネルだった（最長はリバプールのクイーンズウェイ・トンネル）。4つの巨大な通気孔（ブルックリンとガバナーズ島に1つずつ、マンハッタンに2つ）が90秒ごとに空気を循環させている。このトンネルは2012年のハリケーン・サンディにより水没したが、すぐに排水されて再開した。

ニューヨーク最初の地下鉄は、あくまでも実験的なものだった（当初はロンドンの気送管システムの旅客輸送版と宣伝されていた）。この輸送システムは、設計者であるアルフレッド・エリー・ビーチが

1870年に開業した。独創的な空気圧式システムで車両を動かし、ブロードウェイの地下100メートルほどの距離を走るこの“地下鉄”は、ビーチ・ニューマティック・トランジット社が3年にわたって運営し、ウォーレン・ストリートに立つビーチのオフィスの地下に設けられた“駅”とマレー・ストリートの終点を結ぶトンネルに沿って、目新しさに熱狂する市民（最初の年は40万人にのぼった）を空気の勢いで行き来させていた。このシステムの狙いはひとえに技術の効果を示すことにあったため、“終点”に出口はなかった。いずれはセントラル・パークまで、長さ8キロのトンネルをつくる構想だったが、株式市場が崩壊し、熱が冷めてしまった。このトンネルは定期的に“再発見”されている。たとえば1912年には、ブルックリン・マンハッタン・トランジット（BMT）社のブロードウェイ線の建設工事で作業員がこのトンネルに行き当たった。

空気圧式システムが本格的な大量輸送システムになるほどしっかりしたものだったかどうかは疑わしいが、このコンセプトはのちに装いを新たにしてよみがえることになる。この空気圧式技術とよく似ているが、規模はずっと小さい気送式郵便配達システムを、1897年からニューヨーク市が利用するようになったのだ。シカゴ、ロンドン、マンチェスター、パリ、フィラデルフィアのシステムと同じように、マンハッタン島の両端を走る直径0.5メートルのチューブが地下1メートルの深さに敷設されていた。郵便物を入れた筒を空気の力で勢いよく押し出し、チューブの中を走らせるという仕組みだ。1902年には、街を横切って新しい中央郵便局とグランド・セントラル駅を結ぶルートと、イースト川の地下を通ってブルックリンに至る別のルートが加わった。総延長43キロのこの空気圧式チューブは、ニューヨ

下　野心的なビーチ・ニューマティック・トランジットの車両を描いたイラスト。アルフレッド・エリー・ビーチは、これが街中の大渋滞を解決できる唯一の策と考えていたわけではないが、デモ路線を実際に作って解決策の1つになると証明し、ニューヨーク地下公共交通機関の先駆けという栄冠を手にした。

ークにある23の郵便局の間で1日あたり10万通近い郵便物を運べるネットワークを形づくっていた。頻繁な「手紙づまり」と借地料の高さ、そして電話や地上の郵便サービスの向上にもかかわらず、このシステムは（何度か中断はあったものの）1950年代はじめまで生き延びていた。

西72丁目から西125丁目までのエリア（現在アッパー・ウエスト・サイドとモーニングサイド・ハイツと呼ばれているエリア）の大部分は鉄道用地だったが、線路とハドソン川の間には活用されていない広いスペースが横たわっていた。20世紀になる頃にリバーサイド・パークがつくられたが、この公園は住宅地からやや離れていた。1930年代になって、都市設計家のロバート・モーゼスの構想をもとに、ニューヨーク・セントラル鉄道の線路と高速道路が長さ5キロの地下トンネルに移され、その上のスペースまで公園が拡張されたおかげで、近隣住民が公園に行きやすくなった。このトンネルには貨物列車が走っていたが、1980年に使われなくなると、ホームレスが住みつくようになる。グラフィティ・アーティストのクリス・"フリーダム"・ペイプは1974年からこのトンネルの壁にグラフィティを描き始め、その作品群は伝説になった。1991年、アムトラックがトンネル内の「スラム街」を解体し、鉄道としての利用を再開したが、ペイプにちなんだ「フリーダム・トンネル」という名はそのまま残った。

## 巨大な公共交通網

ニューヨークほど巨大な都市は、複雑に入り組んだ公共交通網なしには機能しない。全米の公共交通機関利用者の3分の1、さらに全米の鉄道利用者の3分の2はニューヨークに集中している。駅数という点では、ニューヨーク市地下鉄は世界最大のメトロ網で、全部で424の駅（うち281駅は地下）がある。ただし、利用者数はもはや首位ではなく、現在ではトップ5はアジアの都市が占めている。ニューヨーク市地下鉄でいちばん深い駅は、地下60メートルにある191丁目駅だ。

ニューヨーク市地下鉄は、ニューヨークが構築を試みた最初の公共交通網というわけではない。1800年代半ばには、鉄道会社がこぞって高架鉄道路線をつくりたがっていた。最初に承認を得たのが、マンハッタンの南端からコートランド・ストリートまでを走るウエスト・サイド・アンド・ヨンカーズ・パテント高架鉄道だ。建設工事はスタートしたときから足もとがおぼつかず、最初の旅客がようやくこの鉄道に乗ったのは、1870年になってからのことだった。1880年までには、主要な大通りに沿って4本の長い高架鉄道路線が走るようになっていた。最盛期には街中が高架鉄道だらけだった。そのおかげでニューヨークの街はマンハッタン島全体に広がったが、高架鉄道網は限界に達しつつあった。

地下鉄構想は昔からたびたび浮上していた。1864年にはニューヨーク州議会がメトロポリタン・レイルウェイ社の設立を承認したものの、ブロードウェイの地下をバッテリーから34丁目、さらにはセントラル・パークまで走る鉄道の建設権を同社に与える法案は上院で破棄された。アルフレッド・エリー・ビーチ

上　ニューヨーク市地下鉄の最も新しい区間は、72丁目、86丁目（写真）、96丁目の3つの駅で、2017年に開業した。かなり前から計画されていた2番街線の最初の区間で、現在はQ系統の北端となっている。次の区間が開業したあかつきにはT系統と改称される予定だ。2番街線の計画の始まりは、地上の高架鉄道を置き換える目的で地下鉄が立案された100年前にさかのぼる。86丁目駅のホームは地下28メートルの深さにあり、空調を完備し、ルー・リード、フィリップ・グラス、シンディ・シャーマンの肖像画など、チャック・クローズのさまざまな作品が飾られている。

の空気圧式システムも、設計者の懸命の努力にもか
かわらず、数万の利用者に対応できるものにはなら
なかった。30年後の1894年になってようやく、最初
の地下鉄路線が承認された。

　このインターボロー・ラピッド・トランジット
（IRT）社の路線が開通するまでにはさらに10年を
要したが、土木技師のウィリアム・バークレー・パ
ーソンは建設にあたり、公共交通網の歴史上最も賢
明な決断を下した。4本の線路が走る複々線にして、
急行列車が各駅停車駅を高速で通過できるように
したのだ。これにより、マンハッタン島を端から端
まで移動する所要時間が大幅に短くなる——時間
のかかる高架鉄道にまさる大きな利点だ。1904年、
シティ・ホール駅と145丁目駅間でIRT地下鉄の最
初の区間が開通した。シティ・ホール駅には、建築
会社ヘインズ＆ラファージュのデザインした実に
美しいタイル装飾が施された。このタイル装飾に
人々は息をのみ、新しい公共交通網は美しいものに
なるに違いないと期待したが、残念ながらこれほど
装飾の見事な駅はほかになく、ほとんどの駅には駅

名とエンブレムの記されたセラミックタイルの装飾
帯（こちらもヘインズ＆ラファージュが手がけた）
があるだけだった。

## ２番街線

　1908年、ニュージャージー州ニューアークとマン
ハッタン島の市街地を結ぶハドソン・アンド・マン
ハッタン鉄道（H&M）の地下区間が開通した。この
路線は現在PATH（パス）トレインと呼ばれている。
ほかにも、ブルックリン・マンハッタン・トランジ
ット（BMT）とインディペンデント・サブウェイ・
システム（IND）の主要2事業者が数々の新路線を
建設した。その複雑な歴史については、別のところ
で詳しく紹介されている（文献目録参照）。IRT、
IND、BMTは1940年代に統合され、その後まもなく、
高架鉄道の大部分が取り壊された。だが意外なこと
に、最近になるまで、新たな路線や駅はほとんど増
設されなかった。

　ハーレムとロウワー・マンハッタンの間には、地
下鉄網の空白地帯が残されていた。その穴を埋める

上　シティ・ホール駅は元々
IRT（インターボロー・ラピッド・
トランジット）と呼ばれていた
頃の初期のニューヨーク市地下
鉄の中核駅という位置づけをさ
れていた。レキシントン・アベ
ニュー線の最南端のターミナル
であり、当時唯一、列車が進行
方向を変えずにブルックリン橋
駅へ折り返せるようにホームが
カーブを帯びていた。内部の装
飾は豪華で、切符売り場の中2
階とプラットフォームはセラミ
ックタイルで覆われ、照明は真
鍮製シャンデリアに取り付けら
れていた。1945年に線路が延伸
してループが不要となり、ホー
ムは閉鎖されたが、今でも6番
街線の列車の折り返しに使用さ
れている。

57

深度
（メートル）

0 ── 気送式郵便配達システム

■ 下水管

コブル・ヒル・トンネル
ビーチ・ニューマティック・トランジッ
ト・トンネル
クラウン・フィニッシュ・ケイブス、
-10 ── ニューヨーク市立図書館地下書庫

タイムズ・スクエア42丁目駅（IRT 42
丁目シャトル線、BMTブロードウェイ
-20 ── 線、IRT 7番街、IRTフラッシング線）

ウォール・ストリート円筒形金庫

-30 ──

-40 ──

クロトン濾過プラント
-50 ──

191丁目駅
（IRT 7番街線、地下鉄で最も深い駅）

-60 ──

-70 ──

-80 ──

-90 ──

-100 ──

コブル・ヒル・トンネル
クラウン・フィニッシュ・ケイブス、
150 ── ニューヨーク市3号水道トンネル

## タイムズ・スクエア42丁目駅

中心部に位置していることから、年間乗降者数が7000万人近くと、ニューヨーク市
地下鉄の全駅の中で利用客数が最も多い。4つの主要幹線の乗り換え駅（およびシャ
トル線の終着駅）なので、ここから12の「路線」に乗ることが可能だ。この巨大な地
下複合駅は基本的に5組のプラットフォームで構成される。下のイラストはそのう
ちの4つを簡略化して描いたものだ。シャトル線の終点には乗客が4番線を渡るた
めの橋がかけられ、列車が入ってきたときは持ち上がるようになっている。構造の
複雑さと膨大な改築費用ゆえに、改装工事は何度にも分けて行われてきた。最も新
しい改装工事が終われば、全面的に利用可能になる。ちなみに、この駅の正式名称は
タイムズ・スクエア42丁目／ポート・オーソリティ・バスターミナル駅という。

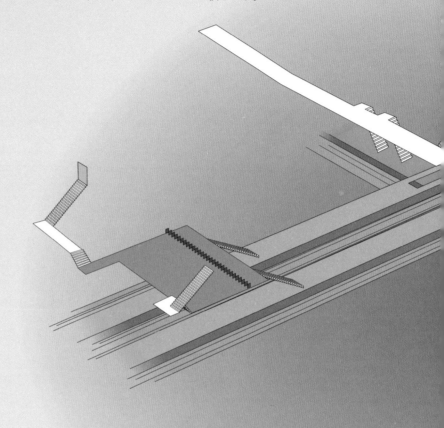

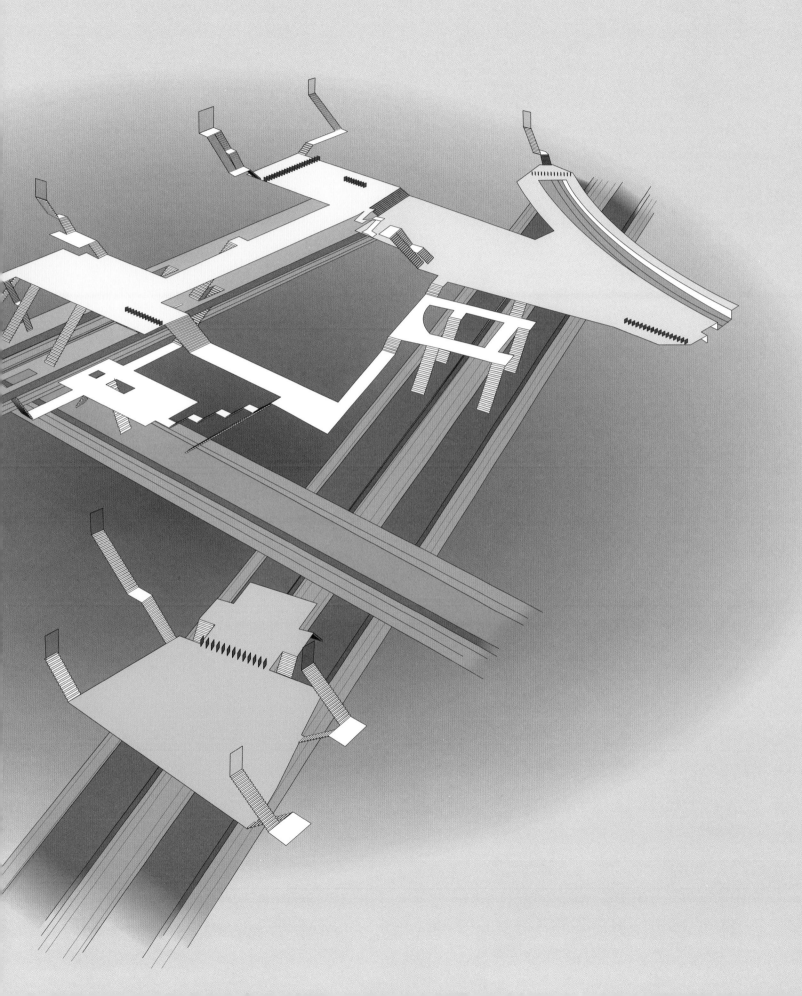

待望の延伸線は、路線の大部分がイースト・サイドを貫く2番街の地下を走ることから、「2番街線」と名づけられた。計画が浮上したのは、はるか昔の1919年のことだ。1972年に工事が始まったが、3年後に資金不足で中断。2007年になってようやく、マンハッタン島の北端で工事が進み始めた。10年後、この新路線の最初の区間が開通した。それに貢献したのが、セントラル・パークの下を走る、ほとんど使われていなかった古いトンネルだ。このトンネルは1970年代に建設されたクイーンズとマンハッタンをつなぐ連絡路の一部で、レキシントン・アベニュー線／63丁目駅と7番街線／53丁目駅の間を走っていた。定期運行に使われたことは一度もないが、1990年代には一時的に路線図に登場していた。2番街線の最初の区間が完成に近づいた頃、この使われていなかったトンネルと新トンネルをつなぎ、3つの新駅（96丁目、86丁目、72丁目）からダウンタウンへ向かうQ系統に乗り入れられるようにする工事が急ピッチで進められた。この3駅（現在はQ系統として運行）は2017年に開業し、2020年代には125丁目までを結ぶ3駅が加わる予定だ。この路線はT系統と呼ばれることになっているが、南方面の区間に関してはまだ資金のめどが立っておらず、完成は何年も先になると見られている。

## ニューヨークの幽霊たち

シティ・ホール駅はプラットフォーム拡張費用の算段がつかなかったため、1945年に廃駅になった。この駅はニューヨークにあるいくつかの幽霊駅の1つとして、今も街の地下に残されている。マンハッタン橋とブルックリンのディカルブ・アベニュー駅の間に位置するBMT4番街線のマートル・アベニュー駅は、1956年に廃駅になった。この駅の放棄されたプラットフォームの向かいには、1980年代にアーティストのビル・ブランドが制作した200枚を超える壁画パネルが並んでいる。列車が通過するときには、パネルがストップモーション・アニメになり、ブランドが「マストランシスコープ」と呼ぶ20秒の「映画」が浮かび上がる。

1904年に開通した最初の路線の一部だった東18丁目駅は、1948年のプラットフォーム拡張計画に伴って閉鎖された。91丁目の駅（1959年に閉鎖）とワース・ストリート駅（1962年に閉鎖）もプラットフォーム拡張の犠牲者だ。ネビンズ・ストリート駅の下層階には、ブルックリン方面へ向かう各停列車の乗り換えホームがつくられたが、線路はついに敷かれなかった。最近では、キャナル・ストリート駅のJ／M／Zプラットフォームが2004年に閉鎖された。

グランド・セントラル駅に乗り入れるニューヨーク・セントラル鉄道の線路上には、ウォルドーフ＝アストリア・ホテルが立っている。このホテルの地下には、裕福な宿泊客が人目を忍んでプライベート列車でホテルに乗りつけられる特別な駅があった。この「トラック61」で列車を降りた大富豪たちは、秘密の貨物用エレベーターに乗って専用のホテルロビーまで上がっていた。この秘密駅の得意客のひとりが、フランクリン・D・ルーズベルト大統領だ。1965年には、この地下駅のプラットフォームでアンディ・ウォーホルがパーティーを開いた。この駅のホームはずいぶん昔に閉鎖されたが、東49丁目には、ホームへ下りる貨物用エレベーターの入口が今も残っている。

1929年、イースト川地下のトンネルでマンハッタン島とウィリアムズバーグを結ぶはずだった路線の新駅として、4丁目南駅の建設が計画された。工事は大恐慌と第二次大戦により中止されたが、2010年、ついに使われることのなかった駅の骨組みを活用して、ストリートアーティストのワークホースとPACが「アンダーベリー・プロジェクト」と呼ばれるストリートアートの地下展覧会を開いた。この地下空間は18カ月の間、世界各地の100人を超えるストリートアーティストの手により、秘密のギャラリーに変貌した。現在、このイベントを題材にした映画が撮影されている。

## 風変わりな地下空間

ニューヨークには風変わりな地下構造がいくつもある。たとえば、ブルックリンのグリーンポイントにあるマッカレン・パークの巨大なスイミングプールの建設現場跡もその1つ。1936年にさかのぼるこのプールは、ルーズベルト政権下の公共事業促進局が大恐慌時代に失業者を雇用するために実施した多くの事業の一例だ。

ウォール・ストリートの地下25メートルほどのところには、地下2階にまたがる回転式の円筒形の金庫がある。100を超えるミニ金庫の中に7000本もの金塊が眠っていると言われ、これは人類史上最大の金コレクションと見られている。世界中の金融機関のために金塊を確保しているニューヨーク連邦準備銀行は、過去に採掘されたすべての金の5%ほどを保有しているという。この銀行では見学ツアーが催されており、あらかじめ申し込みをすれば誰でも参加できる。

マンハッタンのアッパー・ウエスト・サイドには、ニューヨーク屈指の奇妙な"トンネル"こと6 1/2（6.5）番街がある。西57丁目から西51丁目までを南北に走る400メートルのこの道路は、旅行ガイドにはあまり登場しない秘密の抜け道だ。分数の名を持つ唯一の道である6 1/2番街は、1960年代に生まれた数百の私有公共スペース（POPS）の1つだ。POPSはニューヨーク市議会が設けた制度で、新築ビル内の公共スペース設置を不動産開発会社に促す狙いがあった。厳密に言えば6 1/2番街は地下ではないが、この道を歩くとまるで地下にいるよう

な気分になる。

　かつて危険な路地とされていた場所の地下にも、奇妙なトンネルが走っている。チャイナタウンのモット・ストリートとペル・ストリートの間に位置する、ドイヤーズ・ストリートの地下トンネルだ。建物の密集するこの歴史的地区は、複雑に絡み合う抜け道のあちらこちらに違法賭博場があることで知られていた。このトンネルは、近くのチャタム・スクエアまで安全に行き来するために1900年代はじめに掘られたと言われている。

　ソーホー地区に立つ旧セント・パトリック聖堂（1809〜1815年建設）のバシリカ聖堂の下には、35前後の地下霊廟といくつかの地下墓地がある。このカタコンベは一般の見学者には開放されていなかったが、今も遺骸の保存を許可されているマンハッタン島の数少ない場所の1つだ。そのほか、リトル・イタリーの教会をはじめ、いくつかの教会にも地下霊廟がある。

## 食料をめぐる物語

　ミートパッキング・ディストリクトは、たまたまその名がついたわけではない。マンハッタンの西側にあるこの地区は、19世紀に屠畜場が集まっていた場所だ。当時、ニュージャージーからフェリーに乗せられてハドソン川を渡った牛たちは、最期の場所をめざして、群れをなして12番街（現在のウエストサイド・ハイウェイ）を歩かなければならなかった。1920年代から1930年代にはすでに自家用車でつまり気味になっていたニューヨークの道路交通にとって、この家畜の群れは重すぎる負担だった。そこで、12番街の地下に、牛のためだけに長さ260メートルのトンネルがつくられたと伝えられている。だが、1932年に建設されたウエストサイド・カウ・パスの名残は、1970年代後半に建てられた広大なジェイコブ・ジャビッツ・コンベンション・センターの下に埋もれ、永遠に失われてしまった。

　1866年、ブルックリンのクラウン・ハイツ地区、フランクリン・アベニューにあるビール醸造所の所有者が、醸造所の目と鼻の先に地下貯氷庫をつくり、深さ9メートルの煉瓦づくりの短いトンネルで2施設をつないだ。このナッソー醸造所は禁酒時代を目前に控えた1916年に廃業したが、半円アーチ様式の建物は2014年にアメリカ国家歴史登録財に加わった。この醸造所のトンネルは、現在ではクラウン・フィニッシュ・ケイブスという会社が1万2000キロのチーズの熟成に使っている。

下　クラウン・フィニッシュ・ケイブスは、ブルックリンのクラウンハイツにある地下のチーズ熟成施設だ。かつてのナッソー醸造所のトンネルが生まれ変わり、一度に約3万個のチーズを貯蔵できる理想の蔵となっている。

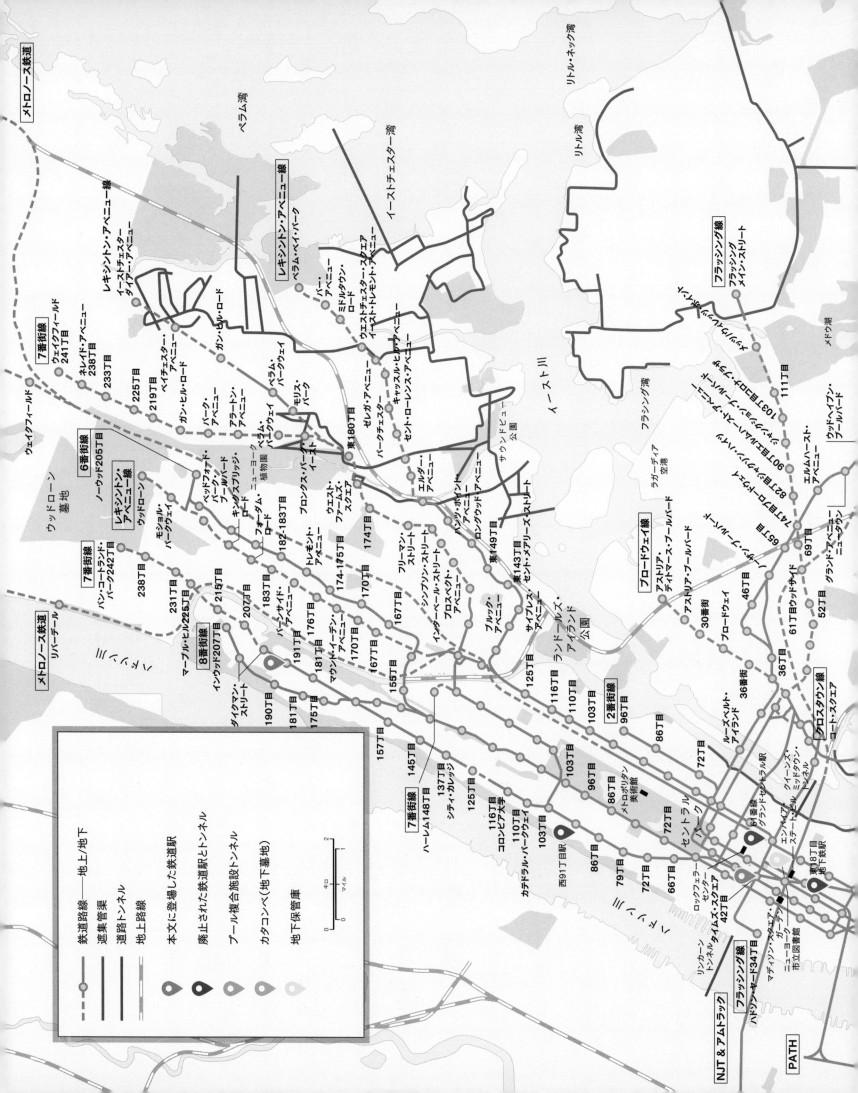

北大西洋

LIRR

**8番街線**
ナッソー・ストリート線

ジャマイカ179丁目
169丁目
ユニオン・ターンパイク／キュー・ガーデン
ジャマイカ・センター／パーソンズ・ブールバード
アーチャー・アベニュー
サットフィン・ブールバード／アーチャー・アベニュー
ブライアーウッド
75番街
ウィロー湖

63番ドライブ／レゴ・パーク
67番街
フォレスト・ヒルズ
71番街
75番街
121丁目
111丁目
**6番街線**
フォレスト・パーク

**8番街線**
ウッドヘイブン・ブールバード
104丁目
111丁目
104丁目
88丁目
80丁目
グラント・アベニュー
ユークリッド・アベニュー
シェパード・アベニュー
ロックアウェイ・ブールバード
グランド・アベニュー／ニュートン
ミドル・ビレッジ／メトロポリタン・アベニュー

アクアダクト競馬場
アクアダクト・ノース・コンデュイット・アベニュー
ハワード・ビーチ／JFK空港
ジョン・F・ケネディ国際空港

**7番街線**
東105丁目

ビーチ36丁目
ファー・ロッカウェイ／モット・アベニュー
ビーチ25丁目
ビーチ44丁目
ビーチ67丁目
ビーチ60丁目
ビーチ90丁目
ビーチ98丁目
ビーチ105丁目
ブロード・チャンネル
ロッカウェイ・パーク・ビーチ
**シャトル線**

ジャマイカ湾

カナーシー
ロッカウェイ・パークウェイ
**カナーシー線**

**レキシントン・アベニュー線**

**7番街線**
フラットブッシュ・アベニュー／ブルックリン・カレッジ
ニューカーク・アベニュー

フロイド・ベネット飛行場

ミドル・ビレッジ／メトロポリタン・アベニュー

フレッシュ・ポンド・ロード
75丁目エルダーツ・レーン
85丁目フォレスト・パークウェイ
ウッドヘイブン・ブールバード
クレセント・ストリート
ノーウッド・アベニュー
サイプレス・ヒルズ
ウィルソン・アベニュー
セネカ・アベニュー
マートル・ウィコフ・アベニュー
グランド・アベニュー

フォレスト・パーク墓地

ジェファーソン・ストリート
セントラル・アベニュー
ホールジー・ストリート
マートル・ウィロビー・アベニュー
フラッシング・アベニュー
ジュニアス・ストリート
サラトガ・アベニュー
ユーティカ・アベニュー
サッター・アベニュー
リヴォニア・アベニュー
ニューロッツ・アベニュー
スターリング・ストリート
ウィンスロップ・ストリート
チャーチ・アベニュー
ビバリー・ロード
コートランド・ロード
ニューカーク・アベニュー

プレジデント・ストリート
ノストランド・アベニュー
ラトランド・ロード

シャトル・ブレイス線
パーク・プレイス

マッカレン・パーク
ナッソー・アベニュー
グリーンポイント・アベニュー
ベッドフォード・アベニュー
ロレマー・ストリート
グラハム・アベニュー
グランド・ストリート
モーガン・アベニュー

マートル・アベニュー
フラッシング・アベニュー

ブルックリン墓地
マートル・ウィロビー
グラウン・フィニッシュ・ケイプ

グランド・ストリート
南4丁目駅
ロレマー・ストリート
ヒュー・ストリート
ベイカー・ストリート

キャナル・ストリート駅
ビーチ・ストリート駅
旧市庁舎駅
旧セント・ストリート駅

自由の女神
国立記念碑

アッパー・ベイ
ニューヨーク湾

ホランド・トンネル
ニュー・マリー・トランジット
バッテリー・パーク・トンネル
コブル・ヒル・トンネル
ヒュー・L・キャロル・トンネル

7番街
7丁目

グランド・アーミー・プラザ
クロスベック・パーク
バークサイド・アベニュー
プロスペクト・パーク

フォート・ハミルトン・パークウェイ
15丁目／プロスペクト・パーク
9丁目
4番街／9丁目
25丁目
36丁目
45丁目
53丁目
59丁目

チャーチ・アベニュー
ディトマス・アベニュー
18番街
20番街
バス・パークウェイ
キングス・ハイウェイ
アベニュー U
ネック・ロード
シープスヘッド・ベイ
ブライトン・パークウェイ
オーシャン・パークウェイ
西8丁目／ニューヨーク水族館
ニューヨーク水族館

**カナーシー線**
ニューロッツ・アベニュー

アトランティック・アベニュー
ニューカーク・アベニュー
アベニュー H
アベニュー J
アベニュー M
アベニュー N
アベニュー P
キングス・ハイウェイ
アベニュー U
アベニュー X
ネプチューン・アベニュー

**6番街線**
ブロードウェイ／18番街

ベイ・リッジ95丁目
86丁目
77丁目
ベイ・リッジ・アベニュー
フォート・ハミルトン・パークウェイ
62丁目／ニューユトレヒト・アベニュー
71丁目
79丁目
18番街
20番街
25番街
86丁目
ベイ150丁目
スティルウェル・アベニュー
コニー・アイランド
ダイカー・ビーチ
**ブロードウェイ線**

**6番街線**
ブロードウェイ

**7番街線**
フラットブッシュ・アベニュー

# ボストン ［アメリカ］

## 茶会事件はほんの始まり

　ニューイングランドの北大西洋に面した広い天然の港に位置し、都市圏に400万人が暮らすボストンは、アメリカ屈指の歴史の古い都市だ。1630年にイギリスから来た入植者が開いたこの街は、イギリスに反旗を翻してアメリカ独立戦争（1775〜1783年）の引き金になったボストン茶会事件の現場でもある。その後まもなく、ボストンは拡大していくニューイングランドの道路と鉄道の中枢、奴隷制廃止運動の中心、そして学問や教育や文化のメッカになった。一時期には、ニューヨークに劣らぬ金融の中心地でもあった。今でもボストン都市圏には、ハーバード大学やマサチューセッツ工科大学をはじめとする全米トップレベルの大学がある。

### 風変わりな地下構造物

　ボストンが位置するショーマット半島の先端はノース・エンドと呼ばれる。この地区は1600年代半ばにさかのぼるボストン最古の居住区で、秘密のトンネルが無数にあると噂されている。1740年代にトンネルの存在が知られていたことは間違いない。当時、グルーチー船長なる人物が秘密のトンネルを抜けて4体の木像をひそかに上陸させたと伝えられている。とうの昔に閉鎖されて封印されたトンネルのいくつかは地下室につながっていて、19世紀の酒の密輸入業者や禁酒法時代（1920〜1933年）の密造者が使っていたという。あるバーには、サウス・ボストンから当時の海岸まで一直線に走るトンネルがあったと言われている。

　そうした歴史ある場所のうち、今に残されているものはほとんどない。数世紀にわたる大規模な埋め立てや建設事業により、大部分が失われてしまった

からだ。そのため、都市考古学者たちは、もっと発掘できるものはないかと常に目を光らせている。

　かつて「文化的なボストンの音楽と芸術の本拠地」と呼ばれた1896年建造のステイナート・ホールは、建物全体が地下にあった。「ピアノ・ロウ」地区のボイルストン・ストリート162番地に立つスタンウェイの店舗そばの入口からホールに入った観客は、やかましい街路の騒音を和らげるためにあえて地下深くにつくられた客席まで、4階分の階段を下りなければならなかった。このホールで最後の幕が下りたのは1942年のことだが、修復してかつての劇場をよみがえらせる計画もある。

　現代の建造物にほとんど消し去られてしまった旧市街のもう1つの特色が、煉瓦づくりの下水道ネットワークだ。ムーン島からドーチェスター地区まで走るものは、今でも見ることができる。かつての小川も失われた。たとえば、クインシーを流れるタウン・ブルックは、クインシー中心部のスター・マーケットで一瞬だけ姿を現すが、残りは暗渠化されている。やはり暗渠化されたストーニー・ブルックは、ビーバー・ストリートのわきで地上に顔を出す。タートル池（別名マディ池）——タートル（亀）やマッド（泥）であふれたことはないが——から流れ出るこの川は、水の多い湿地帯の排水路として機能している。

### 初期の鉄道網と道路網

　トラムの電化と新しい高架鉄道により、ボストンでは1800年代後半までにかなりの規模の公共交通網ができ上がっていた。だが、中心部を行き来するトラムのあまりの多さから、その一部を地下に移す

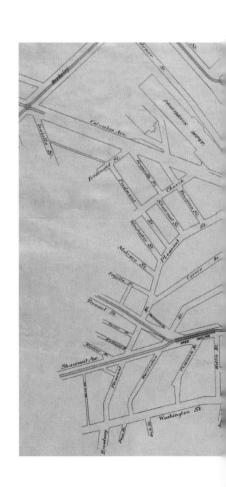

必要が生じた。そこで浮上したのが、トレモント・ストリートの地下を走るトンネルの建設計画だ。この地下路線は、ヘイマーケット・スクエアとボストン・コモン端のボイルストン駅を結んでいた。ボイルストンで2方向に分かれたあと、一方はアーリントン駅やバックベイ駅に向かい、もう一方はプレザント・ストリート駅で地上へ出てさらに2方向に分かれる。1897年に開通したトレモント・ストリート地下トラムは、今も現役の地下鉄路線の中ではヨーロッパ以外の地域で最も古く、電気牽引車両が走る世界で3番目に古い路線でもある。

ボストン地下鉄の開発はそもそものはじめから錯綜していて、パーク・ストリート駅には旋回路などの広大な地下空間が生まれ、スカレー・スクエア駅ではホームが奇妙な配置になった。どちらもその後の数十年であれこれと手が加えられ、そのあおりで1961年にはプレザント・ストリート支線が廃線になった。その結果、かなりの区間のトンネルが放棄された。そうしたトンネルは今も残っていて、さまざまな再開計画がたびたび検討される程度にはボストンっ子たちを魅了している。ボイルストン・ストリート駅近くにも、別の放棄されたトンネルがある。トレモント・ストリート地下鉄の開通当初の5駅は、いずれも改築や移転や改名をくぐり抜けた。だが、この歴史あるトンネルの幹線では今日に至るまで鉄道車両が走り、現在ではマサチューセッツ湾交通局（MBTA）のグリーンラインの主要区間として機能している。

1900年代はじめには、さらに3つの地下鉄路線が開通した。イースト・ボストン・トンネル（1904年、のちのブルーライン）は、ボストン・ハーバーの地下を穿ってつくられた。ワシントン・ストリート・トンネル（1908年、のちにオレンジラインに吸収）は、メインライン高架鉄道の一部だった。残る1つが、ケンブリッジ＝ドーチェスター地下鉄（1912

上　1904年に撮影されたトレモント・ストリート地下鉄の「パブリック・ガーデン・インクライン（公共庭園斜路）」。それから10年後に移設された。

下　1895年に策定されたボストン市街の下を走るトレモント・ストリート地下鉄の計画図。奇妙なコースながら、アメリカで初めて定期運行される地下鉄となった。多くの区間は現在も使用されており、格段に長くなったグリーンラインのなかでも重要な繁華街区間を構成する。

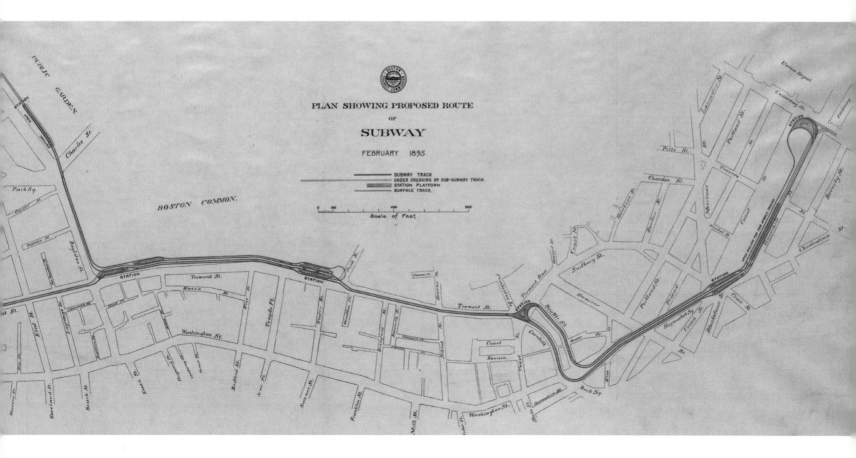

深度（メートル）

0

サムナー・トンネル／キャラハン・トンネル
ストーニー・ブルック

−10

ステイナート・ホール

アクアリウム駅
（ブルーライン、地下鉄最深部）

−20

テッド・ウィリアムズ・トンネル

−30

セントラル・アーテリー

−40

ムーン島−ドーチェスター煉瓦下水道

−50

−60

−70

−80

−90

−100

## テッド・ウィリアムズ・トンネルとステイナート・ホール

ボストンは1700年代半ばにフィラデルフィアとニューヨークに追い抜かれるまではイギリス領アメリカ最大の都市であり、今も革新的な都市を自負している。アメリカ初の公立学校、公園、地下鉄がつくられたのはボストンだ。さらに現在も定期運行している路面電車の中でボストンの路面電車が世界最古だとも言っている。こうして早くから路面電車が導入されたが、中心部を行き来する通勤者の混雑を解決する手段として採用されたのは高架鉄道だった（北アメリカのほかの多くの都市も同様だった）。トレモント・ストリート地下鉄は、ケンブリッジとドーチェスター両トンネルとともに現在はレッドラインの一部となり、高架鉄道、路面電車、地下鉄を合わせた包括的な快速交通システムに組み込まれた。交通問題を解決するには地下を走らせるのがいいという方針は、ほかの交通手段、特に自動車やバス専用のトンネルが10本ほど建設されていることにも表れている。

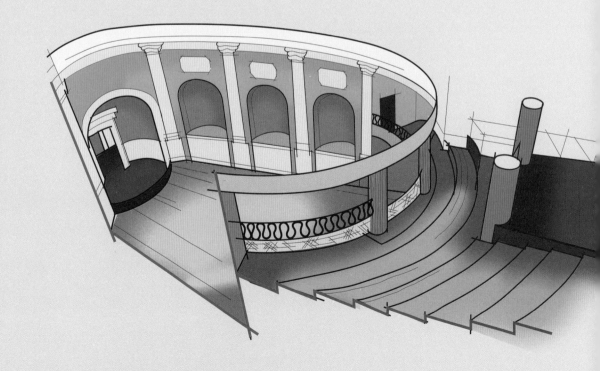

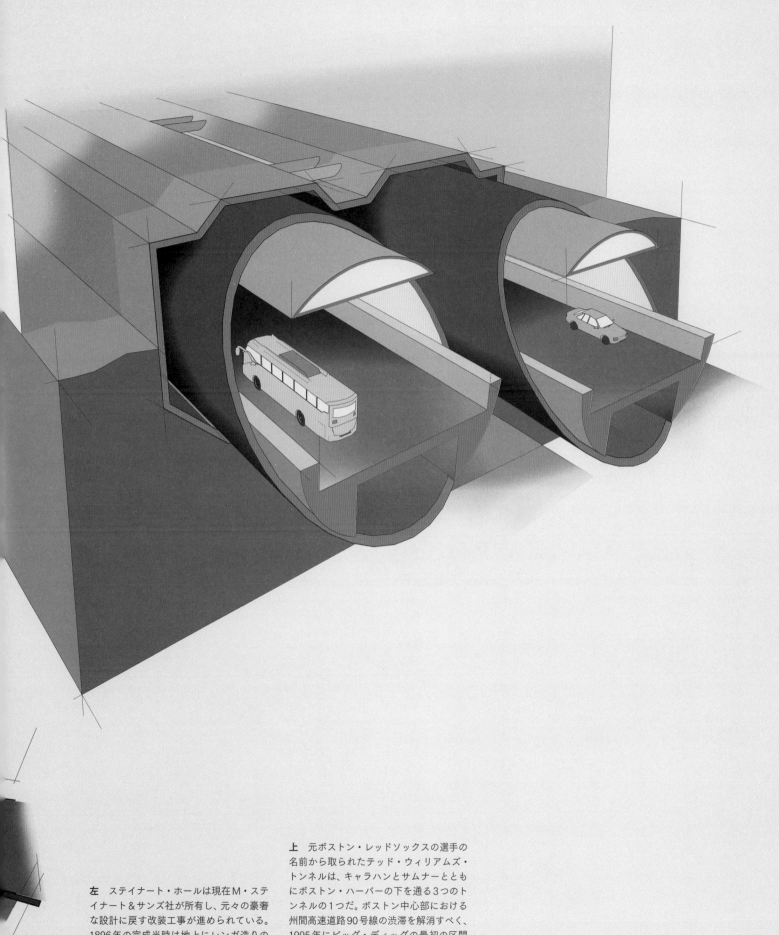

**左** ステイナート・ホールは現在M・ステイナート＆サンズ社が所有し、元々の豪奢な設計に戻す改装工事が進められている。1896年の完成当時は地上にレンガ造りのボザール様式のファサードがそびえ、地下の劇場はアダム様式の縦溝彫りの入ったコリント式ピラスターで彩られていた。

**上** 元ボストン・レッドソックスの選手の名前から取られたテッド・ウィリアムズ・トンネルは、キャラハンとサムナーとともにボストン・ハーバーの下を通る3つのトンネルの1つだ。ボストン中心部における州間高速道路90号線の渋滞を解消すべく、1995年にビッグ・ディッグの最初の区間として開通した。当初通行できるのは商用車と運搬車のみだったが、2005年以降はすべての車両が通行できるようになった。

年、のちにレッドラインが使用）だ。この初期の地下区間の大半は今も使われているが、放棄された区間もいくつかある。現ブルーラインのヘイマーケット駅の地下にある旧プラットフォームもその一例だ。

1934年、ボストン・ハーバーの地下を抜けてイースト・ボストンとノース・エンドを結ぶ新しい1.7キロの道路トンネルが開通した。サムナー・トンネルと呼ばれるこの海底道路は片側1車線だったが、アメリカ全土で自家用車が増えるのに伴い、すぐに渋滞するようになった。そのため、1961年にサムナー・トンネルと並行するキャラハン・トンネルがつくられ、現在ではそれぞれが一方通行の道路として機能している。

東西に走るマサチューセッツ・ターンパイクはボストンとニューヨーク州をつなぐ222キロの有料道路（州間高速道路90号線）で、1957年に開通した。この道路の地下には、ウェストン料金所の各ブースを結ぶトンネルがあるが、入れるのは職員だけだ。

## ビッグ・ディッグ

ニューイングランド史上最大の地下建設事業が、セントラル・アーテリー／トンネル（CA/T）プロジェクト、通称「ビッグ・ディッグ」だ。1980年代はじめに浮上したこのプロジェクトは、州間高速道路90号線をボストン・ハーバーの地下経由でローガン国際空港まで延伸し、交通量の多いボストン中心部を通る州間高速道路93号線の高架区間を地下に移すというものだ。工事は1991年に始まり、16年をかけて完成した。その過程で生まれたのが、ローズ・ケネディ・グリーンウェイだ。新たにできたトンネルを覆うように伸びる長さ2.4キロのこの公園は、かつて高速道路が走っていた空間を占めている。総工費146億ドル、利子の返済を加えると240億ドルになるこのプロジェクトは、アメリカ史上最も高額な高速道路事業となった。

ビッグ・ディッグと並行して、ボストンのバス高速輸送（BRT）システム「シルバーライン」用の新トンネルも建設された。このテッド・ウィリアムズ・トンネルは、ボストン南駅の地下からローガン空港へ向かうバスが使っている。BRT網の地下区間はほかにも計画されていて、そちらはワシントン・ストリートから南駅とグリーンラインのボイルストン駅までを結ぶ地下バス道で構成される構想だった。だが、「リトル・ディッグ」と呼ばれるはずだったこのプロジェクトは、工費が膨らんで20億ドルを超えたため、現在のところ中断されている。

**上** ボストンでは快速バスが運行され、そのほとんどが専用レーンを走っている。シルバーラインの6つの路線は、元々はサウス駅（写真）が終点だったバス専用トンネルを通って繁華街に入る。この路線は最近、一部トンネルを利用してイースト・ボストン経由でチェルシーまで延長された。

**右** この2枚の写真は、同じような高所からビッグ・ディッグの前と後のボストン中心部を撮影したものだ。地上の道路網が街の風景にどんな影響を与え、道路を地下に埋設して生まれたオープンスペースや公園がどんな恩恵をもたらすかがよく分かる。

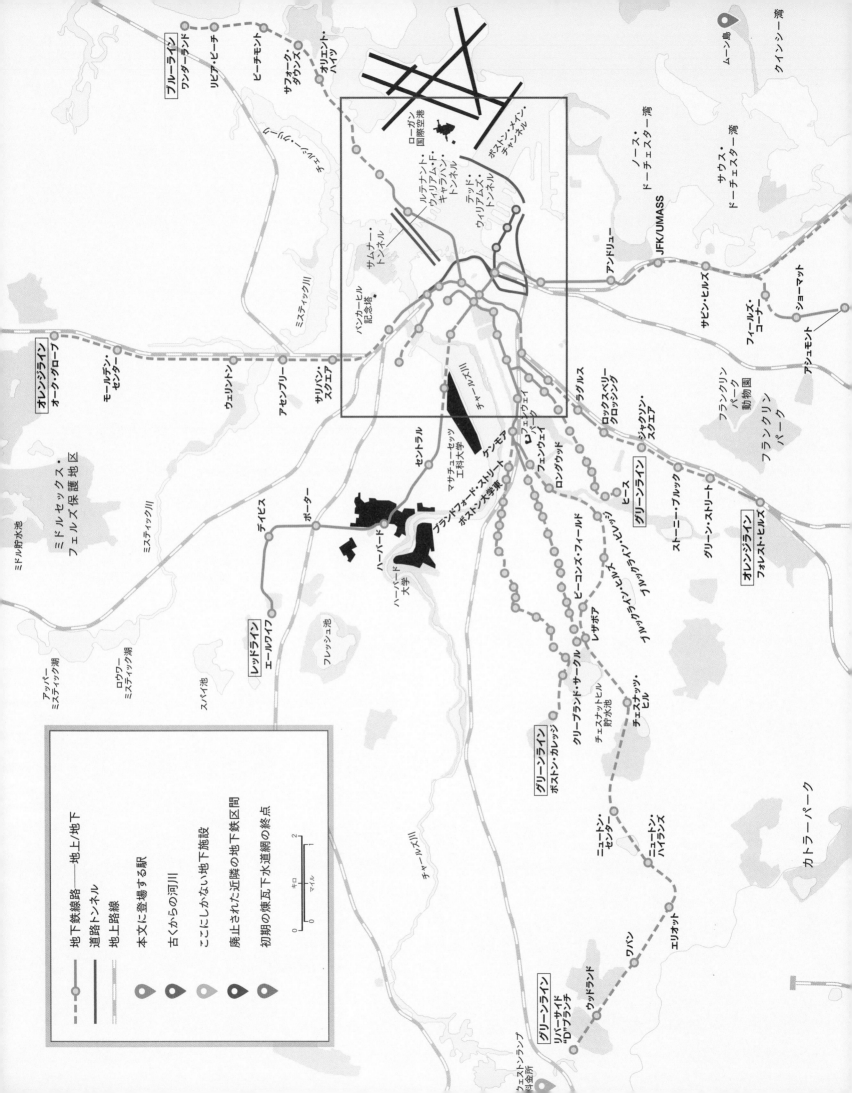

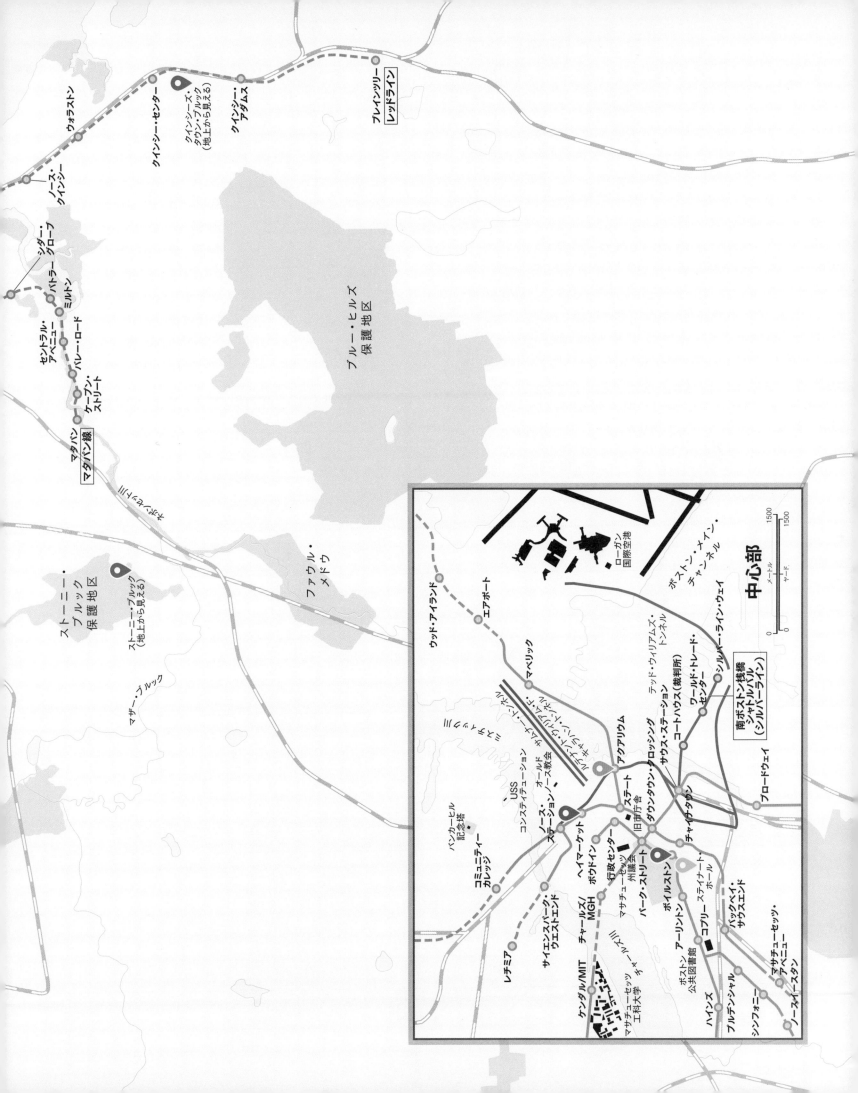

# ブエノスアイレス [アルゼンチン]

## 迫害と穴の歴史

アルゼンチンの首都圏には1200万人を超える人が暮らしているが、自治都市であるブエノスアイレスだけに限れば人口は290万人ほどだ。1536年、現在のブエノスアイレスで最も歴史の古いサン・テルモ地区と呼ばれるエリアに、スペイン人の入植者がヌエストラ・セニョーラ・サンタ・マリア・デル・ブエン・アイレ市を築いた。この最初期の港町はわずか数年で放棄されたが、1580年に交易所として再建されて名をサンタ・マリア・デ・ロス・ブエノスアイレス港に改め、そのあとに続く南アメリカ大陸でのスペインの植民地拡大の中枢になった。

この街は数度にわたりイギリス軍に侵攻され、1806年にはイギリスの手に落ちたが、すぐにサンティアゴ・デ・リニエルスにより解放された。その後、アルゼンチンがスペインから独立した1816年に首都になった。19世紀末には、文化、経済、建設のブームが到来。アルゼンチンの広域鉄道網の中心となったブエノスアイレスは、首都としての地位を揺るぎないものにした。そのブームのクライマックスを飾ったのが、南アメリカ初となる1913年の地下鉄開通だ。これにより、20世紀初頭のさらなる発展と2次ブームに火がついた。

### 過去の名残

ブエノスアイレスの最初期のトンネルのいくつかは、迫害をおそれたイエズス会の聖職者たちが掘ったものだ。「マンサナ・デ・ラス・ルセス（光明の家）」の地下に穿たれた最長2キロのトンネル群は、サン・テルモ地区に迫害の手が及んだときに備えて、地区内の主要な教会をつないで聖職者や信徒の逃げ道

をつくる計画の第1弾だったとも言われている。だが、トンネル網は完成しなかった。でき上がっていた一部のトンネルは何十年も発見されずに眠っていたが、1912年、マンサナ・デ・ラス・ルセス内にある学校の改修工事が始まったときに、建設労働者の足もとで床が崩壊して知られざるトンネルが姿を現した。のちに、考古学者がトンネルとイエズス会士を結びつけた。

17世紀には、サン・テルモ地区を流れる川の暗渠化や流路の変更が試みられた。暗渠化された川はすぐにごみで埋もれ、さらに深くする必要に迫られた。その一部は現代の下水道に姿を変えた。セラーノ広場周辺などでは、河川工事により大きな空洞が生まれ、のちにその上に建物ができた。そうした空洞の中には、今でも入れるものもあれば、地下倉庫になったものもある。その一例がエル・サンホン・デ・グラナドスのトンネル群で、広大な地下空間に博物館や企業イベント用の宴会場が設けられている。

20世紀になってから、ホルヘ・エクステインという名の地主宅の基礎がぐらぐらになり、パティオが陥没した。原因を調べたところ、巨大迷路さながらの地下トンネルが見つかった。このトンネル群はマンサナ・デ・ラス・ルセスのトンネル群よりも新しく、1780年頃から始まった市の水処理・浸水防止対策の一環として掘られたものだ。

### ブエノスアイレスのスブテ

ブエノスアイレスは19世紀後半に急速に発展した。一時期には、世界一大規模な路面トラム網を誇っていた。だが、トラムの電化と複数の事業者間の

上　スブテは南アメリカの地下
鉄の中で最も古く、第二次大戦
末にすでに5つの路線があった。
写真のイタリア広場行きの地下
鉄は、1939年の撮影当時開通し
たばかりのD線のものだ。

熾烈な競争により、街路がトラムであふれ返るよう
になったことから、主要道に沿って溝を掘り、トン
ネル内にトラム路線を移す計画が浮上する。1898
年になってようやく、新しい議事堂の着工を機に、
公共交通機関を改良する構想が勢いづいた。

　1892年、当時のブエノスアイレス市長ミゲル・カ
ーネがロンドンのものに似た地下鉄を提案したが、
地上を走る架線方式のトラムを支持する意見もあ
った。最終的には地下を走る案が選ばれ、1913年に
トラムウェイズ・アングロ・アルヘンティーナ社が
最初の地下鉄路線を開業。その間にラクロセ・ヘル
マノス社が建設をめざしてロビー活動を展開して
いた第2の路線は、1927年に建設が始まり、1930年
に完成した。その後、さらに3路線（1930年にC線、
4年後にD線、1944年にE線）が開通した。現在の
システムは全7路線で構成されている。

　古くからある交通機関の例に漏れず、交通パター
ンや運営上のニーズが変化したために、現在のブエ
ノスアイレスには4つの幽霊駅が存在している。う
ち2駅は最初の路線（現A線）、2駅はE線の駅だ。A
線では、1953年にアルベルティ・ノルテ駅とパスコ・

スール駅が廃駅になった。前者は変電所に改造され
たときに大部分が解体されたが、後者は保存状態が
よく、見学ツアーで訪れると、つい最近まで列車が
走っていたような印象を受ける。E線の2つの幽霊
駅は、路線のルートがコンスティトゥシオン駅から
離れ、市中心部近くを走るようになった1966年に
閉鎖された。このルート変更は利用者数の増加にひ
と役買ったが、E線のコンスティトゥシオン駅と旧
サン・ホセ駅が放棄されることになった。計画段階
にあるF線の一部としてこの2駅を復活させる案も
出たが、トンネルが曲がりくねっているうえに老朽
化しているため、実現不可能と見なされた。

　現在、ブエノスアイレスのスブテ（地下鉄）では、
さらなる地下鉄路線の拡張計画が進んでいる。H線
は最近延伸された。また、複数路線が接続する広い
レティーロ駅では、改良工事の最終段階が現在進行
中だ。

深度（メートル）

0

マンサナ・デ・ラス・ルセス・トンネル
エル・サンホン・デ・グラナドス
パセオ・デル・バホ道路回廊プロジェクト

-10

-20

-30

-40 リアチュエロ・プラント下水トンネル

-50

-60

-70

-80

-90

-100 マンサナ・デ・ラス・ルセス・トンネル
エル・サンホン・デ・グラナドス
パセオ・デル・バホ道路回廊プロジェクト

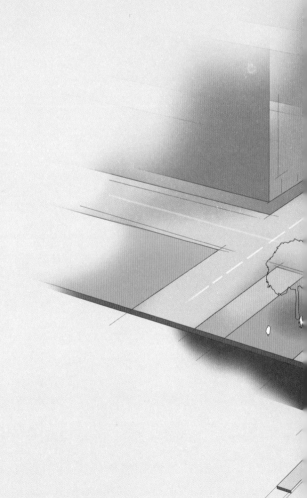

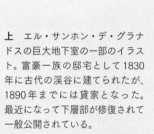

**上** エル・サンホン・デ・グラナ
ドスの巨大地下室の一部のイラス
ト。富豪一族の邸宅として1830
年に古代の渓谷に建てられたが、
1890年までには貸家となった。
最近になって下層部が修復されて
一般公開されている。

**右** 2019年にパセオ・デル・バ
ホ道路回廊が開通し、南北に行き
交う長距離商用車には地下道路を
走らせ、混雑していた地上の道路
を誰でも自由に入れるオープンス
ペースとして再生するという長年
の構想が実現した。新しい全長
7.1キロのトンネルはトラックと
バス専用で、地上の道路と公園エ
リアは地元の人や車しか通ること
ができない。

## エル・サンホン・デ・グラナドスと
## パセオ・デル・バホ道路回廊プロジェクト

ブエノスアイレスは元々ヨーロッパ人による南アメリカ植民地化の一大拠点だったことから、他に先んじて地下開発が始まった。鉄道やスブテが建設され、猛烈なスピードで拡大していった（ただし1940年代末までの話で、その後ペースが著しく鈍化する）。これはブエノスアイレスという都市の重要性、豊かさ、人口増加を示すものだ。最近はエル・サンホン・デ・グラナドスの地下トンネル群のような初期の地下施設がきれいに修復されるとともに、新しい地下空間の開発計画が進められている。

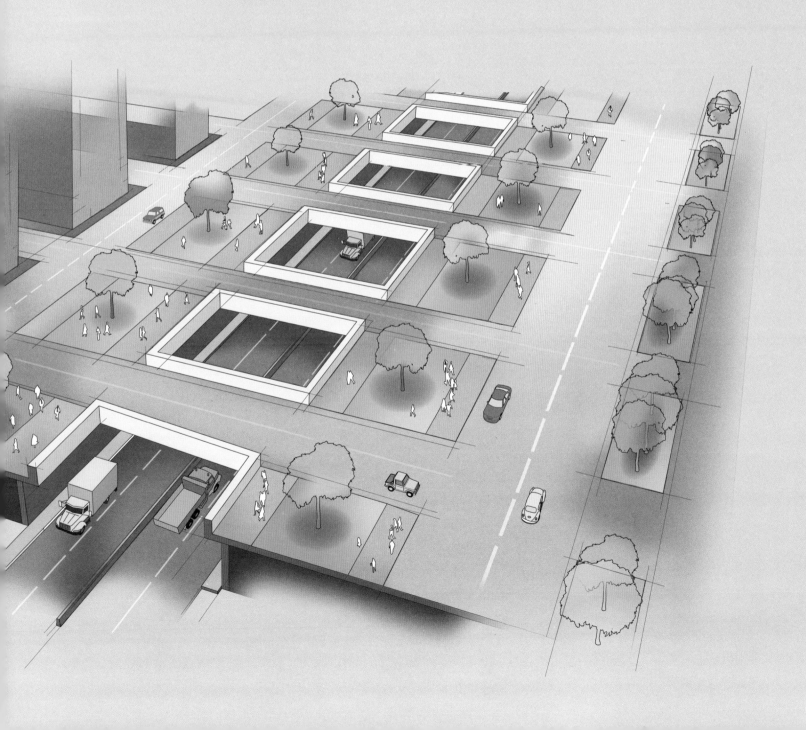

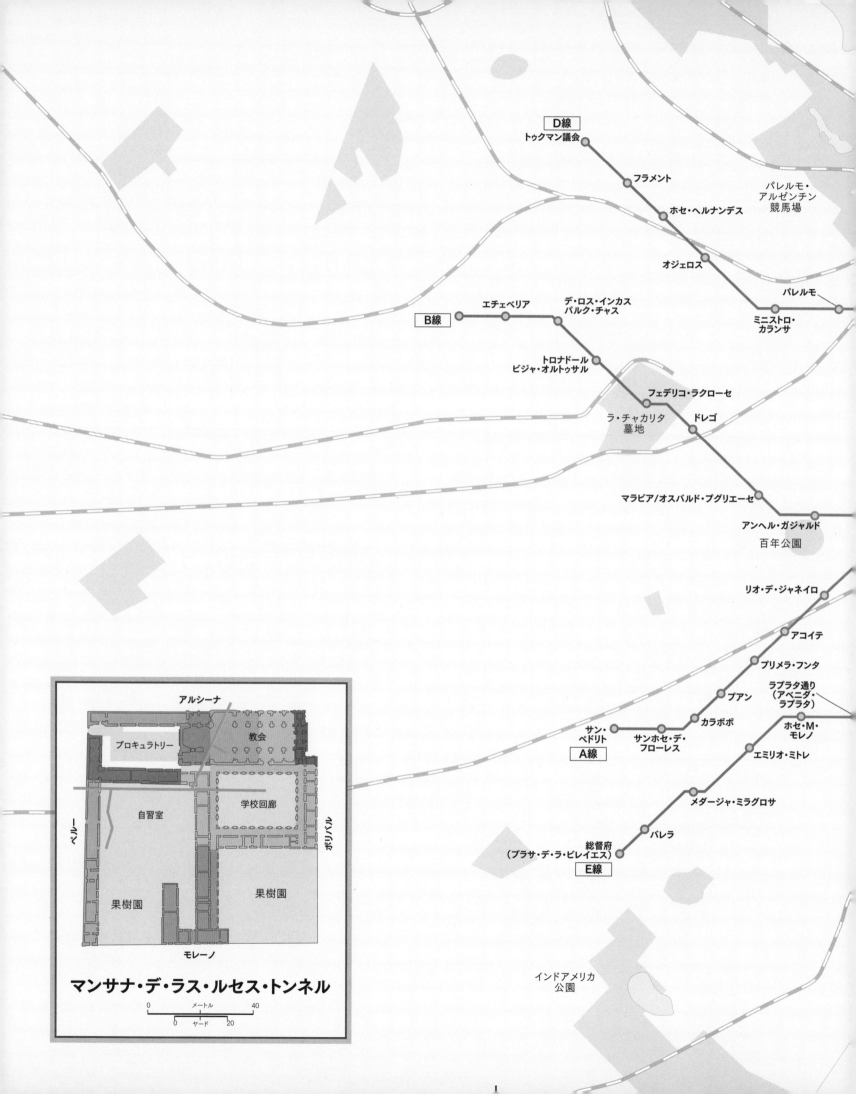

**D線**
トゥクマン議会
フラメント
ホセ・ヘルナンデス
オジェロス
パレルモ
ミニストロ・カランサ

パレルモ・アルゼンチン競馬場

**B線**
エチェベリア
デ・ロス・インカス パルク・チャス
トロナドール ビジャ・オルトゥサル
フェデリコ・ラクローセ
ドレゴ

ラ・チャカリタ墓地

マラビア/オスバルド・プグリエーセ
アンヘル・ガジャルド

百年公園

リオ・デ・ジャネイロ
アコイテ
プリメラ・フンタ
ラプラタ通り（アベニダ・ラプラタ）
プアン
カラボボ
ホセ・M・モレノ
サン・ペドリト
サンホセ・デ・フローレス
**A線**
エミリオ・ミトレ
メダージャ・ミラグロサ
バレラ
総督府（プラサ・デ・ラ・ビレイエス）
**E線**

インドアメリカ公園

アルシーナ
プロキュラトリー
教会
学校回廊
自習室
ペルー
ボリバル
果樹園
果樹園
モレーノ

**マンサナ・デ・ラス・ルセス・トンネル**

0 メートル 40
0 ヤード 20

# ヨーロッパ

Europe

19世紀後半、ロンドンのセント・マーチンズ・ル・グランにあった中央電信局の気送管室。

# ジブラルタル [イギリス領]

## 謎めいた岩山

イギリスでは「ザ・ロック」の通称で知られるジブラルタル半島は、スペインの足もとに突き出た高さ426メートルの石灰岩の岩山で、地中海の入口を見渡す戦略的に重要な場所に位置している。現在は3万5000人が暮らすわずか6.8平方キロのこの土地には、何世紀にもわたって争いの種になってきた歴史があり、天然の洞窟と人工トンネルがひしめいている。トンネルの総延長はおよそ55キロで、ザ・ロックの地表を走る道路の長さの2倍を超える。

ゴーハム洞窟で発見された考古学的遺物からすると、5万年前のジブラルタルにはネアンデルタール人が暮らしていたようだ。初期の現生人類もそのあとに続き、古代ローマ人と古代ギリシャ人はどちらもこの岩山を、ジブラルタル海峡の脇を固める「ヘラクレスの柱」の片割れ(もう1本は北アフリカ本土にある)と見なしていた。中世にはムーア人がこの地に城を築き、15世紀にはスペイン貴族アロンソ・デ・グスマンがザ・ロックを手中に収めた。

1704年のイングランド・オランダ連合軍によるジブラルタルの占領後は、守りを固めるための洞穴が岩山のあちらこちらにつくられる。スペイン本土と向き合う北西の側面を中心に、砲床をつなぐ通路が何本も穿たれた。1713年のイギリスへの割譲後はスペインからたび重なる攻撃を受け、18世紀にはさらなる防御施設が掘られることになる。建設は段階的に進んだ。たとえば、ムーア人がすでにつくっていた通路に「王の防御線」がつくられたのが1620年代、「王子の防御線」がつくられたのがそのおよそ1世紀後、「女王の防御線」の建設が始まったのが1788年、という具合だ。これらの防御線の実体は、岩を掘って側面を壁で固めた塹壕だった。「アッパー・ギャラリー(上回廊)」とも呼ばれる本格的なトンネルは、フランスとスペインが手を組んでイギリスを追い出そうと試みた1779年から1783年までの大包囲戦のさなかに、3年をかけてイギリス軍がつくったものだ。このトンネルができたお

かげで、ほかの方法ではたどりつけない戦略的に重要な北側の露頭に行けるようになった。その後、ジブラルタルはイギリス海軍の重要な基地になり、多くの主要な戦闘で大きな役割を担った。

トンネル建設ラッシュは1880年から1915年にかけても訪れた。この時期、東西に走る長さ1キロのアドミラルティ・トンネル(1883年)により、キャンプ湾から採石場までがつながった。火薬庫として使われたウィンドミル・ヒル地下の2つの大きな洞穴へも行けるようになった。

### きれいな水

19世紀には、給水施設の整備が切実に必要となり、そのために多くの穴が掘られた。ザ・ロックの地下につくられた貯水池もある。人口が増加すると、乱雑に並んだ貯水タンクや樽に雨水をためるという従来の方法が原因で、コレラや黄熱などの伝染病が頻繁に発生するようになった。1863年に至っても、町にはきれいな水を運ぶ送水管が1本もなかったと伝えられている。

19世紀も終わりに近づくと、きれいな飲用水の不足が深刻化し、海水のおおざっぱな淡水化が行われるまでになった。その間に、アッパー・ロックとサンディ・ベイにコンクリート製の地下集水・貯水タンクがつくられた。1903年までに、岩がむき出しだった広さ4万平方メートルにわたる斜面が鉄板で覆われ、貴重な雨水を水路や貯水場に直接流し込めるようになった。最盛期には、24万3000平方メートルを超える土地がこの目的に使われていたが、このシステムは1990年代に廃止され、岩は自然のままの姿に戻った。現在の飲用水は、岩山の地下にある10あまりの貯水池から供給されている。貯水池は1890年代から1960年代にかけて徐々につくられ、いくつかは見学者向けに公開されている。装飾の施された手すりつきの通路まで備えたものもある。現在では、貯水池にた

**右** 大包囲坑道のイラスト。戦いに敗れて捕虜となった司令官のクリヨン公爵は要塞を見せられて驚き、その高い完成度を認めざるを得なかった。「これはローマ人にひけをとらない大工事だ」。現在、この坑道はジブラルタルの一大観光スポットとなっている。

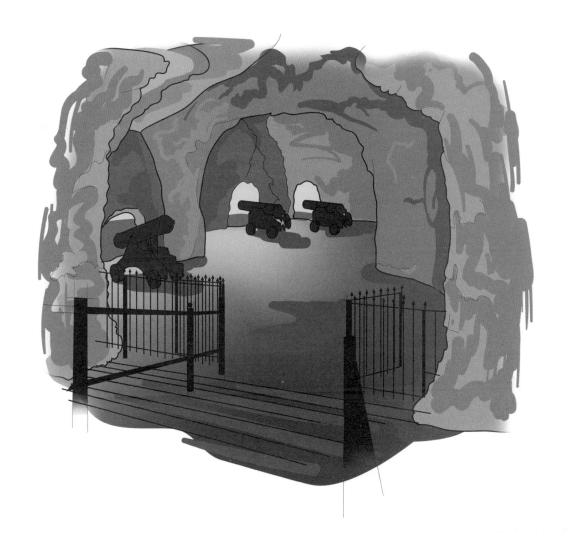

められる飲用水の90％が現代的な脱塩処理施設から供給され、残りは雨水の集水システムによってまかなわれている。

## 戦略的な基地

ジブラルタルに位置するザ・ロックの戦略的な重要性が浮き彫りになったのは、スペイン内戦（1933～1945年）中と第二次大戦の勃発時のこと。この時期にザ・ロックは極めて重要な役割を演じることになる。ほぼすべての民間人が避難し、ザ・ロックは事実上、要塞と化した。トンネルのかなりの部分がつくられたのは、それ以降のことだ。給水施設、防空壕、地下病院が建設され、トンネルの総延長は8キロから11キロに拡大。1939年以降、その長さは40キロにまで伸び、守備隊を丸ごと収められる広さの新しい地下空間がつくられ、事実上の地下都市が誕生した。

軍の伝統にしたがって、メイン通路にはイギリスの主要道にちなんでフォッシー・ウェイやノース・ロードなどの名がつけられた。アロウ（AROW）ストリートの名は、イギリス工兵隊のアーサー・ロバート・オーエン・ウィリアムズ（Arthur Robert Owen Williams）中佐に敬意を表したものだ。ベーカ

リー、電話交換局、発電所などの施設のほか、ザ・ロックに駐屯する1万6000人の部隊の食料と水を保存できるスペースもあった。

戦時中の建造物の多くは、終戦のあとも長らく秘密にされていた。最近になって発見されたものの1つが、1997年に見つかったいわゆる「残留用洞穴」だ。万一、敵の侵攻が成功した場合には、6人の兵士がこの洞穴に潜み、孤立した基地に捨て身でとどまることになっていた。

最後のトンネル建設ラッシュが起きたのは、冷戦のさなかの1956年から1968年にかけての時期だ。さらに2つの貯水池と燃料貯蔵施設がつくられ、1967年には最後のトンネルとなるモールセンド・ウェイが完成した。

アロウ・ストリートをはじめとするトンネルの多くは、現在では閉鎖されて立ち入り禁止になっているが、アッパー・ギャラリーや第二次大戦時代のトンネルのように一般公開されているものもある。ダドリー・ウォード・ウェイ（現在は閉鎖）とカイトリー・ウェイ（最後に建設された大規模トンネル）は道路網に組み込まれている。

# マドリード [スペイン]

## 迷路とメトロ

　スペインの首都でヨーロッパ本土第3の都市でもあるマドリードは、330万人の市域人口を擁し、都市圏にはさらに350万人が暮らしている。この街にはヨーロッパ大陸最大の地下鉄システムもある。

　現代のマドリードが立つ7つの丘には先史時代から人類が暮らし、ケルト、ローマ、西ゴート時代の遺跡がある。9世紀半ば、ムーア人の支配下にあった時代に、川のそばに要塞が築かれた。11世紀にキリスト教徒が覇権を握り、1188年にマドリードは都市の権利を手に入れる。1500年代までに人口は3万人に達し、スペインの宮廷がトレドからこの地に移された。1851年に鉄道が開通すると人口は爆発的に増え、1890年代には50万人に到達し、1940年までに100万人を超えた。

### 地下の骨董品

　ムーア人は10世紀から丘の地下に給水用の水路網を築いていた。さらに、食料や武器の貯蔵庫、ワインセラー、シェルター、果ては牢獄として使うトンネルも掘っていた。その一部は1400年代に意図的に掘り返され、教会や宮殿、軍事施設から出る秘密の抜け道として使われたと伝えられている。これまでに145キロに及ぶ地下トンネルが発見されているが、さらに見つかるのではないかと考古学者たちは考えている。一部のトンネルは地上につながる長い換気口を備え、カピロテ（先端の尖った同じ名前の頭巾に似た小塔）を頂いていた。デヘサ・デ・ラ・ヴィラ公園やフエンテ・デル・ベロ公園などでは、今もそれを見ることができる。ほとんどのトンネルはくねくねと曲がり、今やすっかり荒れ果てているが、一部のトンネルは整然とした煉瓦づくりで、煌々

とあかりが灯っていた。1809年に掘られた王宮（かつてハプスブルク朝宮廷があった場所）とカサ・デ・カンポを結ぶ45メートルのトンネルもその一例だ。このトンネルはジョゼフ・ボナパルト王のためにつくられた。

　1870年代から1880年代にかけては、アルフォンソ12世も王宮地下の迷路のようなトンネルを活用し、こっそり王宮を抜け出しては夜遊びを楽しんでいた。

### 秘密の活動

　マリーナ・エスパニョーラ広場にある上院議事堂の地下は、19世紀には射撃練習場として使われ、近くの兵舎に住む兵士たちの訓練場になっていた。1820年頃までスペイン宗教裁判に使われていた建物に隣接するこの地区には、いくつもの地下牢が点在していた。この地下空間は20世紀にも活用され、フランシスコ・フランコ政権の立場が最も危うくなった1946年には、独裁者の個人的な隠れ家として使われた。

　街の中心を走る大通りグラン・ビアには、SERネットワーク（旧ウニオン・ラジオ・スタジオ）が入る古い建物が立っている。その地下深くに掘られたトンネルには、スペイン内戦中にいわゆる「第五列」が運営する秘密のラジオ局として使われた地下室がある。共和政府の秘密情報を放送するこのラジオ局が、後方からフランコの活動を援護していた。

　アルカラ通りにある財務省の1階には、金属製のバーがついた奇妙なドア——貯蓄銀行の通路（パサイア・デ・ラ・カハ・デ・アオロス）から入れる——があり、はしごが地下深くの空間につながって

上　アルト・デ・アレナル駅には、メトロでも最古の部類に入る車両が展示物として線路の上に吊されている。専用の線路に誇らしげに鎮座するこの1928年製の客車は、エスカレーターで上がる際に見ることができる。

いる。この地下空間では、1939年のフランコ軍によるマドリード侵攻前夜に、有名な社会主義政治家のフリアン・ベステイロが敵の動向を知らせるニュースを放送していた。

## 都市交通

　人口が急増していた1871年、マドリードの街路にトラムが到来する。当初は馬が引いていたが、1879年に蒸気式トラムが登場し、1899年からは大部分が電化された。この手の拡大プロセスの例に漏れず、マドリードでも、トラムの地下移設、もしくは地下高速輸送システムの建設計画が浮上する。1916年には、南北を結ぶ路線の建設が始まる。新システムの最初の区間は1919年に開通。ソル駅とクアトロ・カミーノス駅を結ぶこの路線は、わずか4キロ足らずだった。2年後には、ソル駅と主要な鉄道駅であるアトーチャ駅をつなぐ第2の区間が完成。1936年までに、3つの路線のほか、ノルテ駅とオペラ駅を結ぶ支線（シャトル線）ができ上がった。これらの初期の路線は、1940年代に少し、50年代にまた少し、といった具合に細々と延伸されていたが、1995年から2007年にかけて一気に拡大し、80にのぼる新駅ができた。この時期に延伸された路線の1つが、2003年に開通したメトロスール（南の郊外5都市を結ぶ41キロの地下鉄環状線）だ。現在のマドリード地下鉄は総延長293キロで、駅数は301にのぼる（世界12位の規模）。2009年のスペイン財政危機の

影響で、現時点ではさらなる拡張は保留されている。

　ほかの都市と同じく、マドリードの地下鉄網にもそれなりに奇妙な点がある。1961年、高速輸送システムを市中心部からさらに広げる「スブルバーノ」構想が浮上した。だが、トンネルが建設されたのはごく短い区間だけで、このトンネルはマドリード地下鉄10号線に吸収された。マドリード地下鉄で閉鎖された唯一の駅が、チャンベリ駅だ。イグレシア駅とビルバオ駅に近いことから1966年に廃駅になったが、カーブしたホームの延長工事が難しく、費用がかかりすぎるのも閉鎖の一因だった。2006年以降、安全できれいになった（かつてのセラミックタイル広告も修復された）チャンベリ駅には、アンデン0という名のミュージアムが入っている。アンデン0では、建築家アントニオ・パラシオスが設計した1919年当時の雰囲気が忠実に再現されている。チャマルティン駅の地下には、地下鉄1号線のために建設されたものの、使われずに見捨てられたトンネルがある。1999年に7号線の延伸区間で建設が進められた新駅は、アロヨ・デル・フレスノ駅と命名されるはずだったが、2019年まで完成も開業もしなかった。常に採算をとれるだけの住宅や会社が地上になかったからだ。

　交通網がさらに広がったのは2007年のことだ。この年、メトロ・リヘロの最初の路線が開通し、現代的なトラムがマドリードの街路を走るようになった。ライトレール方式のメトロ・リヘロには、10キロのトンネルを含めた長い地下区間がある。現在では、総延長36キロの4路線が走っている。メトロ・リヘロ（ML）1号線は駅の大部分がトンネル内に置かれているため、地下鉄のようなおもむきがある。

　マドリード周辺のベッドタウンは、ほかの地区よりも開発が遅れていた。地元の人たち

下　チャンベリ駅は1919年にスペイン初の本格的なメトロ路線を構成する8つの駅の1つとして開業した。1960年代に入り、車両を増結して運行できるように路線のすべてのホームの延伸工事を行うことになった際、前後の駅（イグレシア駅とビルバオ駅）に近すぎて改装工事が物理的に不可能なことから、1966年に閉鎖となった。列車が通常の速度で通過できるようにホームは煉瓦で覆われ、それが結果的にホーム内部を残すことになった。一度は廃墟になってしまったが、2006年に修復が始まり、2年後には昔の看板や広告パネルが残るメトロ歴史博物館として再オープンした。

上　マドリードのM-30高速道路の一部を地下に回すことで、どうしても必要だった道路の改修工事や混雑の緩和が可能となっただけでなく、地上のクリーン化も期待されている。

が「寝室コミュニティ」と呼ぶそうした郊外都市は、不便なローカル線に悩まされていたが、接続鉄道線（リニア・デ・エンラセス・フェロビアリオス）でアトーチャ駅とチャマルティン駅を結ぶ新しい地下鉄路線が建設され、1967年に完成した。この路線は1990年代にスペイン国鉄RENFEが運営するセルカニアスC-1線およびC-2線となり、この新名称が郊外を結ぶ通勤電車の代名詞として定着した。第2の地下鉄路線は、C-3線およびC-4線として2008年に開通。こちらもアトーチャ駅とチャマルティン駅を結んでいるが、メトロへの接続が便利なソル駅を経由している。

　高速鉄道の構想を描きつづけたスペインは、全国を股にかける大規模鉄道網を積極的に開発した。マドリードでは、各鉄道路線の終点が街の北端と南端にあったことから、南北からマドリードに乗り入れる高速鉄道路線を結ぶ長さ7.3キロの新トンネルがつくられ、まもなく開通する予定になっている。このトンネルは平均深さが45メートルで、8本のメトロトンネルと、アトーチャ駅とチャマルティン駅を結ぶ2本のセルカニアス線トンネルの下を走っている。

　マドリードを取り囲むように走る32.5キロの環状道路M-30は1960年代に建設され、それに伴い、道路への浸水を避けるためにアブロニガル川が暗渠化された。市内の混雑緩和に不可欠なこの道路は完成までに30年近くを要し、2005年にはさらなる改良が行われた。この巨大な高速道路は10キロ以上が地下区間で、うち1区間は長さ6キロを超える。現在では、スペインで最も交通量の多い道路になっている。

# リバプール [イギリス]

## 世界初の鉄道トンネル

　イギリス屈指の知名度を誇る地方都市で、イングランド北西部の港を擁するリバプールは、スポーツと文化の中心地でもある。市域人口は50万人で、さらに100万人がリバプール都市圏に暮らしている。

　今に知られる最初期の集落はリエープルと呼ばれ、その起源は1190年にさかのぼる。1207年には、イングランド王ジョンが7本の街路からなる都市計画を立てていたようだ。王の勅許を得たにもかかわらず、リバプールの若い港が先達の港湾都市チェスターのライバルに育つまでには数百年を要した。リバプールの運命に1つの転機が訪れたのは、1699年に最初の奴隷船がアフリカへ向かい、西インド諸島との交易がさかんになったときのことだ。同じ頃、ディー川で泥の堆積が悪化し、チェスターまで船で行くことができなくなった。1715年、リバプール初の係船ドックが開業し、輸出入がリバプールの富の基礎になった。その富に支えられ、港を取り巻く街路沿いには、有力企業の新古典主義様式の豪華な建物が次々に建てられた。

### 鉄道史に残る偉業

　リバプールの埠頭を通過するほとんどの交易品の行き先は、リバプールから内陸にわずか数キロのところに位置する、急成長を遂げていた産業革命の中心地──ランカシャー南部、とりわけ急速に拡大するマンチェスター周辺の紡織工場街だった。

　この頃リバプールを行き来していた大量の船荷が、鉄道史におけるリバプールの先駆的な役まわりを生み出し、世界初の鉄道用の大規模な地下インフラを誕生させることになった。リバプールの旧市街は、砂岩でできた丘の上に位置している。そのため、

1820年代後半にリバプールとマンチェスターを結ぶ最初の都市間鉄道を建設する際には、線路の一部を深い切通しやトンネルの中に配置しなければならなかった。リバプール＆マンチェスター鉄道（L&MR）会社は、市中心部東のエッジ・ヒルに近いクラウン・ストリートに最初の旅客用の駅を建設した。技師のジョージ・スティーブンソンはこの場所に262メートルのキャベンディッシュ切通しと、駅として使う短いトンネルをこしらえた。だが、貨物をさらに水際まで運ぶために、スティーブンソンは2キロという前例のない長さのワッピング・トンネルを設計した。このトンネルは1826年から1829年にかけて掘られ、市街からエンド・ロクス貨物駅（のちにパーク・レーン駅に改名）までの地下を走っていた。

　この路線での旅客と貨物の輸送は1830年に始まったが、ワッピング・トンネルの勾配が当時の初歩的な機関車には急すぎたため、蒸気動力のケーブル牽引車で埠頭からエッジ・ヒルまで列車を引き上げてから、そこで機関車につないでマンチェスターへ向かっていた。

　わずか6年後には、エッジ・ヒルから市中心部に近いライム・ストリートと呼ばれる新駅まで旅客列車を走らせるために、長さ1キロの新しいトンネルが必要になった。さらに1848年には、ノース・エンド埠頭まで貨物を運ぶ目的で、長さ4.3キロのビクトリア・ウォータール・トンネルが掘られた。つまり、ほんの数年のうちに、エッジ・ヒルを起点として市中心部の地下を走る3本のトンネルができ上がり、リバプールは重要な鉄道拠点になったというわけだ。

埠頭はリバプールの存立になくてはならないものだが、広大な面積にまたがっているため、すべての埠頭を1つにつなぐ鉄道を建設する必要があった。地面の上を走る鉄道の計画は、各埠頭をつなぐ膨大な数の踏切を要することから、恐ろしく複雑になりそうだった。それを踏まえて、1852年にはすでにリバプール高架鉄道の案が出ていたが、ようやく工事が始まったのは1889年のことだった。4年後、ハーキュラネウム埠頭とアレクサンドラ埠頭をつなぐ長さ11キロの高架構造が完成し、その上に線路が敷かれた。完成が遅れたおかげで、この鉄道網は世界初の電動高架鉄道になった。

1896年には800メートルの短い延伸線が開通し、埠頭からトンネルを抜け、港湾労働者の多くが暮らすディングルまで行けるようになった。計画では、トンネルをさらに内陸まで伸ばし、住宅地域に複数の駅を増設することになっていたが、その計画は実現せず、ディングルは高架線の地下駅という唯一の変わり種として残された。この高架鉄道網は1956年に全線が廃線となった。

エッジ・ヒルの貨物置場もリバプール高架鉄道と同じ運命をたどり、スティーブンソンが1829年に設計した開業当初のトンネルとともに、1972年に閉鎖された。クラウン・ストリートのトンネル口は、今ではすっかり違う景色になっている。ワッピング・トンネルも1972年以降は使われていない。

## 都市交通網に向かって

リバプールの埠頭が並ぶマージー川の三角江は、ウィラル半島に面している。19世紀、リバプール対岸のこの半島にあるバーケンヘッドの街が急速に拡大し、有名なマージー・フェリーで行き来できるようになった。1860年には、バーケンヘッドにイギリス初の路面鉄道が建設され、チェスターまでつながったが、リバプールには直通していなかった。この2都市をつなぐには幅1キロの川を渡る必要があるため、橋を架ける案は不可能と思われていた。そこで1871年、マージー鉄道会社は川の地下を走るトンネルに着工する許可を得た。

3800万個の煉瓦を使ったトンネルの内張りをはじめ、かなりの苦労を伴う大工事を経て、1886年、ついに4つの駅を結ぶ新鉄道が完成した。うち2つの駅、ハミルトン・スクエア駅とジェームズ・ストリート駅は、事実上、世界最古の地下深部の鉄道駅だ。1892年、鉄道網がバーケンヘッド側で延長され、リバプール側でもセントラル駅までつながったこと

右　1833年にトーマス・タルボット・ブリーが水彩で描いた、エッジ・ヒルにあるリバプール＆マンチェスター鉄道のトンネルの入口。事実上、これが世界初の地下につくられた鉄道施設だ。切通しの中、地上から23メートルの深さのところに駅が設けられた。右側のトンネルは地下のクラウン・ストリートの旅客ターミナルへ下り、左側のトンネルは短い待避線につながっていたが、これは見栄えを良くするためのただの飾りだった。中央のトンネルはワッピング・ドックに通じていた。クラウン・ストリートに出入りする列車は自力走行でなく、ケーブルで牽引された。「ヘラクレスの柱」と呼ばれた2本の煙突は、地下に据えられたケーブル牽引用蒸気機関から出る煙を排出するためのものだ。

で、別のルートからも直接トンネルを通り抜けられるようになった。川の両岸に巨大な蒸気動力のファンが設置されていたにもかかわらず、トンネルは機関車の排煙でひどく汚染された。そのせいで乗客の多くはマージー・フェリーを選ぶようになり、1900年にはマージー鉄道が破産に追い込まれる。この問題を解決したのが電化だ。電気のおかげで、1903年に両岸の鉄道接続が再開。その後、列車の速度が向上し、鉄道人気が復活した。

1970年代はじめ、「ループ＆リンク」プロジェクトにより、マージーサイドの2つの路線、ノーザン線とウィラル線が統合された。ループ線はウィラル線（前身はマージー鉄道）の単線トンネルを新しくしたもので、ジェームズ・ストリート駅で進路を変えて環状線に入り、ムーアフィールズ駅、ライム・ストリート駅、リバプール・セントラル駅を経由してジェームズ・ストリート駅に戻ってくると、もともとあったマージー川地下のトンネルに再合流する。リンク線は、ノーザン線のハンツ・クロス支線と北へ向かうサウスポート支線をつなぐ複線トンネルだ。この巨大プロジェクトは1977年に竣工し、リバプールは首都以外では数少ない地下鉄のあるイギリス都市になった。このプロジェクトにより、ジェームズ・ストリート駅とリバプール・セントラル駅を結ぶマージー鉄道の短い区間は、通常の旅客運送には使われなくなった。

マージー川を渡ってリバプールとバーケンヘッドをつないだ最初の道路が、全長3.2キロのクイーンズウェイ・トンネルだ。1920年代に設計されたこのトンネルは1934年にようやく開通し、当時としては世界最長の道路トンネルになった。トンネルの入口、ランプ、換気塔、料金所はすべてアールデコ様式で仕上げられている。1960年代には、混雑緩和ルートとして2.4キロのキングスウェイ・トンネルが計画され、1971年にリバプール・ウォラシー間で開通した。バーケンヘッド側に位置するクイーンズ・トンネルの短い区間（レンデル・ストリート支線）は1965年に閉鎖された。

火災や浸水が起きた場合の安全対策として、道路デッキ下の7カ所に緊急待避所がつくられた。各待避所は歩行用通路で結ばれ、両端に出口がある。1カ所につき最大180人を収容できる。

## ある男の奇妙な遺産

リバプールの地主で煙草商人、そして慈善家でもあったジョゼフ・ウィリアムソンは、個人的な娯楽としてトンネルを掘り始めた。1810年から1840年にかけて、ウィリアムソンはエッジ・ヒル近くに謎

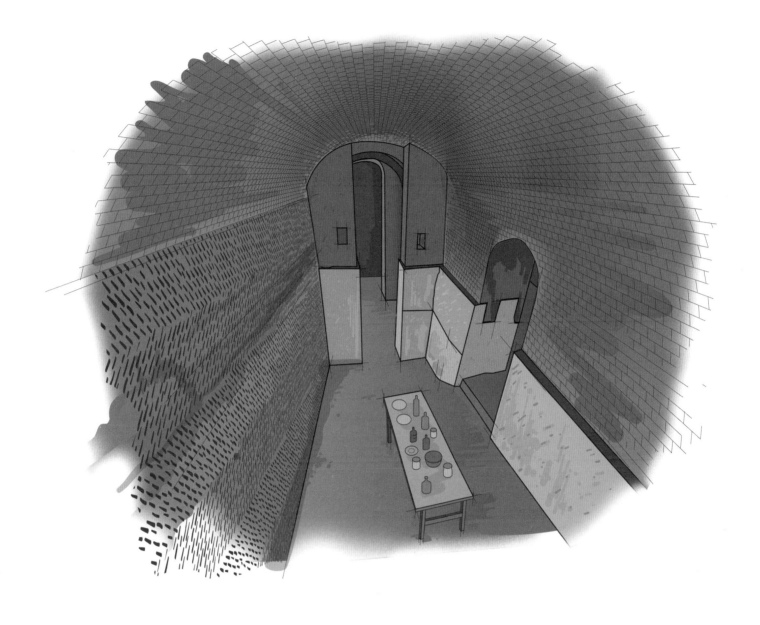

上　ウィリアムソン邸の高いアーチ形の天井に覆われたトンネルの1つを描いたイラスト。

左上　マージー川の下を通る道路トンネルは、複雑な構造のために完成に9年の歳月を要した。1926年の『イラストレイテッド・ロンドン・ニュース』誌に掲載された挿絵を見ると、トンネルは最初から2段構造でなかったことがうかがえる。

左下　1934年7月、ジョージ4世国王とメアリー王妃による開通式の準備が整った当時、このクイーンズウェイ・トンネルは「世界の8番目の不思議」と呼ばれ、開通式には20万人がひと目見ようと集まった。

めいた地下通路や地下空間を次々につくった。ウィリアムソン・トンネルとして今に知られるその穴は、大部分に煉瓦か石の内張りが施されている。トンネルが掘られた正確な目的は──純粋な実験の楽しさのほかには──分かっていなかったが、最近になって大きな洞窟のような宴会場が発見された。工事をしたのは、ウィリアムソンの雇った工夫たちだったようだ。ウィリアムソン邸の幾何学式庭園の土台とする一連の煉瓦アーチを建設したあと、ウィリアムソンは工夫たちを引き留め、広大な洞穴を掘らせた。伝えられているところによれば、その中には螺旋階段でつながる2つの広い地下"屋敷"もあったという。ウィリアムソンの死後、地下空間にはごみや廃棄物があふれ、果ては下水まで流れ込んだため、砕石で埋め戻して封印せざるをえなくなった。1989年、ウィリアムソンの名を冠した協会が設立され、今も残されたトンネルの管理にあたっている。2000年代はじめには、修復された多くのトンネルが一般に公開された。

# マンチェスター[イギリス]

## 先駆者たちとはかない夢

イングランド北部の中心地で、世界最初の工業都市でもあるマンチェスターは、現代のコンピューティング、原子論、女性参政権、労働組合、ベジタリアン運動の発祥の地を主張する権利を持っている。そして、あまたの地下空間を生んだ街でもある。人口は56万人ほどで、さらに200万人がマンチェスター都市圏に暮らしている。

マンチェスターは古代ローマ人がマンクニウムとして築いた街だ。中世の間は拡大のスピードは鈍かったが、18世紀後半に蒸気動力と紡織が根づくと、数千人だった人口は1900年までに50万人に急増した。

### マンチェスターの運河

1761年に開通したブリッジウォーター運河はイギリス初の現代的な大規模運河で、郊外のウォーズリーから市中心部のキャッスルフィールドを結んでいた。その成功は、「運河熱」と呼ばれる運河建設ブームに火をつけた。キャッスルフィールドに運河ベイスン（係留や積み下ろしのための船だまり）をつくるために、マージー川が地下の暗渠に流し込まれた。やがて、いくつもの運河がマンチェスターを縦横に走るようになる。1799年には、ロッチデール運河とアーウェル川を結ぶ全長1キロのトンネルをつくる計画が浮上したが、議会で法案が成立するまでに36年を要した。ようやくゴーサインが出たマンチェスター・サルフォード・ジャンクション運河は、キャンプ・ストリート——グレート・ノーザン鉄道倉庫（今もディーンズゲートに立っている）の下に2つの積み下ろし用ドックがあった——や、のちに中央駅とロウワー・モスリー・ストリートになる場所

の地下11メートルを流れ、ロッチデール運河とつながることになった。第二次大戦中にはこの運河の水が抜かれ、最大5000人が眠れるほどの巨大な防空壕として機能した。目覚ましい工業発展を遂げたマンチェスターの地下には、ほかにも多くの水路が埋もれている。ティブ川は1783年に暗渠化された。1789年には、ウォーズリーの炭鉱からメドロック川沿いにバンクトップまで石炭を運ぶために、長さ600メートルのデュークス・トンネルが建設された。バンクトップに到着した石炭は、深い立坑を通って地下から引き上げられ、平底の荷船に乗せられてロッチデール運河沿いに運ばれた。デュークス・トンネルはわずか20年後の1800年には使われなくなった。街の中心部を走る、もっと短いルートの新運河が建設されたためだ。そのほかにも、荷船用のトンネルがいくつかつくられた。アンコーツにあるアシュトン・ベイスンに至るベンガル・ストリート・トンネル（1798年に開通）もその1つだ。

### 頓挫したメトロ計画

イギリスでは数々の都市が地下鉄建設に挑み、たいていは失敗に終わった。中でも熱心だったのが、マンチェスターだ。長年の間に、少なくとも10件を超える本気の提案が持ち上がった。その中には、成功すれば世界初となっていたはずの計画もある。1830年、マンチェスターとリバプールを結ぶ新しい都市間鉄道が開通した。この鉄道が大きな成功を収めたことから、当初の駅が市中心部から遠すぎるとして、移転を求める声が上がる。まもなく、ハンツ・バンクのマンチェスター大聖堂近くまで路線が延長され、1844年にマンチェスター・ビクトリア駅が

上　マンチェスター&サルフォード・ジャンクション運河の煉瓦づくりのアーチ型トンネルは全長約500メートルのガス灯付きトンネルとして1839年に開通し、現在のキャンプ・ストリートの下をほぼ東西に走っていた。1875年に巨大なセントラル駅が地上に建設されるのに伴って一部閉鎖され、1936年に完全に閉鎖された。だが第二次大戦が始まると、排水が行われて最大1350人を収容する巨大な防空壕としてよみがえった。写真は多大な損害をもたらした1940年12月のマンチェスター空襲からまもない頃に撮られた写真。現在、トンネルはグレードII施設に指定されている。

開業した。1847年までには、そこから南に1.5キロほどのストア・ストリート（現ピカデリー）駅にマンチェスター・アンド・バーミンガム鉄道が乗り入れる予定になっていた。そこで、遠く離れたそれぞれのターミナルをつなぐのが得策と考えた2つの鉄道会社が、2駅を結ぶトンネルを計画した。それが実現していれば、地下鉄の事始めになっていたかもしれない。

　その後、1868年、1878年、1903年、1911年、1914年にも地下鉄や地下トラムの計画が提案され、1920年代に4つ、1930年代にさらに4つ、1950年代にもいくつかの案が持ち上がった。1960年代には、少なくとも7つの計画が浮上した。1970年代はじめになって、ついに実際の工事がスタートする。建設が予定されていたのは「ピク・ビク」と呼ばれる地下鉄路線で、5つの地下駅でピカデリーとビクトリアを結ぶことになっていた。地盤調査が行われ、駅とトンネルの3Dモデルがつくられ、建築家の設計図が描かれ、駅が設計され、いくつもの孔——うち20近くは深さ27メートルに達した——が掘られ、新しくできたアーンデール・ショッピングモールの地下に

は、将来プラットフォームにするための空間が残された。だが、ニューカッスルとリバプールがそれぞれの地下鉄を改良していくのをよそに、マンチェスターの野心的な計画は、1974年の石油ショックのあおりで政府に資金を引き上げられて頓挫する。ピク・ビク計画は尻すぼみとなり、消滅してしまった。

　とはいえ、実際に建設されて生き延びた地下鉄が、少なくとも1つある——全長1.5キロのサルフォード地下鉄だ。1898年にランカシャー・アンド・ヨークシャー鉄道が開業したこの地下鉄は、マンチェスター・シップ運河がトラフォード・ロードに接する地点（ドック8と9の間）から現在のウィンザー・リンク近くまでを走っていたが、1963年に廃線になった。当初は、ドックの端に乗客を乗せるためのプラットフォーム（ニューベイスン駅）があったが、1901年以降は旅客運行をしていなかった。今でも、ライトレール鉄道網「メトロリンク」（1992年開業）のトンネル内に、短いながらも当時の地下鉄線路の区間がいくつか残されている。グレーター・マンチェスターのアンディ・バーナム市長は2019年に地下鉄構想を復活させ、今後メトロリンクを市中心部

で拡張するなら、延伸区間は地下を通す必要がある
と公言した。

## 隠れた宝石

　マンチェスター大聖堂とアーウェル川の間には、
開拓初期から残る一連の堤防がある。堤防の配置は
何度か変更され、その構造はカテドラル・ステップ
として知られるようになった。1833年から1838年
にかけて新たな堤防が追加され、路面を高くするた
めに一連の煉瓦アーチが建設された。ビクトリア・
アーチと名づけられたこのアーチの中には、公衆ト
イレ、ワイン貯蔵庫、小さな店舗があった。19世紀
末には、小型ボートをとめられる木製の桟橋が水際
につくられ、アーウェル川に沿ってマンチェスター・
シップ運河やポモナ地区へ向かう遊覧船が行き交
うようになっていた。川の汚染が進むと、アーチは
荒廃して煉瓦に埋もれたが、1939年には、迫りくる
戦争に備えて1600人以上を収容できる防空壕に転
用された。

　マンチェスター屈指の長くまっすぐな道であるデ
ィーンズゲートには、たくさんの店が立ち並んでい
る。そのうちの1軒が有名なケンダル・ミルン百貨
店だ。この百貨店のオーナーは、1921年に自社の敷
地の2地点を結ぶトンネルを掘った。長さ2.5キロ、
場所によっては深さ20メートルにもなるこのトン
ネルは、大聖堂のあたりからディーンズゲートの地
下を走り、ノット・ミルを抜け、チェスター・ロー
ドをくぐってコーンブルックに達していたと言われ
ている。トンネルがつくられた時期や目的は定かで
はない。

　『ガーディアン』紙は創刊から138年にわたってマ
ンチェスターを拠点にしていた。1959年にロンドン
に移転したが（紙名からも「マンチェスター」の名を
外した）、それよりも早く、ある冷戦時代の建造物に
同じく「ガーディアン」の名がつけられていた。1950
年代、イギリスの郵政当局は核爆弾に耐えられる3
つの通信施設を主要都市のロンドン、バーミンガ
ム、マンチェスターに建設する計画を練っていた。
スキーム567の異名を持つガーディアン地下電話交
換局（GUTE）は、1953年から1957年にかけて、マ

下　核戦争の脅威は1980年代
には薄れつつあったが、核攻撃
への備えとして建設された高深
度のガーディアン電話交換所は、
1988年までイギリス電信電話会
社の全国レベルの中核中継セン
ターとして機能していた。写真
は閉鎖5年前の様子だ。トンネル
状に掘られた施設内には電話交
換機だけでなく、スタッフの生
活に必要な寝台やキッチン、デ
ィーゼル発電機が用意され、ペ
ンキで描かれた偽の窓やビリヤ
ード台まであった。現在無人と
なったトンネルには、まだ多く
の電話ケーブルが通っている。

上 カテドラル・ステップ（大聖堂の階段）と呼ばれるビクトリア様式の多目的アーチ。その煉瓦づくりの入口は、近くにある3つの橋のいずれかに立つか、またはアーウェル川の対岸に立つと確認できる。第二次大戦中は防空壕として使われた。今は改装して観光名所にしようという話が持ち上がっている。

ンチェスター中心部、現在チャイナタウンがあるあたりの地下34メートルにつくられた。数百メートルのトンネルと装置の保管庫のほか、保守管理職員35人が長期間生き延びられる防空壕としての機能も備えていた。そのほか、アードウィック（距離800メートル）、ダイアル・ハウス（距離900メートル）、サルフォード（距離1.5キロ）の交換局につながる長短のトンネルもあり、それぞれに地表に出る立坑が備わっていた。

GUTEは1958年に実際の中継交換局として運用が始まり、1967年には地上に新設された交換局（ラザフォード）とつながった。1972年には、サルフォードにあるアーウェル・ハウス交換局と直接つながる長さ110メートルのトンネルが追加された。莫大なインフラ費用にもかかわらず、そのすべてが1988年に閉鎖された。

1973年、ジョイ・ハンコックスの書いた記事が地元紙に掲載されたのをきっかけに、マンチェスターで最も奇妙な、実在するなら最も長い地下トンネル網が脚光を浴びた。ハンコックスのもとには、元技師のウィリアム・コンネルから情報が寄せられた。それによれば、はるか昔に忘れ去られた、おそらくは古代ローマ時代にさかのぼるトンネル網が存在し、マンチェスターから少なくとも4方向、ほぼ東西南北に広がっているという。

コーネルの主張が正しければ、オールド・トラフォード、クランプソール、レディッシュ、ワードリー、カーサル、クレイトン、ブラッドフォード炭鉱、オールセインツに伸びる全長40キロ近いトンネルが存在していることになるが、その謎はいまだ解き明かされていない。

# ロンドン [イギリス]

## 事の起こりはローマ人!

イギリス南西部を流れるテムズ川にまたがる首都ロンドンは、900万人が暮らす大都市である。そして、ロンドンの街路の下には、よく使い込まれた種々雑多な地下通路、送水管、地下鉄が隠され、複雑に入り組んだ地下施設の多様さは世界でも一、二を争う。

そうなったのには込み入った理由がある。まず、途切れなく人が住んでいる年月の長さにかけては、ロンドンは世界屈指の都市だということ。第2の理由は、工業化の初期に事実上、世界最大の人口を抱える都市圏だったこと。第3に、ビクトリア朝時代に史上最大規模の帝国の中心地になったこと。そして第4の理由は、20世紀の2つの大戦中に侵略の脅威にさらされたことだ。そうしたもろもろの要因から、ロンドンは数々の先駆的なトンネル工法の実験場になった。その一部が世界初の地下鉄の建設に採用されたことは言うまでもない。そして、人口という点では（東京、ニューヨーク、北京に）何度も首位を奪われながらも、ロンドンはいまだ世界的な地位を保ち、空へと伸びる地上の建物群に匹敵する地下インフラを発達させている。

### ルーツはローマに

パリの地下に採石場が点在し、カナダの都市が洞穴のようなショッピングモールを土台としているのに対し、ロンドンの地下は並ぶもののない多様性を誇っている。そして、古代ローマ人がローマ——地上では今も古代の趣が色濃く見られる都市——で築いたものと比べてみると、ロンドンの地下にある最古の建造物の一部は、はるか昔の古代ローマ時代にルーツを持つことが分かる。

紀元43年頃に建造されたローマ帝国の都市ロンディニウムは、テムズ川の北岸、幅1.3キロほどの範囲に位置していた。これは現在ロンドンと呼ばれている街とだいたい同じだ。かつては3万を超える人が暮らし、数百の建物、街路、砦、大衆浴場、さらには円形競技場まであった古代都市ロンディニウムは、今では消え去ったか、でなければ現代のロンドンの下に埋もれてしまい、地上ではいくつかの壁が顔を出しているだけだ。考古学者はこれまでに、数千にのぼる遺構や遺物、いくつかの出入口を発見している。地下に眠るロンディニウムの名残が見られる「接続点」もいくつか存在する。ローマ時代の古代都市と現在も続く発掘の規模からすれば、今後数年のうちにさらなる魅惑の発見が生まれる可能性は高い。

ローマ人が400年頃にブリテンを去ったとき、道路や建物の大部分はそのまま放棄されたと見られている。次に来た侵略者のサクソン人（400〜500年）は、ローマ時代の遺跡のそば、現在のウエストミンスターにあたるエリアにまったく新しい都市を築いた。その後、アングロサクソンの時代と呼ばれる中世には、現在グレーター・ロンドンと呼ばれているエリアが開拓された。その都市の大部分も、今では失われてしまった。例外は、ぽつりと立ついくつかの石と、地中に埋もれていたところを発見され、保存された少数の遺跡だけだ。

ロンディニウムがあったエリアにまた人が住み始めたのは、9世紀になってからだった。その頃には、かつての古代都市はすっかり荒れ果てていた。当時の石材が再利用され、チューダー朝時代には、おもに河川貿易により街が拡大した。1600年までには、

**上** ビリングスゲートに残る古代ローマ時代の浴場の床の跡。使われていた当時は、下に見える柱の間を蒸気が循環していた。何世紀にもわたって人目に触れることなく地中に埋まっていたが、1848年にロンドン石炭取引所の建設中に再び日の目を見ることになり、1882年の最初の古代記念物法において保護対象の遺跡に指定された。

ローマ時代の壁を境界とするエリアに20万人ほどがひしめくようになっていた。1666年のロンドン大火で街の3分の1が消失したが、復興時にはローマ時代と中世の街路パターンがおおむね踏襲され、フランスやイタリアで採用されたグランドバロック様式をまねた設計を思い描いていたクリストファー・レンなどの建築家をおおいに悔しがらせた。

## ロンドンのスーパー下水道

18世紀はじめにジョージ王朝時代が幕を開けると、ロンドンの人口は60万人から200万人ほどに増加し、世界最大の都市になる（世界一の称号はそれまで北京が保持していた）。ロンドンが地下構造の建設に本格的に乗り出したのは、街が拡大していたジョージ王朝時代のことだ。現存する見事な例の1つが、リージェンツ・クレセントの地下9メートルの深みにあるメリルボーン貯氷庫だ。ノルウェーのフィヨルドから運んできた氷を貯蔵するために1780年頃に掘られ、増えつつあったエリートたちの食料の冷蔵に使われていた。目的をもって建造された地下空間としてはロンドン最古級の例だ。

数世紀の間に、テムズ川に流れ込むいくつもの細い支流に貯水のためのダムや暗渠がつくられ、その多くがトンネル化された。暗渠化のプロセスは早くも1245年に始まり、このときにつくられたベイズウォーター暗渠は、パディントンからチープサイドにかけてのウエストボーン川の水の一部を大暗渠に流し込んでいた。大暗渠は1479年に拡張され、その頃にはタイバーン川も飲み込んでいた。メリルボーン・レーンには暗渠化の記念銘板が今も残されており、1776年の日付が記されている。フリート川も1700年代中頃から暗渠化された。だが、河川の暗渠化では、もっと"臭い"問題を克服することはできなかった——ずばり、下水だ。

1600年代には、ウォールブルック川やフリート川などの流れに沿って、初歩的な煉瓦の下水道がいくつもつくられた。だが、めきめき成長していた大量の水を使う工業と、首都にひしめくおよそ200万人の排出物が残らずテムズ川に流れ込んでいたロンドンの河川や水源では、悪臭や有害廃棄物の問題が人々の健康に深刻なリスクをもたらすようになっていた。

1830年代から1850年代にかけてたびたびコレラが流行し、1853年から1854年までに1万1000人近い死者を出した。首都下水道委員会の依頼を受けた技師のジョゼフ・バザルゲットは、この問題に取り組むための計画を立てた。各地区にしっかりした下水溝をつくり、さらに大きなメイン下水道や市中心部から遠く離れた排水口につなげるというバザルゲットのアイデアは、当初は費用がかかりすぎると

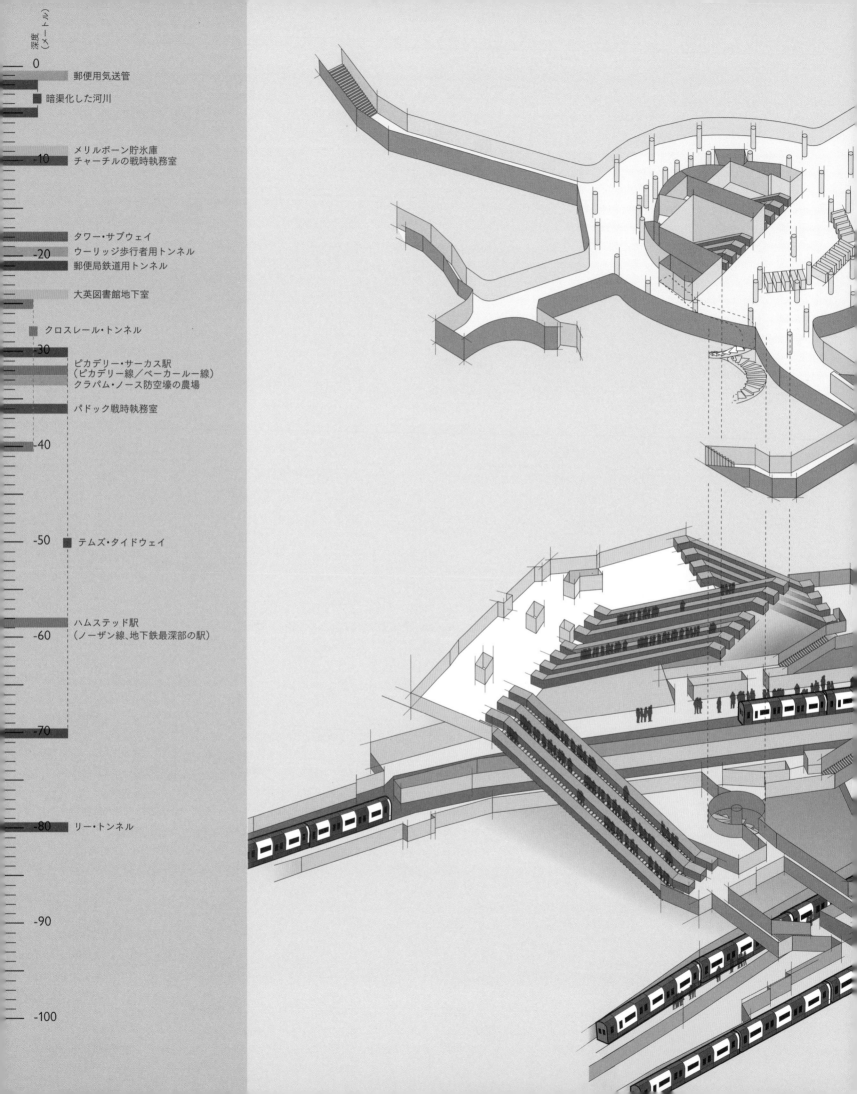

深度（メートル）

0
郵便用気送管
暗渠化した河川

−10
メリルボーン貯氷庫
チャーチルの戦時執務室

タワー・サブウェイ
−20
ウーリッジ歩行者用トンネル
郵便局鉄道用トンネル

大英図書館地下室

クロスレール・トンネル
−30
ピカデリー・サーカス駅
（ピカデリー線／ベーカールー線）
クラパム・ノース防空壕の農場

パドック戦時執務室

−40

−50　テムズ・タイドウェイ

ハムステッド駅
−60
（ノーザン線、地下鉄最深部の駅）

−70

−80　リー・トンネル

−90

−100

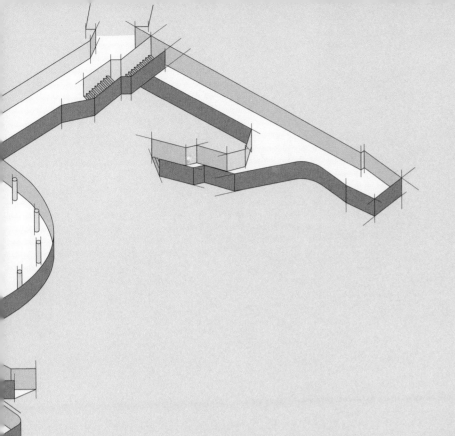

## ピカデリー・サーカス駅

ロンドンを象徴するピカデリー・サーカスを行き交う人々はまばゆいLED広告に魅了されても、足元にあるものについて考えることはあまりないだろう。だが実は、エロス像の下には閉鎖されたトンネルと今も使われるトンネルが絡み合って横たわっている。

1906年にピカデリー・サーカス駅が開業した当時、地上の通りと30メートル下のホームを行き来する方法はエレベーターしかなく、1920年代初頭までに1800万人もの乗客がエレベーターにすし詰めになった。そのため、ロンドン交通局はベーカールー線とピカデリー線につながる11基のエスカレーターを備えた新しい地下切符売り場を建設することにした。設計は建築家のチャールズ・ホールデンが1925年に開始し、建設業のジョン・モウェルムが3年で完成させた。建設中、エロス像はエンバンクメントにある仮置き場に移された。完成したコンコースはビスケット色をしたトラバーチン大理石とアールデコ調の柱がアップライトに照らされ、「豪華でシックな傑作」と評された。エレベーターとそこからホームへ向かうトンネルは1929年に閉鎖された。首都ロンドンで最も人が集まる地下空間のその下には、気味悪い静けさが口を開けている。

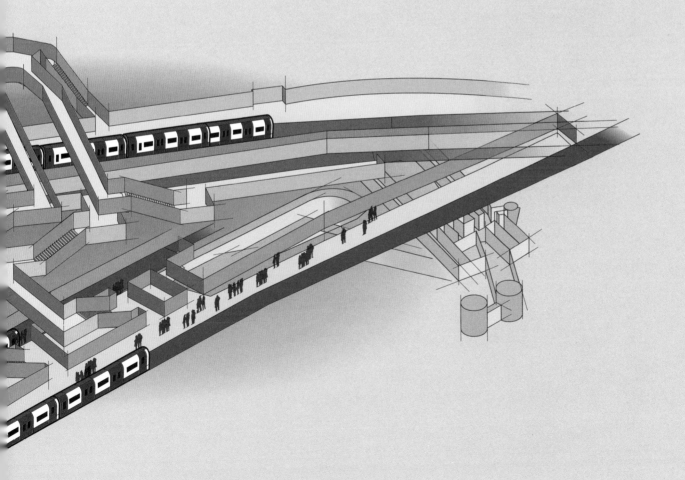

されていた。だが1858年夏、猛暑ですさまじい悪臭が生じる「大悪臭」事件が勃発。汚染された川のほとりにあった議事堂での議会が中止に追い込まれると、バザルゲットの計画がたちまち承認された。これにより、全長1800キロに及ぶ小規模な下水溝が、130キロの煉瓦づくりのメイン下水道に流れ込むことになった。

バザルゲットの迷路は完成までに10年を要した。下水道がテムズ川北岸に達する頃には、新しい地下鉄の建設計画も進められていた。この2つの建設事業が見事に合体して生まれたのが、下水道と1870年開業のメトロポリタン・ディストリクト鉄道の両方を収めたビクトリア堤防だ。

近年では、ビクトリア朝時代の下水道が老朽化したうえに、下水道を使う最大人口が倍増した（400万人）ことから、ロンドンから余分な雨水を排水し、都市から出る過剰な下水を処理する新事業が提案されている。2016年には、テムズ・タイドウェイ・トンネルのボーリングが開始された。地下深くを走る長さ25キロの新下水路の総工費は50億ポンドになる見込みだ。おもにテムズ川の下を流れ、西はアクトンから東はアビー・ミルズまでつながる。2023年までに完成する予定だ。最初の下水道を生んだ技師に郷愁まじりの敬意を表し、建設に携わる会社はバザルゲット・トンネル社と呼ばれている。

## ロンドン地下鉄

ロンドンの地下をめぐる掛け値なしのサクセス・ストーリーは、言うまでもなくロンドン地下鉄だ。1863年に開業したパディントンとファリンドンを結ぶメトロポリタン鉄道は、排水を別にすれば、人々の暮らす都市の地下に穴を穿つ最大の理由を生み出したと言える——その理由とは、高速大量輸送だ。

鉄道建設で先陣を切ったのはリバプールやマンチェスターなどの北部の都市だったが、首都もそれほど後れをとったわけではない。1840年代になる頃には、ロンドンは鉄道のターミナル駅に取り囲まれていたが、この大都市を横切るにあたって最大の障壁となったのが歴史的地区だ。そもそも議会が既存の街区を壊すことを禁じる法律を制定していたため、新しい鉄道をロンドン中心部まで伸ばすことができなかった。

そこで市法務官チャールズ・ピアソンが提唱したのが、街路の下に堀った全長6キロのトンネルに新

UNDERGROUND CITIES

路線を配置し、ばらばらに散らばるターミナル駅をつなぐという案だ。工事(1862年に竣工した)は当時の機関車の出力による制約を受け、列車は蒸気機関車が牽引するスタイルだった。排ガスを再利用するという独創的な試みにもかかわらず、蒸気機関車の煙とガスでトンネルが満たされてしまうため、比較的浅いトンネルにして、排気用の穴をあちらこちらに開ける必要があった。煤まみれの空気で窒息するおそれがあるという恐ろしい警告をよそに、大成功を収めた最初の地下鉄はすぐに延伸され、さらなる地下鉄開発に弾みをつけた。

メトロポリタン・ディストリクト鉄道はビクトリア堤防を流れるバザルゲットの下水道の上の空間に配置され、1884年には環状線の全線が完成する。それからわずか数年で電気が発明され、最先端のエネルギー源を列車の動力に利用できるようになった。最初にその恩恵を受けたロンドンの地下鉄が、1890年に開業したシティ・アンド・サウス・ロンドン鉄道だ。

地表のすぐ下よりもさらに深いトンネルを掘り、建物の密集するロンドン市街の下へ迂回することも可能になった。そのトンネルは、今に至るまで残っている。この工法を使って建設されたのが、1900年に開業したセントラル・ロンドン鉄道だ。「チューブ」(現在では地下鉄網全体の名称として広く使われている)と呼ばれるこの地下鉄は、オックスフォード・ストリート周辺のロンドンで最も賑やかなショッピングエリアとセント・ポー

下　エリザベス線に設けられたロンドンで最も新しい地下鉄の駅は、シンプルさ、安全性、耐久性を念頭に置いた設計になっている。ファリンドン駅のこの全体的に丸みを帯びた地下道の十字路は、建築コンサルタント会社AHRの設計によるものだ。

ル大聖堂に近いシティを結んでいた。明るい白のタイル張りのプラットフォームと「2ペニー」の安い運賃は、路線増設の意欲をますます高めた。

　1906年から1908年にかけて、地下の深いところを走る3路線が新たに加わった。ウエスト・エンドを貫いて便利なサービスを提供するこの3路線は、やがてベーカール一線、ノーザン線、ピカデリー線として知られるようになる。これらの地下鉄サービスは、1907年以降、まとめてロンドン・アンダーグラウンド（地下鉄）と呼ばれるようになった。この土木技術の進歩に触発され、ブダペスト（1896年）、グラスゴー（1896年）、パリ（1900年）、ベルリン（1902年）、ニューヨーク（1904年）でも同様の事業が生まれた。

　1930年代と第二次大戦直後の建設ラッシュに続き、1960年代にはビクトリア線が建設され、1990年代にはジュビリー線が延伸された。21世紀最初の20年でも地下鉄建設は議題にのぼり、2009年にはクロスレール計画が始動した。この計画では、ロンドンの地下に穿った21キロの新トンネルをエリザベス線と呼ばれる路線が走り、東西の郊外から来る幹線鉄道と同サイズの車両が行き交うことになる。パリのRERに匹敵する鉄道システムだ。

## ユニークな工学技術の偉業

　ロンドンの地下トンネルは地下鉄が支配しているが、ほかにも注目すべき地下開発はいくつかある。たとえば、ロザーハイズとワッピングを結ぶ実に野心的なテムズ・トンネルだ。テムズ川の水面下23メートル（満潮時）の地下を走るこの大胆なトンネルは、完成までに20年近くを要し、2世代にわたる優れた技術者が建設に関わった。もともと馬車での使用を意図していたこのトンネルの建設が始まったのは、1825年のこと。工事には、マーク・イザムバード・ブルネルとイザムバード・キングダム・ブルネルのシールド工法が使われた。いく

上　現在イギリス財務省が入る建物（グレート・ジョージ・ストリートとホース・ガーズ・ロードの角にある）の地下室は、イギリスで最も重要な地下施設の1つだ。開戦間近の1938年、この場所に、政府が会議を行い、首相率いる中央司令作戦本部が入る広大な地下空間が掘られた。戦時中、この施設では内閣会議が100回以上開かれ、チャーチルが地図の間から、あるいはアメリカ大統領に大西洋横断電話をかけて戦争を指揮した。1984年に施設は博物館に改装され、現在はチャーチルの戦時執務室という名で帝国戦争博物館が運営している。

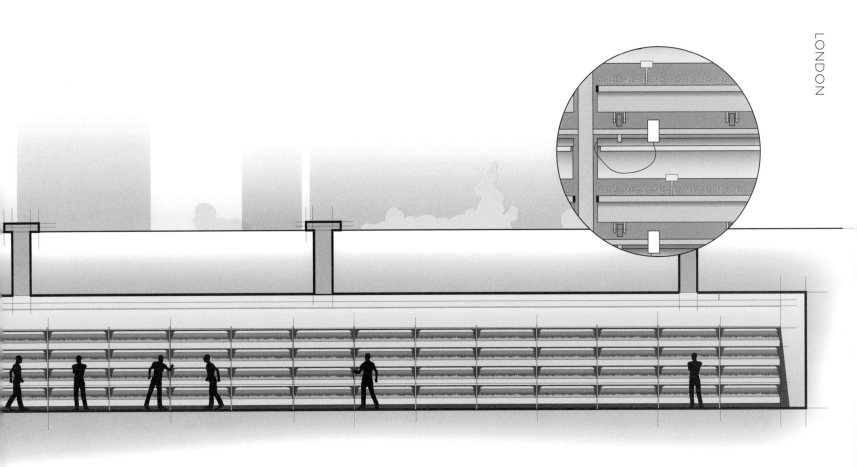

上　1940年のロンドン大空襲後、1万人を収容できる大規模防空壕を10カ所建設する計画が急ピッチで進められた。そのうちの2つは地盤が悪くて建設が進まなかったものの、わずか2年間に8つの防空壕が完成した。そのうちの1つがノーザン線のクラパム・ノース駅の下に建設されたものだ。この地下空間を2014年にベンチャー企業のゼロ・カーボン・フード社が購入して、地下の都市型農場に改造した。現在クラパムの道路の地下33メートルでは、水耕栽培システムを使って新鮮なマイクログリーンやサラダの葉が生産されている。

つかの事故と複数の死者、そして言うまでもなく建設費の膨張を経て、1843年、ついにテムズ川を横断する水底トンネルが完成した。だが、その壮大さにもかかわらず期待したほどの人気は得られず、1869年に鉄道用トンネルに改造された。現在でも、ロンドンの地上鉄道網の一部として使われている。

それに劣らず魅惑的なのが、サザークからロンドン塔そばまで続いていた歩行者用地下道「タワー・サブウェイ」だ。1869年に開通したこの地下道は、のちにケーブルカー用のトンネルに改造されたが、採算がとれないと見なされ、改造後わずか数カ月で閉鎖された。その後もしばらくは歩行者用地下道として使われていたが、やはり採算がとれず、30年もしないうちに閉鎖された。ビクトリア朝時代の工学の革新技術を示す見事な実例だが、現在では送水管くらいしか通っていない。

そのほか、ロンドンの注目すべき地下構造としては、次のようなものがある。圧縮空気を用いた気送管による郵便を配送する圧縮空気式メッセージ伝達網（1853年）。ロンドン・シルバー・ボールト（1885年）。ウーリッジ歩行者用トンネル（1912年）。郵便局鉄道（別名「メールレール」、1927年、現在は一般に公開）。ドリス・ヒルにあった「パドック」と呼ばれる秘密の通信センター（1939年）。チャーチルの戦時執務室（1939年）。オックスゲート海軍要塞（1940年）。地下高速鉄道（現在のノーザン線の下を通り、防空壕として使われていたが、戦後、鉄道用に改造されることはなかった）。キングスウェイ電話交換局（1945年頃）。

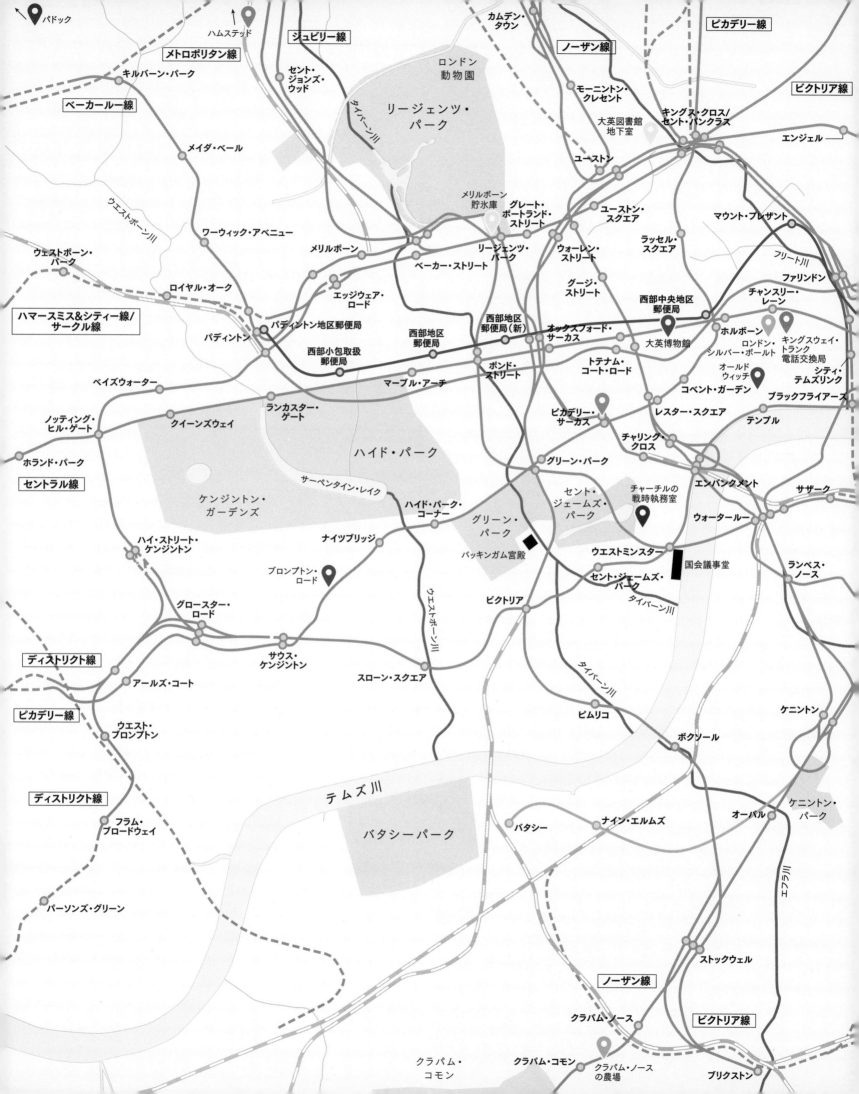

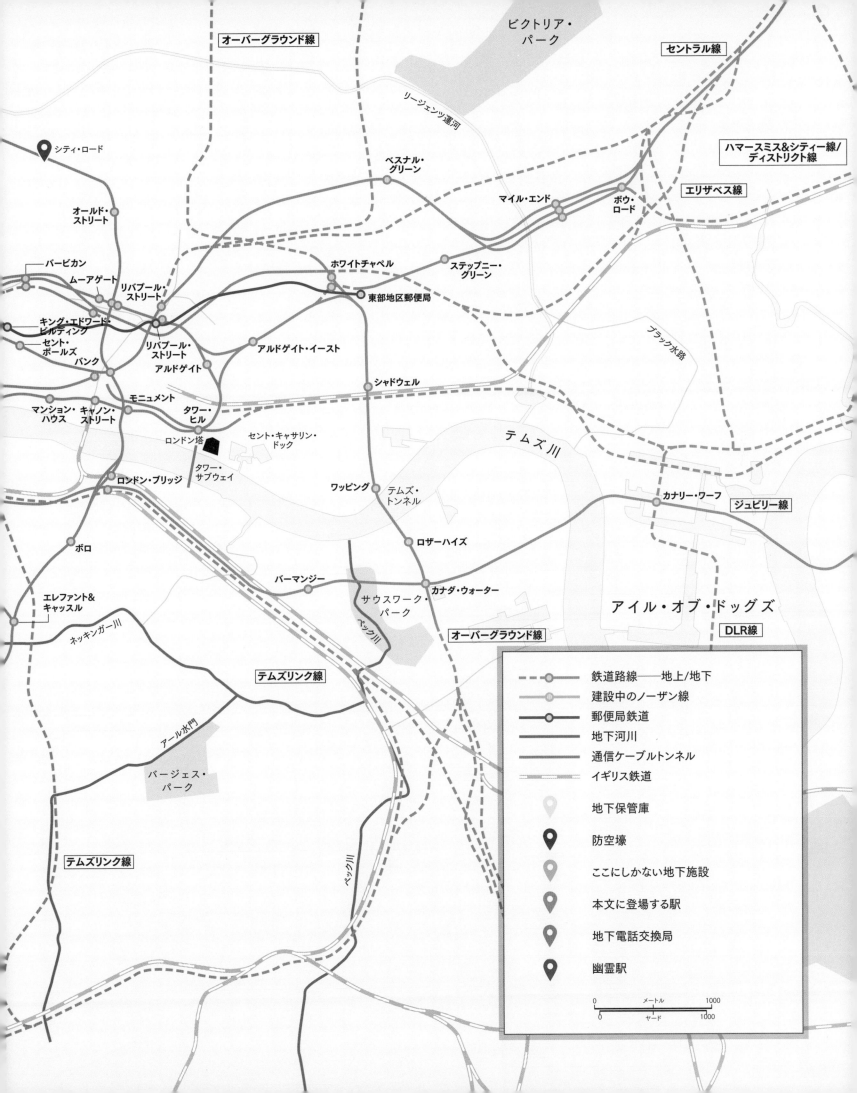

# バルセロナ [スペイン]

## 計画された都市

市域に160万人、都市圏に500万人が暮らすカタルーニャ最大の都市バルセロナは、スペイン第2の大都市でもある。地中海に面したこの街が開かれたのは、古代ローマ時代のこと。507年から573年までは西ゴート王国の首都とされ、中世にアラゴン王国と統一されたあとは国の中枢になった。その後、カタルーニャ君主国の首都になり、現在はヨーロッパ屈指の文化と観光の中心地になっている。

### 古代のルーツ

バルセロナと古代ローマの関わりは紀元前218年にさかのぼる。この年、強固な壁に囲まれた人口2000人ほどの街がローマの衛星都市として誕生した。数ある古代ローマの都市の例に漏れず、当時の建物の多くは地中に埋もれてしまったが、現代の街路の地下に残っているとも言われている。バルセロナには世界最大規模の古代ローマの地下遺跡があると主張する者もいる。その一部は、王の広場の地下で今も目にすることができる。バルセロナ市歴史博物館から入れるこの遺跡では、染物の作業場からワイン製造設備まで、驚くほど精巧なありとあらゆる遺物が見られる。このエリアには、ローマ時代の下水道と給水施設の一部も残っている。たとえば、バダロナの地下では、紀元20年頃のものとされる長い水路が見つかっている。

5世紀頃にローマ帝国が分裂したあとも、バルセロナ旧市街（のちのゴシック地区）の外側で都市の拡大が続いた。11世紀にはボルン地区と呼ばれるエリアが大きく発展し、ラバル地区ができた13世紀から14世紀にかけても街が広がった。フランスとの戦争のさなかにあった1285年頃には、当時バルシノナと呼ばれていた地区に新たな防御壁が築かれ、続く数十年でさらに補強された。その頃には街が満杯になっていたため、壁の外に「ビラノバ」と呼ばれる小さな集落が次々に生まれた。旧市街を取り囲むランブラの壁ができたのは14世紀のことだが、1850年代になってようやく、バルセロナは古い壁の包囲網から抜け出し、外側の地区も公式に街の一部になった。

### 都市計画

19世紀後半に産業革命がヨーロッパ全土を席巻すると、突如として空間の需要が高まった。だが、壁に囲まれたバルセロナの街には新しい工場や住宅や鉄道をつくる余地はなかった。そこで、大規模な都市拡張計画コンペが催され、土木技師で都市設計家でもあるイルデフォンソ・セルダの案が採用された。直角に交わる長いアベニューとストリートに900区画の"島"を配する（いわゆる"グリッド"）というセルダの案から生まれた街区は、現在ではアシャンプラ地区と呼ばれ、古代ローマ時代や中世時代の狭い街路からなる昔ながらのレイアウトと見事な対照をなしている。

アシャンプラ地区の区画（マンザナ）は、当初の

設計では、各区画の2辺もしくは3辺だけに建物を配し、それに取り囲まれた庭などの内部空間を見渡せる構造になるはずだった。セルダは地下公共設備（当時はガス）と下水道も設計した。交差点では、将来的にできるトラムが道を曲がりやすいように、各区画の角が面取りされた。この特徴は今に残されている。

　この整然とした拡張計画はバルセロナの平野を突き進み、数々のビラノバを飲み込んだ。そのあまりの厳格さは、ほかの建築家たちの反抗心を呼び起こした。そのうちのひとり、アントニ・ガウディは、豪華な花の装飾を施した集合住宅を設計し、果てしのないサグラダ・ファミリア建設事業に突入した。

## バルセロナのメトロ

　イベリア半島最初の鉄道は、バルセロナと海沿いの近郊都市マタロの間で1848年に開通した。1863年には、4つの地下駅がある短い高速鉄道線、バルセロナ・サリア鉄道が開通したが、本格的なメトロシステムが登場したのは、グランメトロ社がレセップス駅とプラサ・デ・カタルーニャ駅を結ぶ路線を開業した1924年のことだ。その後は開発のスピードが鈍ったものの、メトロは拡大を続けた。

　バルセロナのメトロの風変わりな特色は、閉鎖された駅や移転した駅が多いことだ。そもそも開業しなかった駅もいくつかある。そうした幽霊駅（全部で10あまりある）の例を挙げてみよう。バンク駅（1911年）は開業しなかったが、現在では4号線（L4）に加わる予定になっている。ボルデータ駅（1926年）はサンタ・エウラリア駅に近いことから、1983年に廃駅になった。1934年にできたコレオ

**上**　「王の広場（プラサ・デル・レイ）」の何メートルも下に、こうした古代ローマ時代のフォルムとバシリカの太い石柱の基部が横たわっている。このエリアはバルセロナ市歴史博物館（MUHBA）が1943年にオープンした際に展示物の1つとなった。21世紀の賑やかな広場の真下を通る古代ローマの居住地の舗道を今は散策できるようになっている。

105

深度（メートル）

- 0 — バダロナの古代水路
- -10 — ガウディ駅／ダイヤモンド広場防空壕 防空壕307
- ジョアン・ミロの貯蔵タンク
- -20
- 海水淡水化プラント
- -30
- -40
- -50
- -60 — リェフィア駅（10号線）
- -70
- エル・コル／ラ・テイショネラ駅（5号線、メトロ最深部の駅）
- -80
- -90
- -100

## リェフィア駅とダイヤモンド広場防空壕

カタルーニャには、革新的で実験的な芸術やデザインの誇るべき伝統がある。それは地上に留まらず、地下でも見ることができる。その最たるものが過去20年間で爆発的に拡大したバルセロナの地下鉄網の内部だ。

現在建設中の新しい9号線と10号線の両線は、完成すれば市内で最も深い線路（一部の区間では最大深度80メートル）となる。真ん中の建設中の区間を共通区間とし、その両端から両線は分岐する。最終的に総延長は50キロ近くになる予定だ。9号線と10号線の両線は、どちらも街の中心部を挟んで運行区間が広がっている（現在は北9号線、南9号線、北10号線、南10号線として運行されている）。技術的な理由から（ほかのバルセロナ・メトロ路線とは異なり）、トンネル掘削機を使って直径12メートルのトンネルを掘り、トンネルの上段と下段を列車が通れるようにしている。

カタルーニャ伝統のデザインはバルセロナの地下に無数に掘られた古い防空壕にも見られる。その中には複雑なトンネル網を備え、住民を守るためにしっかり作られたものもある。

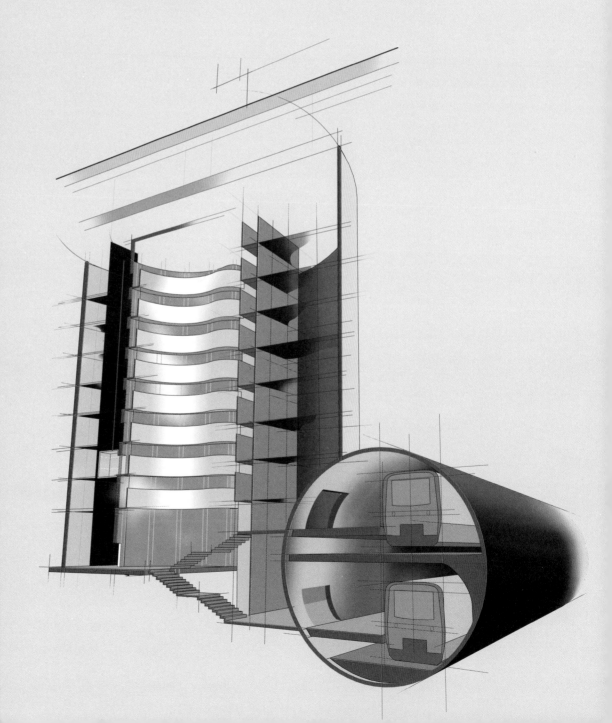

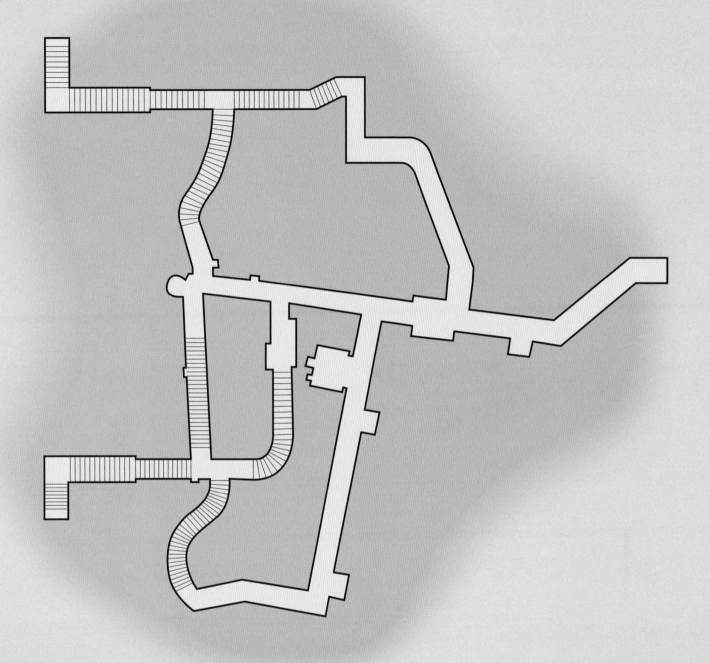

左　ラ・サグレラとゴルグの間を結ぶ北
10号線の2つの隣接する駅（ラ・サルー
ト駅とリェフィア駅）には興味深い工夫
がなされている。ラ・サルート駅は地表
から30メートル、ルフィアは63メート
ルの地下にあり、どちらも列車に乗るに
は直径25メートルの深く掘られた吹き
抜けを下らなければならず、方向感覚を
失ったり、閉塞感に襲われたりしかねな
い。それを軽減するため、建築家のアル
フォンス・ソルデビラ・バルボサは、照
明と歩道によるスタイリッシュな水平方
向のデザインを多く用いた。

上　プラサ・デル・ディアマント（ダイ
ヤモンド広場）の地下12メートルにある
この防空壕は、スペイン内戦時に建設さ
れた防空壕の中でも最大規模で、保存状
態も極めて良い。200人ほどを収容でき、
広場の下から近くのカレル・デ・レス・
ギレリエス通りとカレル・デル・トパジ
通りの両方に伸びるトンネル網の全長は
250メートルに及ぶ。1992年に再発見さ
れ、2006年からは一般公開されている。

ス駅は、1972年の3号線（L3）延伸の犠牲者だ。フェルナンド駅は1946年に開業したが、コレオス駅と同じ理由で1968年に廃駅になった。ガウディ駅（1968年）は、隣のサグラダ・ファミリア駅に近いことから、一度も開業しなかった。そして、ディアゴナル駅とフォンタナ駅の間に置かれるはずだったトラベッセラ駅は、工事がついに完成しなかった。エスパーニャ駅、サンタ・エウラリア駅、ウニベルシタット駅の3駅は当初の場所から移転したが、もとのプラットフォームは今も地下に残っている。

## 保存対策

　スペイン内戦中、国粋主義勢力はバルセロナを攻撃の実験場に選んだ。バルセロナの行政機関はその不意打ちに対して何の備えもしていなかったため、地元の人々は自力で防空壕を掘ることを余儀なくされた。この時代に1000前後の防空壕がつくられたが、ほとんどは手作業だけで掘られたものだ。ポブレ・セック地区で最近発掘された「防空壕307」は、トンネルでつながった長さ400メートル超の地下通路からなり、バスルームや噴水式水飲み場、さらに

は暖炉まで備わっていた。幾度にもわたった空襲の際には、このトンネル網が数千人の避難所になった。

　山脈、リョブレガート川、海に挟まれた平野に位置するバルセロナは、荒天になると多くの水が流れ込む。たびたび洪水に見舞われていたことから、8つの地下漕と2つの地上漕からなる雨水貯留ネットワークがつくられた。1997年から市内や周辺に建設され、現在では5万立方メートル近い水に対応できる。費用はかかったものの、カタルーニャ地方の人々はもちろん、洪水を効果的に防いでくれる貯留槽を自慢に思っている。

　最大規模の雨水貯留槽は、ウニベルシタット地区にある。スペインの画家で彫刻家のジョアン・ミロにちなんで名づけられた別のタンクはSFを思わせるシュールな外観で、巨大なコンクリートの柱がずらりと並んでいる。水はろ過システムを通ってから環境中にゆるやかに放出される。そのおかげで、毎年1000トン近い浮遊汚染物が地中海に流れ込む前に水から除去されている。

**上**　地下鉄10号線のリェフィア駅のホームへ行くにはエレベーターを使うか、この地上から63メートル地下へ潜る吹き抜けのライトアップされた歩道を徒歩で下りる。

**右上**　防空壕307。むき出しの入口のコンクリートが、市民の作った防空壕だったことを示している。

**右下**　1924年の開業から1991年に引退するまで走り続けたこの客車は、元々の美しい状態に復元されて、現在ではメトロの歴史を記念する特別な行事の際に運行されている。

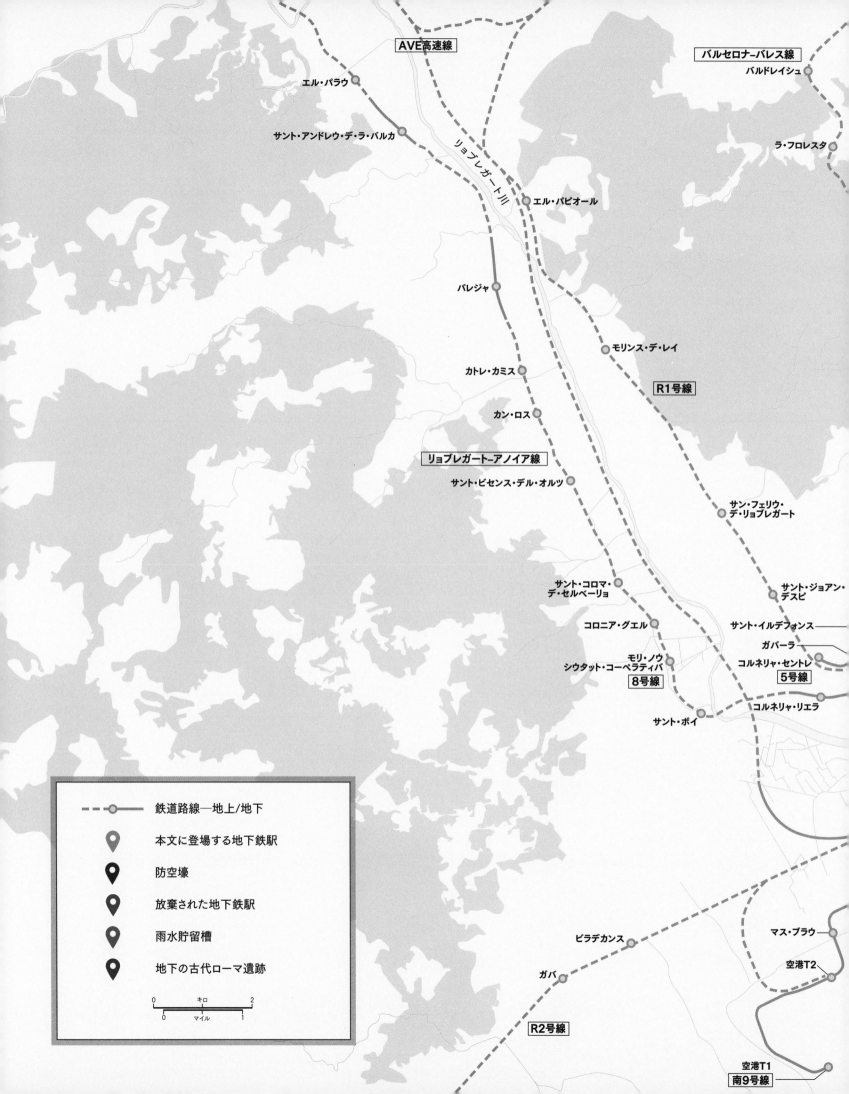

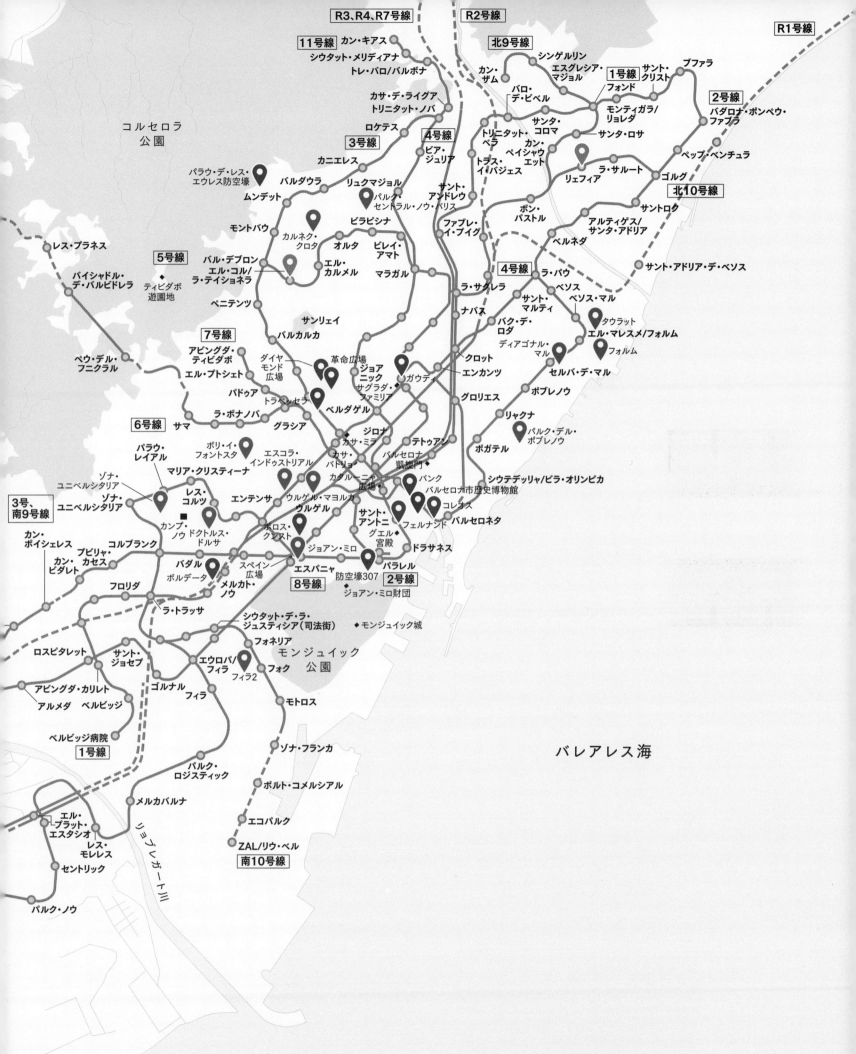

# パリ [フランス]

## ヨーロッパの穴あきチーズ

エッフェル塔、ノートルダム大聖堂、ルーブル美術館、エトワール凱旋門。フランスの首都を今さら紹介する必要はほとんどない。市域に210万人、都市圏に最大700万人が暮らす歴史あふれるこの街は、ヨーロッパ屈指の人口と繁栄ぶりを誇るイル・ド・フランス地域の中心でもある。

紀元前3000年頃、セーヌ川流域の小さな島が集まるあたりに、パリシイ族と呼ばれるケルト民族が住みついたことが分かっている。紀元前52年、現在のシテ島の対岸にあたるセーヌ川の南岸（「左岸」）に古代ローマ人が集落を築いた。この街はルテティア・パリシオルムと呼ばれ、円形劇場やローマの伝統的な寺院、浴場、市場もあるほどの規模だった。ローマ帝国が衰退し、キリスト教が登場する頃には、このラテン語の名前はパリススと短縮されていた。ガリアからフランク人が進出したあと、幾度もの火災、要塞化、攻撃（バイキングなどによる）を経て、「右岸」とシテ島に中心を移していたパリは、11世紀までにフランス最大の都市に成長し、芸術、文化、政治、宗教、教育の中心地となった。ノートルダム大聖堂、ルーブル宮殿、初期の大学は、いずれもこの中世の時期に築かれた。1328年までには、パリは城壁内に20万人がひしめくヨーロッパ最大の都市になっていた。人口は1640年までに倍増し、18世紀半ばには50万人をゆうに超えていた。1789年の革命にもかかわらず（いや、そのせいでと言うべきか）パリの人口は減少したが、1800年代のナポレオン時代にまた増加に転じた。その頃までには産業化が進み、1837年にはサン・ラザールとル・ペック（西のはずれにある王家の地所）を結ぶ最初の鉄道が建設された。

### パリの採石場

パリの人々は遠くから石を運んでくる代わりに、美しい都市の建材を足もとから掘り出した。「パリの採石場」からは、石灰岩や石膏など、膨大な量のルテティアの堆積岩が切り出された。採石場の多くはセーヌ川の南側にあった。1400年代に始まった採石は数世紀にわたって拡大し、採石場は長いもので300キロもあったことが分かっている。言ってみれば、パリは地球上で最も徹底的に採鉱された都市圏というわけだ。一部には徒歩での公式ツアーで入ることができるものの、広大な採石場ネットワークのほとんどは危険な暗闇だ。そして、「カタフィール」（パリの採石場を探る都市探検家）たちによれば、まだ発見されていないものもあるという。

採石場は、パリのややぞっとする観光名所が存在する場所でもある——カタコンベ（地下墓地）だ。1700年代後半、パリはたびたび公衆衛生の危機に襲われた。病気が蔓延し、墓地がいっぱいになってあふれ出した。そこで政府は、過激な方法で遺体を処理する決断を下した。長さ数百キロにわたる採石場に隠すことにしたのだ。当時、モンルージュのトンブ・イソワールは市境のすぐ外に位置していた。この場所に、パリ最大のサン・イノサン墓地から遺骨を移すための穴が掘られた。カタコンベは1786年に市の納骨堂として聖別され、1809年からは予約制で一般に公開された。4つの主要墓地からほぼすべての遺骨が掘り起こされてここに移されたことを思えば意外でも何でもないが、カタコンベに積み重なって整然と並ぶ骨の持ち主は最大600万人にのぼる可能性がある。20世紀には、この場所はまた別の目的に転用され、ナチスの貯蔵庫やフィルムノワール映画を上映する秘密の映画館になった。

### 洪水ときれいな水

1000年にわたって絶えず人が暮らしてきたパリの地下は、無数の壕、排水溝、通路、導管で穴だらけになっている。パリの都市設計者が直面した大きな問題の1つが、水をめぐる問題だった。パリのすぐ南東では、全長540キロのマルヌ川がセーヌ川に合流する。さらに、いくつかの丘（最も高いのがモ

上　パリ14区のモンソリ地下貯水池。パリの南半分の大半に水を供給する目的で1868年から1873年にかけて建設された。1800基にのぼる優美な支柱が並び、底には青いタイルが敷き詰められ、地上には鉄とスチールで装飾されたガラス張りの採光塔（タレット）がそびえ、さながら厳重に守られた水泳プールのようだ。新鮮な湧き水を水源とし、貯水容量は20万立方キロを超える。その水を市内に行きわたらせるために張り巡らされた水路の総延長は130キロにもなる。

ンマルトルとテレグラフで、どちらも標高130メートルほど）を除けばパリはわりあい平坦で、ほぼ氾濫原の上に築かれている。そして、セーヌ川の水かさが増すと、水が堤防からあふれ出す。

　洪水を防ぐための初期の試みは、パリにある4つの島のうち2つを堤防につなぎ、セーヌ川の湾曲した支流を塞いで水を抜くというものだった。この区域の一部は、のちにサン・マルタン運河に姿を変える。1825年に開通した長さ4.6キロのこの運河により、セーヌ川の流路は25キロ短縮された。サン・マルタン運河はウルク運河にもつながり、"きれいな"水をパリに供給する役割を担っていた。19世紀半ばには、サン・マルタン運河のタンプルからバスティーユまでの区間がトンネル化され、パリ最長のトンネルが生まれた。セーヌ川の堤防も高くなったが、それでも川は手なずけられず、1910年、ついに大洪水に襲われた。メトロに水が流れ込み、下水道が詰まったことで、パリ東側で洪水に対する防御を強化する必要性があらわになった。

　パリには極めて古い舗装道路（1200年頃に建設）があり、初歩的な下水道の建設も何度か試みられていたが（古代ローマ時代のものや、1370年にモンマルトル通りに建設された露天式のもの）、17世紀まで待ってようやく最初の地下環状下水道が建設され、ビエーブル川と呼ばれるセーヌ川の細い支流が水路化された。さらに、パリ全域の下水を運ぶ、アーチ状の蓋をつけた本格的な地下下水道の登場までには、1800年代はじめのナポレオン・ボナパルト時代を待たなければならなかった。この時代に30

キロに及ぶ地下下水道が建設された。

　ナポレオン3世がオスマン男爵に市街設計の任を与え、そのオスマンが土木技師のウジェーヌ・ベルグランに依頼したことで、600キロに及ぶ煉瓦づくりの下水道と排水渠が建設された。その大部分は、オスマンが立案した総延長200キロの新しい舗道や街路の地下を走る設計だった。

　第一次大戦末期から1970年代半ばにかけて、パリの地下を流れる既存の下水システムに、さらに1000キロの下水道がつながった。この技術的偉業は、パリ7区にある下水道博物館で称えられている。

## パリのメトロ

　パリっ子たちは、ヨーロッパ全域、とりわけドイツとイギリスで進んでいた工業発展を強く意識していた。ロンドンなどと同じく、パリに鉄道が到来したのも、街そのものができたずっとあと、1830年代になってからのことだった。そのため、駅は必然的に街はずれに配置され、地方から来た乗客は、列車を降りたら馬車鉄道や辻馬車、もしくは徒歩で荷物片手に混雑した通りを横切り、別の列車に乗り換えなければならなかった。

　基幹路線の鉄道各社は、遠く離れたターミナルどうしを結ぶ方法を長らく模索していた。パリっ子たちは長い徒歩距離、満員の馬車鉄道、運賃の高い辻馬車にうんざりしていた。いくつかの地下鉄案が検討されたが、その多くは時代の先を行きすぎていた。たとえば、エドゥアール・ブラームとウジェーヌ・フラシャが1854年に提案したコンセプトは、パリ

北駅からレ・アール市場までの街路の地下に全長2.2キロの貨物専用鉄道を建設するというものだった。当時のほかの案はそれよりもはるかに非現実的で、すべて却下された。

　1860年代はじめ、ロンドンで世界初の都市地下鉄が建設されていると報じた新聞記事がフランス人の想像力と怒りを刺激し、突発的な反応を巻き起こした。ライバル心は創造の大きな原動力になる。愛するパリにも街全域を結ぶ何らかの鉄道輸送機関を敷設しようと、わずか数カ月のうちにいくつもの案が浮上した。ニューヨークのものに似た高架鉄道は候補から外れ、名の知れた技師の多くがさまざまなタイプの地下鉄を支持した。だがその後、基幹路線の鉄道会社を支持する国の利益と、地域に根ざした接続ができるように設計されたシステムを求めるパリの為政者の思惑がぶつかり、いかにもフランスらしい政治的膠着状態に陥った。技師ジャン=バティスト・ベルリエによる1887年の計画では、地下の浅いところに鉄で覆ったチューブ（トンネル）を配し、その中を列車が走る3本の「チュブレール」路線が提案されていた。

　地下鉄の完成予定はパリの大イベントに合わせて設定されたが、その期限は次々と訪れては過ぎていった。そのうちの1つが、1889年の第4回パリ万国博覧会だ。ギュスターブ・エッフェルはこの万博のために自分の名を冠した塔を建てたが、メトロシステムのほうはあいかわらず進展がなかった。1895年にも起爆剤となる出来事があった。郊外の路線（ソー線）でトンネル内を走る短い区間が延長され、パリ中心部に2駅ぶん近づいたのだ。1年後、1900年の第5回万博を目前に控え、

パリの議会はようやく、地下を中心に10路線の鉄道網をつくるという土木技師フルジャンス・ビアンブニュの案を可決した。

最終的な落としどころは、典型的な妥協案だった。新しい系統で一部の幹線駅（パリ東駅、北駅、リヨン駅、モンパルナス駅、サン・ラザール駅）をつなぐと同時に、地元の人たちが街を移動するための路線もつくることになった。建設は1898年に始まった。

最初に完成させるべき全線地下の路線は、南東・北西の軸に沿ってセーヌ川右岸を走る重要路線だ。工事には開削工法を用いる必要があり、それが人の多いシャンゼリゼ通り、リボリ通り、サンタントワーヌ通りで大混乱を巻き起こした。のちに別の路線の基礎になる2つの短い支線も建設された。1900年、万博開催ぎりぎりにパリ都市鉄道が開通したが、経由する幹線駅はリヨン駅だけだった。駅のプラットフォームと通路はまばゆい白のセラミックタイル張りで、これは今も残っている。

2号線は、市北部の大通りをぐるりとまわる半環状線で（かつての城壁の軌跡）、4つの高架式の地上駅が含まれていた。いくつかの幹線駅の近くを走っていたにもかかわらず、どの駅にも接続していなかった。3号線でようやくサン・ラザール駅がつながり、市南部の大通りを回る路線（こちらにも高架の区間と12の地上駅があった）により、モンパルナス駅とオステルリッツ駅へも行けるようになった。

肝心のパリ北駅と東駅につながるまでには、もう少し時間がかかった。すぐに「メトロ」と呼ばれるようになったこの都市鉄道はパリっ子の間でたちまち人気を博し、初期の系統はわずか10年のうちにおおむね完成した。3つの追加路線からなる地下鉄網の計画もまとまり、1912年には北南線が開通。北南線では、大部分の区間で掘削されたトンネルが使われ、入口には装飾が施された。サン・ラザール駅地下の円を基調にした改札ホールは今も残り、彩釉タイルが美の交響曲を奏でている。

## 一風変わったメトロ

パリのメトロでは、いくつかの変則的要素が魅力的な地下空間を生み出している。まず、ほとんどの路線に支線がないこと。ターミナル駅には大きな旋回路が設置され、列車はそこで復路に備えて方向転換していた。その一部は今も使われているが、ほとんどは路線の延伸により無用になり、現在は車庫として使われている。第2に、パリのメトロ駅は、ほかの都市よりもずっと狭い間隔でつくられた。トンネルの向こうを覗き込むと、煌々と照らされた次の駅のプラットフォームが闇の中に見えることも珍しくない。第3に、何キロにもわたって伸びる旧採石場をすり抜けなければならないことから、工学上のさまざまな難問が生まれた。たとえば7号線は、採石がさかんだったビュット・ショーモンの地下にあるいくつかの大きな穴を通過する。

トンネルが大きな空洞とぶつかるところでは、列車が通れる石と鋼鉄でできたトンネル管を支えるために、空洞の底から何本もの柱が建てられた。

ほかの場所では、地形があまりにも厄介だったせいで、2本のトンネルを横に並べるのではなく、上下に重ねなければならなかった。さらに、一部が建設されたが開通しなかった区間もある。たとえば、16区ではいくつかのトンネルが9号線と10号線をつないでいるが、公共の列車が走ったことは一度もない。島式ホームを備えていながら、地上の街路に出る道がない駅まである。その駅では、メトロ史愛好家がつくるスプラグ遺産運用協会（ADEMAS）がときどき見学ツアーを催し、ホーム上でクリスマスディナーをすることまである。

ホームはつくられたものの完成しなかったり、開業後に閉鎖されたりした幽霊駅が、パリには数多くある。その好例がアクソ駅だ。アクソ駅のホームは、短い往復線の3bis線と7bis線を結ぶ、めったに使われないプラス・デ・フェットと呼ばれる連絡トンネルに位置している。プラス・デ・フェット駅とポルト・デ・リラ駅の唯一の中継駅として建設されたが、ついに地上とつながることはなく、以来、新設計の試験場としてしか使われていない。そのほか、とうの昔に閉鎖された駅としては、アルスナル駅、シャン・ド・マルス駅、クロワ・ルージュ駅、サン・マルタン駅がある。どれも第二次大戦中に、別の駅と近いことを理由に閉鎖された。サン・マルタン駅は、ADEMASが催す貴重なツアーで見るだけの価値がある。というのも、かつてはよく見かけたが、今はほとんど姿を消した石膏細工の広告があちらこちらに残っているからだ。

いくつかの閉鎖駅は、今でも見ることができる。3号線のガンベッタ駅で列車を降りたら、パリ方面に向かってホーム上を歩いてみよう。このホームが異様に長いのは、かつてのマルタン・ナドー駅と一体化しているからだ。マルタン・ナドー駅は1969年に230メートル離れたガンベッタ駅に吸収された。

1930年代には、建設予定だった2つの駅のためのコンクリート枠がラ・デファンス近くに建設された。路線計画が変更になったため、その駅は日の目を見なかったが、新しくできた地上駅の地下にからっぽのまま残されている。オルリー空港南ターミナルの地下にも、同様に使われなかったコンクリート枠がある。そのほか、シテ駅とサン・ミッシェル駅も風変わりな駅だ。どちらも鋼鉄製ケーソン（箱）を地表から地下に沈埋させてつくられた。その変わった構造は、幅の広い鋼鉄製チューブの内側につくられたエントランスに見てとれる。

## 郊外をつなぐ

当初のパリ・メトロの路線はすべてかつてのパリ城壁の内側につくられ、城壁のへりまでしか走っていなかっ

深度（メートル）

0 ── 郵便用気送管

── ガルニエ宮の人造湖
── ルテティアの古代ローマ遺跡

10 ──

20 ── バンセンヌ採石場/カタコンベ

── フォーラム・デ・アール
　　フェート広場駅（7、11号線）

30 ── オーベール駅（A線、最深部のRER駅）

── アベス駅（12番線、最深部の地下鉄駅）

40 ──

50 ──

60 ──

70 ──

80 ──

90 ──

100 ──

## フォーラム・デ・アールと市営納骨堂

　パリの地下には世界最大の納骨堂がある。ローマ・カトリック教会と正教会には昔から続く納骨の伝統があり、古い遺体を掘り出して骨を骨壺に入れるだけでなく、このパリのカタコンベのように骨を並べたりすることもある。

　21世紀のパリのショッピングを象徴する施設といえば、フォーラム・デ・アールだ。元々この場所には12世紀以来、パリの台所といえる生鮮食品市場レ・ハレがあったが、1971年に郊外に移転したため取り壊された。同じ頃、深層急行地下鉄RERがパリの中心部に新しい乗り換え駅を探していた。そこで古い市場の下に巨大な地下空間、ル・グラン・トルゥ（大穴）が掘られ、2つの新しいRER路線が交差し、4つ（のちに5つ）の地下鉄路線に乗れるターミナル駅となった。その上には、これもまたほぼ地下に埋まった施設として近代的なショッピングモール、映画館、プールが建設された。2010年にモールの大規模なリニューアルが行われ、2018年に再オープンした。

**下**　さまざまな路線の乗換駅であるシャトレ=レ・アールは、現在1日あたりの乗降客数が75万人を誇るヨーロッパで最も利用者の多い地下駅であるだけでなく、毎日15万人が訪れる地下ショッピングセンターでもある。

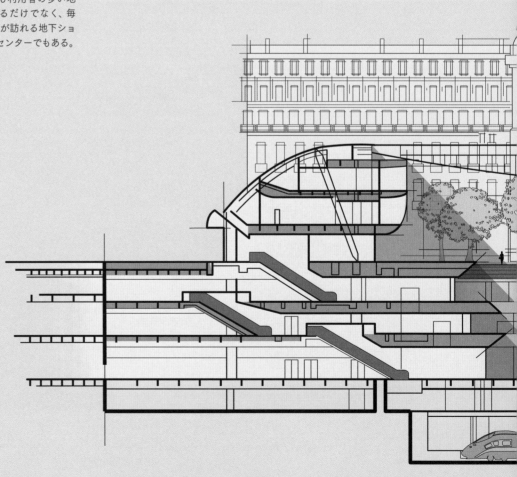

右　カタコンベには何百万もの人骨があることから、1810年以後、パリ採石場総監ルイ=エティエンヌ・エリカール・ド・テュリーは、これを人々が訪れる霊廟につくりかえる決定を下した。骨を装飾的に並べる古くからの伝統にならい、頭蓋骨と大腿骨を重ねて複雑な模様をつくるように指示した。

た。だが、城壁の外にも多くの郊外都市があり、ほとんどの街がメトロに一枚噛みたがっていた。1920年代から1930年代にかけて、メトロをパリの外へ拡大する計画が実現し始める。ほぼすべての路線で、2、3の駅が近隣の郊外都市に進出した。第二次大戦により開発が止まり、終戦直後も大きな進展はなかったが、1960年代には計画が次々と浮上し、東西南北から来る幹線鉄道をパリの地下に通すという昔の構想が復活した。

高速郊外鉄道（RER）を建設するには、それまでよりもはるかに深い新トンネルを掘り、パリ中心部の南北と東西を結ぶ路線が接続する巨大な駅を設けなければならない。1971年、レ・アールに古くからあったパリ中央市場が移転したのを機に建物が解体され、東西南北から集結する新しいRER路線の到来に備えて、シャトレに「グラン・トルゥ」と呼ばれる恐ろしく巨大な穴が掘られた。1977年に開業した世界最大の地下駅シャトレ゠レ・アール駅には、まずRER A線（東西）とRER B線（南行き）が乗り入れた。B線はこの駅から旧ソー線に接続し、リュクサンブール公園にあるソー線の旧ターミナル駅まで新トンネルでつながった。パリ北駅へ向かう北の区間は1982年になってから開通した。

オーベールのRER駅（A線）もそれに劣らず広大だ。地下水面が高かったため、水浸しの土壌に"浮かぶ"コンクリート製の潜水艦のような駅をつくらなければならなかった。さらに、オルセーの基幹駅（現在は美術館になっている）とオステルリッツ駅をつなぐために、東西を結ぶ別のRER線（C線）をセーヌ左岸につくる必要もあっ

た。これはおもに、セーヌ川に沿った長さ700メートルの旧堤防の中に線路を隠すことで実現した。C線は1981年に開業した。RERは郊外では急激に拡大したが、パリ市内でようやく長さ2キロの新しい地下区間が開通したのは、1999年になってからのことだった。このRER E線により、サン・ラザール駅とマジェンタ駅（パリ東駅と北駅の両方に接続）や郊外のシェル駅がつながった。現在では、サン・ラザール駅とラ・デファンスを結ぶRER E線の8キロにわたる新区間の建設が進み、2020年代の開業が予定されている。

1990年代には、パリ初の無人メトロ線「東西高速メトロ（メテオール）」計画が進められた。RER A線と1号線の両端に新たな軌道をつくり、混雑を緩和することが目的だった。最初の区間は1998年に完成し、14号線として開業した。そのスピード、現代性、ホームドアは乗客を驚かせた。運転手がいないのは言うまでもない。乗客はこの路線ではじめて、列車のいちばん先頭に陣どり、高速で駆け抜けながらトンネルの先を眺められるようになった。

パリ都市圏の成長に伴い、交通機関をさらに改良する必要性も高まっている。最近の計画の一例が、4路線からなる総延長200キロの新メトロ網だ。この「グラン・パリ・エクスプレス」計画では、既存の11号線（ロニー゠スー゠ボアまで5キロ）と14号線（ポン・カルディネまで北に一駅ぶん伸ばすだけだが、13号線のサン゠ドニ・プレイエル支線も引き継ぐ。反対側の南行きもオルリー空港まで12キロ延伸される）も大幅に延長されることになっ

ている。

　2020年から2030年までに開業が予定される15号線は、長さ75キロのまったく新しい全線地下の路線だ。36の駅は、1つを除くすべてが別のメトロ路線、RER、近郊鉄道、トラム路線と相互接続し、すべてが地下に設置される。16号線と17号線はどちらも長さ25キロで、17号線はシャルル・ド・ゴール空港に乗り入れる。18号線は長さ50キロで、オルリー空港に接続する。

## 第二次大戦中の活動

　第二次大戦が勃発し、ヨーロッパに暗い雲が立ちこめると、パリは空襲に備え始めた。それにうってつけだったのが、地下22メートル超というパリ屈指の深いホームを持つメトロのプラス・デ・フェット駅だ。この駅は1935年の11号線開業に伴う改修の最中だったため、その機に乗じて空襲に耐えられる入口がつくられた。おおまかなアールデコ様式でつくられた新しい入口は防弾仕様で、これは二重に役立った。というのも、この駅は航空機の交換用部品を製造する地下工場としても使われていたからだ。近くのビュット・ショーモン駅は、軍の地下作戦室として機能していた。そのほか、ボリバル駅、ストラスブール＝サン＝ドニ駅、クロワ・ルージュ駅など、各区にあるいくつかのメトロ駅が防空壕として使われた。バスティーユのメトロ連絡通路には病院が置かれた。1956年、騒音と振動を緩和する実験的な車両を走らせるために、11号線が改造された。ゴムタイヤ（プヌ）式の車両がコンクリート製の線路を走るという、フランス発のこのシステムは実に効果的だったため、ほかの路線もこの方式に切り替えられたほか、国外にも技術が輸出された。

　パリ東駅のプラットフォームBの片隅には、奇妙な柵に囲まれた、どこにも続いていないように見える狭い階段がある。階段を下にたどっていくと、120平方メートルほどの空間を占める一群の部屋に出る。各部屋の天井は厚さ3メートルのコンクリート製で、そのさらに上には地面の土がある。この空間は第二次大戦開戦の数年前に手荷物用倉庫としてつくられたと言われているが、天井をこれほど頑丈にしたのはなぜだろうか？　当時のパリには、戦略的に重要な東駅が毒ガス攻撃の標的になるかもしれないという恐怖が蔓延していた。そのため、70人ほどの鉄道労働者が逃げ込める密閉可能な避難所として、この空間がつくられたのだ。皮肉にも、この地下壕は1940年のナチスによる占領後に徴用され、壁に残されたドイツ語の署名を都市探検家が発見している。

## 隠れた深み

　1461年に設立されたフランス国立図書館は、現在はトルビアックの旧鉄道用地にあり、開いて立てた本に似た4棟のガラス張りタワーに収まっている。1996年に開館したこの新館では、閲覧室と書庫が10あまりの階にまたがり、自動文書検索システムも備わっている——4000万冊にアクセスできる場所には欠かせないシステムだ。

　ルーブル美術館には4万点近い芸術品が展示されているが、その地下には隠れた倉庫と作業部屋があり、地上の最大11倍にのぼる収蔵品が保管されている。そのほかにも新旧の地下室や隠れた通路、地下空間がひしめくパリは、「ヨーロッパの穴あきチーズ」という、いかにも似つかわしい異名をとっている。だが、最後にもう1つだけ、触れておくべき奇妙な地下空間がある。パリ・オペラ座のある有名なガルニエ宮の地下に眠る、人工の湖だ。この湖は1860年にできたと言われている。当時、基礎工事をしていた建築労働者たちが、現場に絶えず水が流れ込むのにいらだち、地下水をそのまま壁で囲い込んでその上に劇場を建てたという。深さ3メートルの閉じられた湖には、幽霊魚まで住んでいたと伝えられている。

119

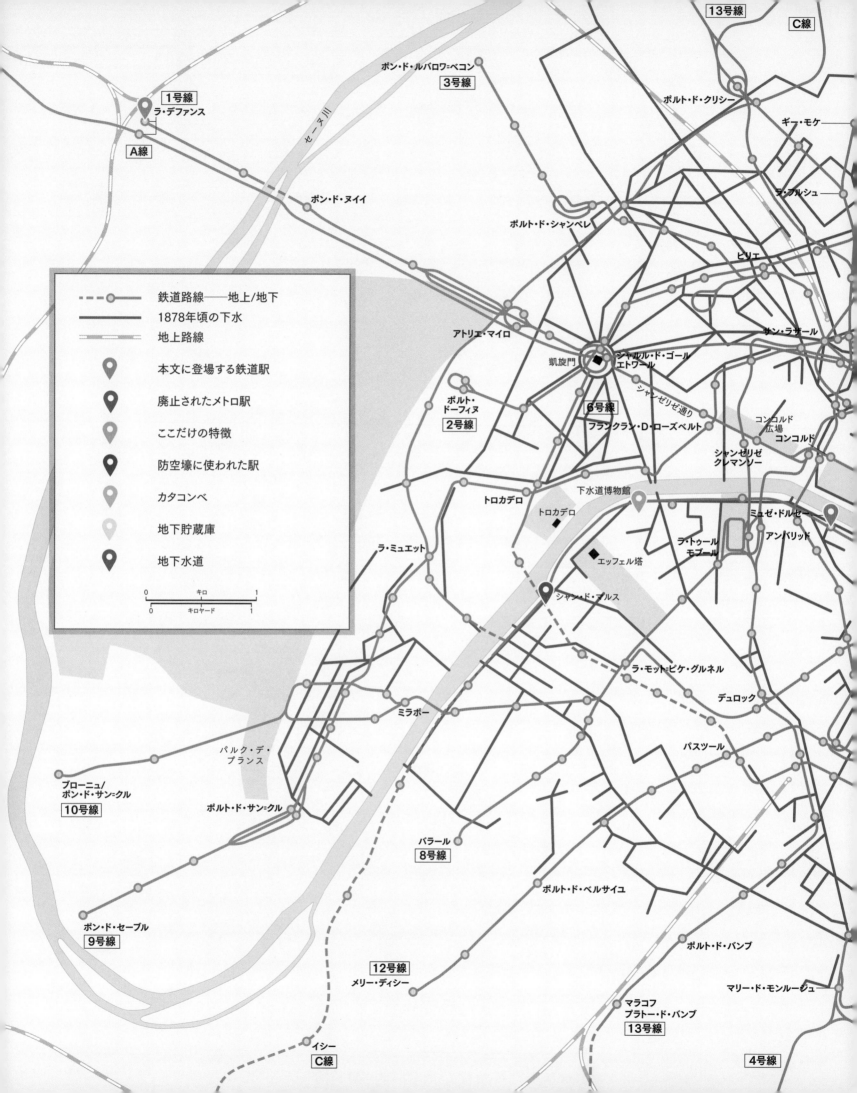

**13号線**

**C線**

**ポン・ド・ルバロワ=ベコン**

**3号線**

**ポルト・ド・クリシー**

**ギー・モケ**

**1号線**

ラ・デファンス

**A線**

ラ・フルシュ

ポン・ド・ヌイイ

ポルト・ド・シャンペレ

ビリエ

サン・ラザール

アトリエ・マイロ

シャルル・ド・ゴール
エトワール

凱旋門

ポルト・
ドーフィヌ

**6号線**

シャンゼリゼ通り

コンコルド
広場

**2号線**

フランクラン・D・ローズベルト

コンコルド

シャンゼリゼ
クレマンソー

下水道博物館

トロカデロ

ミュゼ・ドルセー

トロカデロ

ラ・トゥール
モブール

アンバリッド

ラ・ミュエット

エッフェル塔

| | 鉄道路線──地上/地下 |
|---|---|
| | 1878年頃の下水 |
| | 地上路線 |
| | 本文に登場する鉄道駅 |
| | 廃止されたメトロ駅 |
| | ここだけの特徴 |
| | 防空壕に使われた駅 |
| | カタコンベ |
| | 地下貯蔵庫 |
| | 地下水道 |

シャン・ド・マルス

0　　キロ　　1

0　　キロヤード　　1

ラ・モット=ピケ・グルネル

デュロック

ミラボー

パスツール

パルク・デ・
プランス

ブローニュ/
ポン・ド・サン=クル

**10号線**

ポルト・ド・サン=クル

バラール

**8号線**

ポルト・ド・ベルサイユ

ポン・ド・セーブル

**9号線**

ポルト・ド・バンブ

**12号線**

メリー・ディシー

マリー・ド・モンルージュ

マラコフ
プラトー・ド・バンブ

**13号線**

イシー

**C線**

**4号線**

セーヌ川

# ロッテルダム [オランダ]

## 海を制する

ロッテルダムはオランダの北海沿岸に位置するヨーロッパ最大の港湾都市だ。市域人口は63万5000人で、都市圏にはおよそ250万人が暮らす。この街は、ラインデルタの一角をなす、川幅の広いニューウェ・マース川の両岸にまたがっている。標高が海抜よりもかなり低いため、街の大部分が堤防に守られている。

この地に街ができ始めたのは、ロッテ川にダムがつくられた1270年頃のこと。それから数世代のうちに、壊滅的な被害を出した水害をきっかけに、浸水を防ぐ新たな施設が建設された。街ができてからわずか1世紀で、ロッテルダムはホラント伯ウィレム4世から都市の地位を授かる。1350年には、ロッテルダムとほかの沿岸都市や内陸のデルフトを結ぶスヒー運河が完成。これによりロッテルダムの港はいっそう賑わい、1600年代はじめには街の地位がますます高まり、「カーメル」(6つの都市に置かれたオランダ東インド会社の支部)の1つにまでなった。1872年には、全長20キロのニューウェ・ワーテルウェフが開通。ライン川の河口と北海を結ぶ航行しやすいこの人工水路により、ロッテルダムの主要港としての地位はいっそう揺るぎないものになった。

### ニューウェ・マース川

海抜の低い(場所によってはマイナス6メートルにもなる)ロッテルダムは、地下空間の豊かな歴史を持つとは言えない。それでも、最初期の大規模な地下建造物の1つに、ニューウェ・マース川の地下を走る1.3キロのマーストンネルがある。川幅の広さとロッテルダムの埠頭を出入りする船の多さから、橋の架設が現実的ではなかったため、その代わりとして、川の下をくぐる車道と歩道を兼ね備えたトンネルが計画され、1937年に工事が始まった。

第二次大戦開戦時に中立国だったにもかかわらず、オランダは1940年にドイツに侵略され、ロッテルダムも徹底的な空襲を受けた。それでも、2年後にマーストンネルが完成した。9つある25メートルの区間は1つずつ陸上でつくられ、いったん水に浮かべてから、水路の底に掘った溝に埋められた。オランダ初の地下道路トンネルであり、この工法でつくられた初の沈埋方形トンネルでもあるマーストンネルは、今もロッテルダムの自動車、自転車、歩行者の交通網をつなぐ重要な役割を担っている。

1954年には、ニューウェ・マース川の地下にトラム用のトンネルをつくる案が浮上したが、財政的な制約により進展しなかった。1959年になって、それよりも現実的なメトロ方式のシステムが承認される。マーストンネル建設の成功を受け、ここでも同様の工法が採用された。陸上にある3カ所の広大な建設現場でトンネルの各区間を組み立て、コールシンゲル通りやベーナ通りなどの主要道に沿って走るコンクリートの溝に"沈める"という手法だ。地下水面の高さから、この土木事業は費用のかかる厄介なものになった。ロッテルダム・メトロ最初の路線

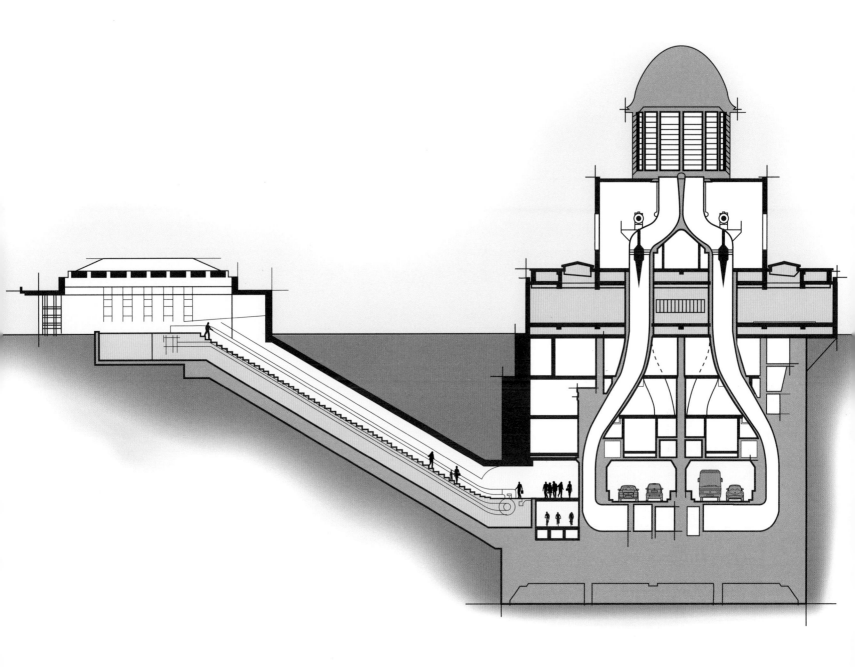

上　最も深いところで海面下20メートルほどになるマーストンネルは、第二次大戦中に開通した際、工学的な成功と称賛された。川の下を通るトンネルとしてはじめて自転車専用通路が設けられ、出入口には何と自転車専用エスカレーターまで設置されている。

である全長6キロの北南線は、ロッテルダム中央駅とザイドプライン駅の間で1968年に開通した。

　第2の路線の実現までにはもう少し時間がかかったが、1982年、コールハーベン駅とキャペルセブルフ駅を結ぶ東西線がようやく完成した。さらにいくつかの地下区間と地上路線が加わったメトロ網は、現在では5つの路線を走り、フック・ファン・ホランド、デ・アッケルス、デン・ハーグなどの都市を

直接つないでいる。駅の4分の1は地下にある。

　土木技術が進み、幅の広い水路に橋を架けられるようになって真っ先に提案されたのが、ニューウェ・マース川をまたぐ実にスタイリッシュな橋だ。1996年に建設された全長800メートルのエラスムス橋（「白鳥」の愛称を持つ）は、跳ね橋（可動式）でもありケーブル吊り橋でもある。橋を開くときには、重さ1000トンを超える巨大なおもりを路面下にある

左　オランダ初の地下鉄は完成に7年以上も費やしたのに、1968年の開通当時は世界最短クラスの地下鉄に甘んじた。あらゆるものが地下水面の下にあるこの国では、建設費がかなり割高になり、時間もかかった。写真は1961年に乾いた場所でつくられるトンネル区画を撮影したものだ。

下　ウィルヘルミナ広場駅はトンネル口に近いため、普通の駅ではあまりないことだが、ホームが緩やかに傾斜している

右　世界最大級の可動式構造物であるマースラントケリンク防潮堤。建設費は膨大だったが、当時世界最大の港を守るためには絶対に必要だった。この防潮堤は高潮が3メートルを超えると予想される場合にのみ閉じられる。幸運にも、1997年の完成以来、一度も閉鎖される状況は起こっていない。

コンクリートの空洞に落とす。すると、車道（トラムの線路も含まれる）が優美に宙に跳ね上がり、船がその下を通れるようになる。

## 地下に残るもの

ロッテルダムは、トラム（路面電車）の地下幽霊駅を持つという珍しい栄誉（かどうかは疑わしいが）に浴している。ロッテルダム・メトロの開業後、ほかの輸送機関はすべて再編され、ただ1つ、街の南部を走る伝統あるトラム路線だけが残された。交通量の多い路線だったため、1969年にフルーネ・ヒレダイクの地下にトンネルが掘られた。このトンネルにはランドウェフ駅もあったが、1996年に閉鎖され、使われなくなった骨組みが幽霊駅として残っている。

コールシンゲル通りにある市庁舎そばの旧郵便局の地下には、冷戦時代にPTT（オランダの郵便通信事業者）がつくった地下シェルターがある。1975年に完成したこのシェルターは、核兵器や化学兵器で攻撃された際に重要官庁の通信が途切れないようにするために、多額の費用をかけて建設された。NCOと呼ばれるこの手のシェルターのネットワークはオランダ全土にあり、非常時に備えて現在も維持されている。

## 荒波を防ぐ

オランダは海抜の低い土地が多く、北海の高潮による浸水が起きやすい。そのため、1997年に途方もない防潮堤がつくられた。マースラントケリンク防潮堤は、2つの巨大な半円形のゲート（それぞれ高さ22メートル、長さ210メートル）からなる。このゲートはニューウェ・ワーテルウェフ入口の両側に位置し、普段は陸上に鎮座している。高潮のときには、船舶用運河を横切るようにゲートが閉じ、ゲート内部の空洞に水が引き込まれ、川底に掘られた溝にゲートが沈み込む。これにより、高潮がロッテルダム中心部に達するのを防ぐというわけだ。大海原の圧力をうまく押しとどめるためには、史上最高の効率を備えた基礎と川底の溝を建設する必要があった。この防潮堤が使われることはめったにないが、テストは毎年行われ、実際に沿岸部を浸水から守ったこともある。とはいえ、気候変動の影響で、1980年代の設計当初の予想よりも頻繁に必要になるかもしれない。

## 時の階段

2014年、新たなランドマークとなる大規模な屋内型マーケット「マルクトハル」がオープンした。馬蹄形のユニークな施設は地上11階建てで、オフィスや住宅も入っている。市場や店舗は地上階にあるが、地面の下には地下4階にまたがる広大な駐車場がある。このマーケットは、地下に埋もれた14世紀の村の跡地につくられた。建設中には、現在の地面の最大7メートル下から多くの歴史的遺物が出土した。掘り出された遺物は、「デ・タイドトラップ」（時の階段）と呼ばれるマルクトハル内のミュージアムに展示されている。買いものを終えて駐車場に戻る来訪者は、階段を下りながら文字通り時をさかのぼることになる。

# アムステルダム [オランダ]

## 運河の下に潜むもの

100万人近い市域人口と200万人を超える都市圏人口を抱え、運河と海抜の低さで知られるオランダの首都アムステルダムにも、いくつかの驚くべき地下構造がある。最近まで、この地域に人が住みついたのは比較的新しい時代になってからだと考えられてきた。内陸にありながら（現在の海岸までの距離は30キロほど）、12世紀には小さな漁村だったアムステルダムは、14世紀はじめに都市としての地位を手に入れた。ところが、アムステルダム・メトロの建設にあたり、深さ30メートルまで地面を掘り進めたところ、新石器時代の道具や遺物（槌、斧、陶器）が発見された。つまり、1万4000年前にはすでにこの地に人が住んでいたということだ。

### 豊富な水

水を管理する必要に迫られていたオランダの人々は、何世紀にもわたってダムをつくり、水を囲い込み、橋をつくって――そして通行料を徴収して――きた。それとともに運河が自然と発展し、1500年代になる頃には、アムステルダムの築かれた細長い島のような陸地の両側にはすでに無数の濠や水路が存在していた。アムステルダムは交易ルートから利益を得ていたため、1600年代に大規模な運河拡張が提案され、中心部から放射状に広がる半円状の運河網がつくられた。現在でも、この運河は街の特色として残っている。

17世紀になり、世界初の国際貿易会社であるオランダ東インド会社（1602年設立）ができる頃には、アムステルダムは黄金時代に突入しようとしてい

た。人口は1660年頃に20万人に到達した。

旧市街の中心部と急速に発展していた北の郊外の間には、オランダ人の優れた治水技術をもってしても越えられない障壁が存在していた――アイ湾だ。アイ湾はもともと「湾」だったが、地形の絶えまない変化により、今では川のようになっている。この湾を渡るのは容易ではなかった。1950年代後半になって、自動車用の新しい海底トンネルの建設が始まった。1968年に開通した長さ1.7キロの道路のうち、地下部分は1キロあまりで、おもにアイ湾の地下を走っている。トンネル――陸上で沈埋函を建設し、水底を浚渫してつくった溝に埋めたもの――は最も深いところで海面下20.3メートルにもなる。

### 高速輸送をめざして

大都市の例に漏れず、アムステルダムも高速輸送システムの野望を抱き、1920年代には地下鉄案が議論された。だが、街の大部分が水浸しの土に打ち込んだ木杭の上に立っていることから、その後の数十年にわたり、地下鉄システムは技術的に不可能と見られていた。1960年代後半になってようやく、4路線からなるメトロ網が承認される。工事は1970年に始まり、7年後に最初の路線が開通した。この路線は中央駅から3キロが地下区間で、アムステル駅で地上に出たあとは地上を走って郊外へ向かう。

壮大な計画をよそに、予算超過とニューマルクト地区の破壊に反対する抗議活動により、残りの3路線の建設は中止された。だが、ウェースペル広場駅の地下には、計画にあった東西を結ぶ路線用の乗り

換え駅がすでにつくられていた。この地下駅は、のちに冷戦中の核シェルターとして転用されたものの、一般市民に開放されたことは一度もなく、アムステルダムの秘密の地下空間の1つとして残されている。ただし、シェルター用の設備はすでに取り払われ、現在はがらんとした空洞になっている。

　市民の抗議で計画が中止になっても、そしてその抗議がどれほど善意に満ちていても、計画のそもそもの必要性が消えてなくなるわけではない。結局、アムステルダムの慢性的な交通渋滞により、都市計画当局は行動を迫られることになった。1996年、街の北と南を結ぶ新トンネルの建設案が再び浮上。翌年の住民投票では反対が上回ったが、結果に拘束力がなかったため、1997年から2002年にかけてボーリング調査が行われた。その結果、建設予定地の地盤が恐ろしく厄介で、歴史的地区の地下に4キロのトンネルを安全に掘るためには、多額の費用がかかる土壌注入テクニックが必要とされることが分かった。

　運河や壊れやすい歴史的建築物の地下を走る北南線は、地面から少なくとも20メートル下につくらなければならなかった。工事は2003年に始まり、全長9.2キロの新路線が2011年までに完成する予定だ

った。だが、その見積もりは甘かったことが明らかになる。8回にわたる開業延期を経て、現在「メトロ52号線」と呼ばれる新路線は、2018年7月にようやく全線で開通した。市内の移動時間を短縮するこの地下鉄により、水の都に見事な地下空間がもたらされた。

## 地下の驚き

　アムステルダムでは、どんな建物でも地下室は必然的に地下水面すれすれになり、場合によっては下回ることもある。にもかかわらず、この街にも地下室は存在する。ダム広場のニューウェ・ケルク（新教会）のかたわらには有名な地下ワインセラーがあり、多くの南アメリカ産ワインが保存されている。ここに入るには、「メリーズ・クッキー・バー」から螺旋階段を下りる。

　フォンデル公園にある橋の控え壁には、フォンデルブンケルへの入口がある。これは冷戦時代につくられた多くの防空壕の1つだ。非常時には約2600人が避難できる広さだった。現在はコミュニティセンターとして使われているほか、ブンケルビールという似合いの名を持つ地ビール醸造所も入っている。

**上**　長いこと完成が待たれていた北南線（メトロ52号線として開業）にはさまざまな素晴らしいデザインが見られるが、特に印象的なのは、ベンサム・クロウェル設計事務所が設計した中央駅のボックスとプラットフォームだ。「地上を走る運河や道に合わせて」デザインし、地上の都市との調和を目指したという。

深度（メートル）

- 0 ── 運河（平均）

- -10 ── アルバート・カイプ駐車場

- ── アムステルダム中央駅
（メトロ51、52、53、54号線）

- -20 ── アイ・トンネル

- ── デ・ペイプ駅
（52号線、最も深いメトロ駅）

- -30 ── 地下鉄トンネル（最深部）

- -40

- -50

- -60

- -70

- -80

- -90

- -100

## アルバート・カイプ駐車場と
## ウェースペル広場駅

海抜より低いぬかるむ泥沼地に水密構造物を建設するのは土木技術的に困難が伴い、普通なら二の足を踏む。だが、決意と新しい技術があればできることをオランダ人は実証した。地下水面が広がっているにもかかわらず、さまざまな地下施設、最大地下10メートルになるアルバート・カイプ駐車場、アイ・トンネル、ウェースペル広場駅が入る広大なコンクリートボックスが横たわっている。1977年に開業したウェースペル広場駅のプラットフォームは、広大な地下空洞の上に乗っている。この空洞は元々核爆弾に耐えられるシェルターとしてつくられたが、幸いなことにその目的で使われることはなかった。

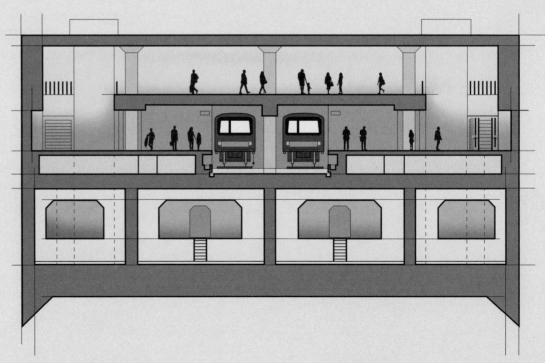

### アルバート・カイプ駐車場と
### ウェースペル広場駅

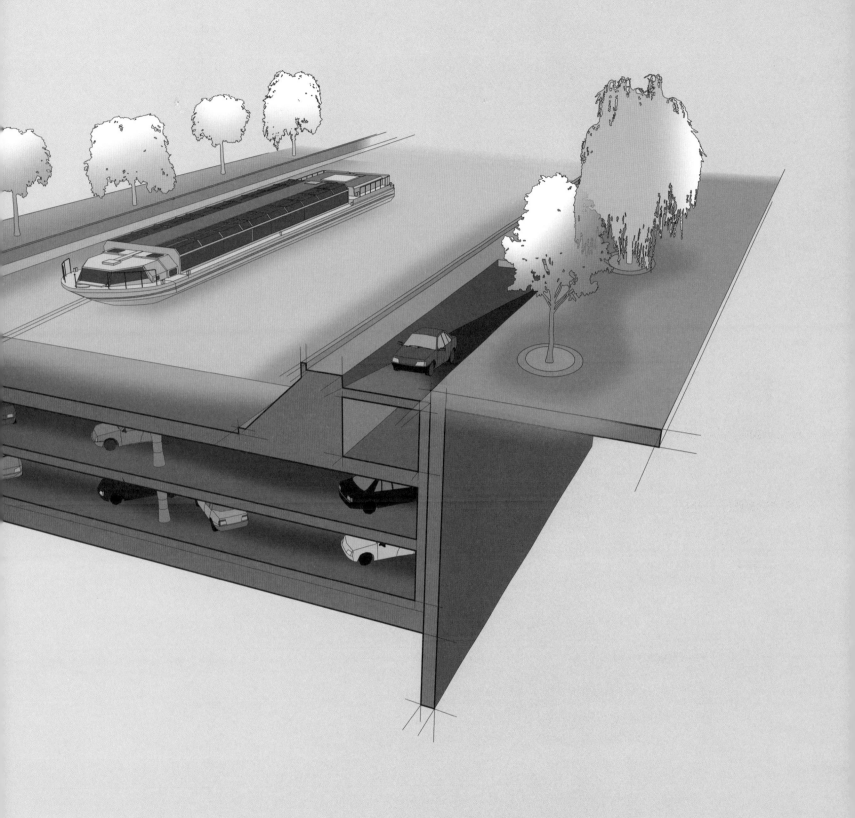

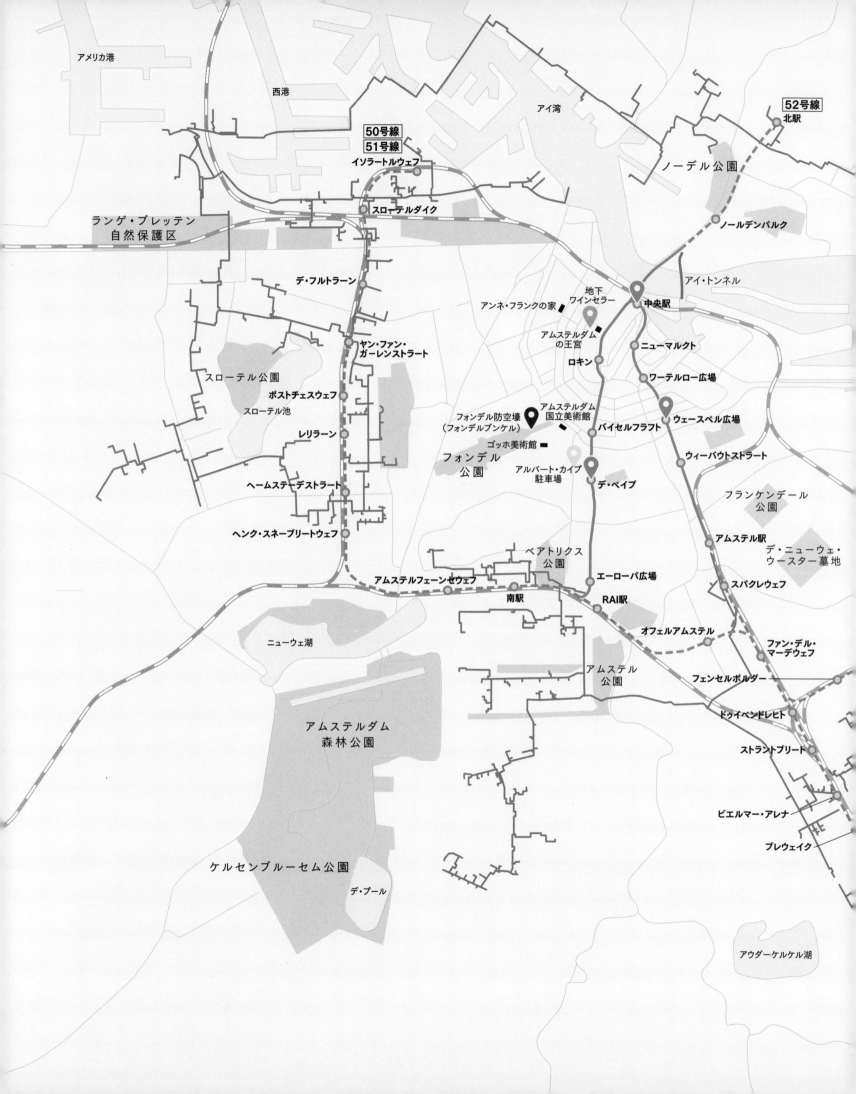

アメリカ港

西港

アイ湾

ノーデル公園

**52号線**
北駅

**50号線**
**51号線**
イソラートルウェフ

スローテルダイク

ランゲ・ブレッテン
自然保護区

ノールデンパルク

アイ・トンネル

デ・フルトラーン

地下
ワインセラー
アンネ・フランクの家
アムステルダム
の王宮
中央駅

ニューマルクト
ロキン

ヤン・ファン・
ガーレンストラート

スローテル公園

ポストチェスウェフ

スローテル池

レリラーン

ワーテルロー広場

フォンデル防空壕
（フォンデルブンケル）
アムステルダム
国立美術館
ゴッホ美術館

バイセルフラフト

ウェースペル広場

ウィーバウトストラート

フォンデル
公園

アルバート・カイプ
駐車場
デ・ペイプ

フランケンデール
公園

ヘームステーデストラート

アムステル駅
デ・ニューウェ・
ウースター墓地

ヘンク・スネープリートウェフ

ベアトリクス
公園

エーローパ広場

スパクレウェフ

アムステルフェーンセウェフ

南駅

RAI駅

オフェルアムステル

ファン・デル・
マーデウェフ

ニューウェ湖

アムステル
公園

フェンセルポルダー

ドゥイベンドレヒト

アムステルダム
森林公園

ストラントブリート

ケルセンブルーセム公園

ビエルマー・アレナ

デ・プール

ブレウェイク

アウダーケルケル湖

メトロ路線──地上/地下
道路トンネル
暖房用ヒートパイプ
地上路線

地下駐車場
核シェルター
地下ワインバー
本文に登場する駅

0 　　 キロ 　　 2
0 　 マイル 　 1

バイテン゠アイ

ア　イ　湖

ディエメン南
フェライン・ストゥアルトウェフ
ガンゼンフフ
クラーイェネスト
ハースパープラス
**53号線**
ハースペル公園
ハースペル湖
**50号線**
**54号線**
ホーレンドレヒト
ヘイン
ライゲルスボス

# マルセイユ［フランス］

## 地下鉄が生んだビーチ

地中海沿岸に位置し、フランス第2の都市の座をリヨンと争うマルセイユは、90万人近くが暮らすコンパクトな大都市で、都市圏人口は150万人にのぼる。紀元前600年頃に古代ギリシャの植民地として開かれたこの街は、ローマとも深いつながりを持ち、北アフリカとの貿易港として重要な地位にあった。19世紀の幕開けまでに、街の人口は10万人に達していた。

### マルセイユ・ローヌ運河

1879年、マルセイユの商工会議所が大河ローヌ川とマルセイユの港を直接つなぐ計画を打ち出し、1906年に準備段階の工事が始まった。最大の難関は、広大なベール湖から街の北西までの区間だった。マルセイユ16区にあるエスタック近くまで運河を引き入れるためには、ネルス山塊からリヨン湾のコート・ブルーまでの硬い岩を通り抜ける必要がある。だが、それが実現すれば、運河を通ってきた船が簡単に埠頭に出られるようになるはずだった。

解決策となったのが、世界最長の運河トンネルだ──その称号は、今も保持されている。ローブ・トンネルは長さ7.1キロ、幅22メートル、高さ11.4メートルの運河トンネルだ。このトンネルは1916年には完成していたが、全長81キロのマルセイユ・ローヌ運河が全面的に開通してアルルとマルセイユがつながるまでには、さらに10年近くを要した。この運河の途中には、多くの水路があることから「プロバンス地方のベネチア」と呼ばれるマルティ

ーグもある。マルセイユ・ローヌ運河は貨物輸送という点ではかなりの近道になったが、すでに貨物の多くが鉄道輸送に切り替えられていたため、本領を発揮することはついになかった。1963年にローブ・トンネルの一部が崩壊したことで、運河全体が閉鎖された。

### メトロまでの歩み

かつてのマルセイユには、広範囲にわたって街路を走るトラム網があった。このトラムは1876年に開業し、1899年に電化された。最盛期には、430を超える車両が71路線を走っていた。1943年、市中心部を貫く新しい2本の新トンネル内に交通量の多い一部の路線を移す計画が浮上したが、地元の政治家たちが交通手段として自動車を支持したため、1960年までにトラムは廃止された。だが、1本だけ残された路線がある。1893年に開業した68系統だ。この路線は地下のノワイユ駅を始点にしているが、駅から600メートルほどで地上に出て、2.5キロほど走ってサン・ピエールの終点に到着する。

この昔からの生き残りは、現代的なライトレール式のトラムが計画された際にシステムに組み込まれることになった。68系統は2003年12月に改修のため閉鎖され、新しいトラム1号線に吸収された。トラム1号線はおもに地上を走り、新しい終点はレ・カイヨルに置かれている。その後、地上を走る別の2路線もトラム網に加わった。

1918年、マルセイユの電力会社が全線地下の輪

上 中央に見えるのがラ・トゥーレット遊歩道とボードアイエ通りの近くにあるビュー・ポール・トンネルの入口、その右奥には1660年から旧港を守ってきたサン・ジャン要塞がそびえる。

送システムを提案したが、この初期の案はまったく進展しなかった。1940年代にも、3度にわたって地下鉄計画が却下された。うち1つはサン・シャルル駅を経由してジョリエットとシャルトルーを結ぶ案で、もう1つの案（モネ計画）では3本の地下トラム路線が提案されていた。

　深刻な問題になりつつあったマルセイユの交通渋滞に押され、もっと完成度の高いメトロ案が真剣に検討され始めたのは、1964年になってからのことだ。最も混雑するバス路線に代わる案を検討するためにマルセイユ交通公団が調査を実施し、10の駅を結ぶ7.4キロのルートが提案された。当初の案では、サン・シャルル駅を経由してプラドとシャルトルーを結ぶことになっていた。2年後、この案が微調整され、26の駅を結ぶ長さ25キロの2路線の地下鉄網となった。1号線（ブルー線と呼ばれる）はラ・ブランキャードからラ・ローズまで、2号線（レッド線）はアランからマザルグまでを走る。この計画は1969年に承認されたが、国は出資を拒み、その代わりにマルセイユとリヨンの両都市を結ぶ最善の方法を探る調査を組織した。

　この遅れに地元の人々は腹を立てたが、最終的に資金が手に入り、1973年に工事がスタートした。総延長は21.8キロに修正され、地下を走るのはそのうちの18キロだけとなった。また、パリで開発されたフランス式ゴムタイヤ（プヌ）システムが採用された。1977年、ついに最初の区間が開業し、10年ほど経って2号線が開通した。

　地下鉄建設の意外な副産物として生まれたのがビーチだ。地中海沿岸のほぼ60キロを占めているにもかかわらず、マルセイユにはビーチと言えるビーチがなかった。そこで、メトロ1号線の掘削工事で出た土を使って海を埋め立て、1975年にプラド海浜公園がつくられた。

## 道路トンネル

　マルセイユ周辺は山がちの地形だ。そのため、20世紀の道路網拡大に伴い、道路の一部をトンネル化する必要が生じた。1964年、長さ600メートルのビュー・ポール・トンネルの建設が始まり、1967年に開通した。それよりもはるかに長い（2.4キロ）プラド・カレナージュ・トンネルは1993年に完成した。そのほかにも、マルセイユにはルイ・レージュ・トンネル（300メートル、2007年開通）やプラド・シュド・トンネル（1.5キロ、2013年開通）などがある。

# ミラノ [イタリア]

## 地下室と芸術作品

　世界に冠たるデザインの都、ミラノ。市域人口は130万人ほどで、都市圏には300万人から500万人が暮らしている。北イタリアのこのあたりには3000年近く前から絶えず人が住んでいた。そのためミラノは、幾世紀もの間に積み重なった多様で魅惑的な地下構造物を誇っている。

　ミラノの歴史的な起源は、ケルト人がこの地域に住みついた紀元前600年頃にさかのぼる。この街は紀元前222年に古代ローマに征服され、286年に西ローマ帝国の首都になった。ローマ時代の遺跡は今も数多く残っている。その頃から中世末まで続く波瀾万丈の包囲と争いの歴史は、ミラノの支配者と市民に息つくひまを与えず、16世紀にはとうとう街が城壁で囲まれた。現在の北イタリアの大部分はスペインかオーストリアの支配下に置かれていたが、1848年に各地で反乱が起き、この地域はサルディーニャ王国と手を結んだ。その後の1861年にイタリアが統一されると、ミラノは産業発展とヨーロッパの他都市との鉄道接続により北イタリアの覇権を確たるものにした。

### 歴史的な遺跡

　ミラノの中心に位置するドゥオーモ広場の地下およそ4メートルには、4世紀につくられたサン・ジョバンニ・アッレ・フォンティ洗礼堂がある。今に知られる最古の八角形の泉があるこの洗礼堂は、ミラノのメトロ網（メトロポリターナ・ディ・ミラノ）を建設していた1960年代に発掘された。ミッソーリ広場にあるサン・ジョバンニ・イン・コンカの遺跡の地下にも、ローマ時代の聖堂の地下祭室が現存している。この地下祭室は、そのときどきに応じて霊廟にも倉庫にもなった。ミラノのランドマークとして名高いスフォルツァ城の地下には無数の通路がある。中でも長い通路が「ラ・ストラダ・コペルタ・デラ・ギルランダ（ギルランダの地下道）」だ。これは包囲の際の逃げ道として掘られたと考えられていたが、濠に水を直接引き込むためのものと判明した。サン・マルコ教会につながる別のトンネルは、レオナルド・ダ・ビンチがこの城で仕事をしていた16世紀はじめにできたと見られている。この城のトンネルの一部は、第二次大戦中に防空壕として使われた可能性もある。そのほかにも、ミラノの地下には防空壕用の多くのトンネルが掘られた。そのうち少なくとも20のトンネルで修復作業が進められている。

### ミラノのトラム

　馬が引くトラムがミラノの街路に登場したのは1876年のこと。このトラムは、ミラノと近郊都市のモンツァを結ぶルートを走っていた。わずか2年後には蒸気式トラムが続き、1881年以降、ドゥオーモ広場から本格的な市内交通網が広がっていった。1892年、エディソン社が一部のトラム路線の電化に取りかかり、1910年には路線に番号をつけるようになる（1号線から30号線）。7年後、ミラノ中心部を走るすべてのローカルトラム路線が市当局の管理下に入った。1930年代には、数百台のシリーズ1500車両が購入され、車体がシンボルカラーの黄色に塗られた。ミラノとさらに離れた都市を結ぶいくつかの「都市間」路線もあった（まず1882年にリンビアーテが結ばれ、すぐにデージオも続いた）。どちらのシステムも1939年頃に最盛期を迎えた。

　1953年の都市基本計画では、トラムの全廃と地下鉄網（もともとは第二次大戦前に議論されていた）の着工が持ち上がった。だが、トロリーバスが登場したにもかかわらず、ミラノはほかの多くの都市とは違ってトラムを手放さなかった。トラムの多くは今も街を走っているが、現在のシステムは総延長182キロほどで、17本の市内路線と1本の都市間路線で構成されている。かつてのトラム駅が地下スパに改造された例もある。ポルタ・ロマーナ駅の煉瓦アーチのそばにあるQCテルメミラノは、昔の線路の下に位置している。

## メトロポリターナ・ディ・ミラノ

　ミラノの大量輸送構想の歴史をたどっていくと、1857年まで行きつく。この年、土木技師のカルロ・

ミラが急進的なアイデアを打ち出し、マルテザーナ運河の水を抜いて底を低くし、屋根をつけて内部に線路を敷き、馬で引いたトラムを走らせる案を提唱した。1905年には、技師のバルダッサーレ・ボリオーリが基幹鉄道構想を打ち出す。こちらの案は、市中心部を始点とする約9キロの環状線を配し、ドゥオーモ広場から放射状に広がる地下鉄路線を8つの中継駅でつなぐというものだった。同じ年、カルロ・カスティリオーニとレオポルド・カンディアーニが、ポルタ・ビットリアとポルタ・マジェンタを結ぶ地下鉄路線を提案した（こちらもドゥオーモ広場を経由する）。

　市がさらなる案を募集した1912年には、3つの強力な構想が浮上する。建築家のカルロ・ブロッジは、サン・クリストフォロとロレートを結ぶ路線を提案。

**上**　サン・ジョバンニ・イン・コンカのバシリカの歴史は4世紀までさかのぼるが、11世紀、13世紀、19世紀に建て直され、1949年に一部が取り壊された。しかし地下室は手つかずのまま残され、今ではミラノで唯一現存するロマネスク様式の地下建築物となっている。地表にある建物正面が一部修復され、ここを通ってサン・ジョバンニ・イン・コンカの地下聖堂へ入ることができる。

土木技師のフランコ・ミノリーニは、最も利用客の多いトラム路線を街路の地下に埋める構想を唱えた。そして、電気技師のエバリスト・ステフィーニは、ミラノとモンツァを結ぶ地下鉄路線を主張した。だが、エディソン、AEG、イタリアとフランスのコンソーシアムなどの強力な請負業者の支援を受けていたにもかかわらず、市議会は1年もしないうちに、3つの案はどれも街のニーズにそぐわないと判断する。市議会が唯一支持したのは、ドゥオーモ広場を経由して2つの基幹駅（中央駅と北駅）を結ぶ路線だった。

第一次大戦の勃発により議論は一時中断したが、エディソン社は1923年に再び地下鉄建設計画を練り、トラムの管理権を取り戻すのと引き換えに市議会の望み通りの路線を建設すると申し出る。市議会はこれを拒否したが、その代わりに1933年の地域計画に地下鉄構想を盛り込み、1938年までに7本の地下鉄路線からなる大規模ネットワークが計画された。数年後には5路線に縮小されたが、またもや戦争により進展が止まることになった。

1952年、市議会は4路線の事業計画を承認し、1957年にとうとう最初の地下鉄路線の工事が始まった。それから7年の歳月を経てようやく、ドゥオーモ駅を経由してロット駅とセスト・マレッリ駅を結ぶメトロポリターナ・ディ・ミラノ（ミラノ地下鉄）の最初の区間を列車が走り抜けた。ジェッサーテへ至る旧都市間トラム路線の一部を引き継いだ第2の路線は1969年に完成したが、第3の路線の実現までには長い時間がかかり、1990年になるまで開通しなかった。5号線は2013年に完成したが、4号線はまだ建設中だ。現在では、総延長97キロの路線が106の駅を結び、そのほとんどが地下にある。

地下鉄の定着に伴い、主要近郊鉄道の一部もトンネルを走らせる計画が浮上する。この計画の狙いは、「パッサンテ」と呼ばれる新しい地下鉄乗り入れ近郊線により、北と西の通勤路線を南と東の路線につなぐことにあった。メトロM1線（ポルタ・ベネチア駅）、M2線（ガリバルディ駅）、M3線（レプブリカ駅）の接続も改良された。パッサンテ鉄道の最初の区間は、ミラノ・ノルド・ボビーザ駅とポルタ・ベネチ

上　利用客の多いミラノ通行線（パッサンテ）の駅のプラットフォームをつなぐコンコース。このような地下区間はあるものの、ミラノ通行線は郊外鉄道に近い。しかし、1997年に開業してから2008年まで全線開通できなかった。

右上　オベルダン広場の地下にかつてあった複合浴場施設で最後まで営業していた床屋「アルベルゴ・ディウルノ・ベネチア」の跡。現在はほかの店とともに修復・保存プロジェクトが進行中で、まもなく訪問者に開放されるだろう。

右下　ミラノで最も過激な芸術家の1人、ビアンコショックは、ミラノのような都市の家賃がべらぼうに高いことを訴える作品の一環として、排水路の中に狭苦しい小部屋をこしらえた。

ア駅間で開通。以来、この鉄道はミラノの基幹線と通勤電車の中核をなす地下路線になっている。

## 文化の天性

　ミラノで生まれた最も奇妙な地下空間は、コンセプチュアル・アーティストのビアンコショックの作品群だ。貧困の中で生きる人々（ブカレストの下水道やミラノの窮屈なアパートの住人たち）に世間の目を向ける取り組みに力を注ぐビアンコショックは、使われなくなった排水溝に家財道具を並べた「部屋」をつくっている。

　これまでに3つのソーシャルアート作品が制作され、街中にある使われていないマンホールの蓋の下にキッチンやシャワールームが出現した。

　オベルダン広場の地下には昔の公営浴場が残っている。1926年にオープンしたこの浴場は広さが1200平方メートルほどあり、そこには床屋やマニキュア店のみならず、不思議なことに写真館や旅行代理店も入っていた。最初のメトロ建設に伴って一部閉鎖され、2006年に最後の入居者（床屋）も去ったが、現在はかつての輝きを取り戻すべく修復工事が行われている。

# オスロ［ノルウェー］

## 紆余曲折のトンネル開通

　ノルウェー西岸のフィヨルドに面したオスロは、古代スカンジナビアの遺産に満ちた街。市域人口は70万人弱で、都市圏には100万人ほどが暮らす。オスロは2000年に千年祭を祝ったが、ノルウェー王ハーラル・ハードラダがオスロフィヨルドの北端にアンスロの街を開いたのは、おそらく11世紀半ばになってからのことだ。ホーコン5世がこの地に移った1300年代はじめに首都になったが、デンマークの支配下に入った1世紀後にその地位を失った。

　この街は短期間のうちに14回もの大火に見舞われ、1624年には建都当初の木造の街並みはほとんど残っていなかった。クリスチャニアと名を変えて別の場所（現在のクバドラテューレンと呼ばれる地区）に移転してからは、格子状の市街配置と頑丈な建物により安全性が高められた。1811年に大学が設立され、その3年後、クリスチャニアは独立したばかりのノルウェー王国の首都になる。首都の地位は国の重要な建物や金融機関を引き寄せ、街は北のエリアに広がった。産業化が進み、人口も大きく増加した1854年には鉄道が到来。街の名は1925年にオスロに変わった。

### オスロの鉄道網

　1898年、街の西側のベッセルドとマヨルストゥエンを結ぶ6.2キロのライトレール路線（ホルメンコーレン線）が開通する。このマヨルストゥエンのターミナルから市中心部までは、当時はまだトラムで行き来しなければならなかった。1921年、マヨルストゥエンと東に2キロほど離れた中心部に近いカール・ヨハン通りをつなぐトンネルの建設が始まる。だが、バルキリエ広場近くで起きた大規模な崩落事故により工事が長期中断し、その間、オスロの議会では終点となる駅の新たな候補地が検討された。

　同じ頃、議会は街全域を走るライトレール網の設計コンペを開催。1918年に発表された最優秀案は、新しい「トリッケン（トラム）」により、マヨルストゥエン駅と当時すでに建設が進んでいたトラム路線のリラケル線（1919年開通）を地上でつなぐというものだった。この案では、マヨルストゥエンからストルトルベットまで、市中心部の地下を抜けるトンネルをつくり、そこから先は地上へ出て、東のバテルランドまでを高架で結ぶことになっていた。ストルトルベットから北に向かう支線はヒェルソース駅で郊外環状線とつながる構想だった。

　この計画は実現しなかったが、コンペで出た数々の案をきっかけに、議会はホルメンコーレン線のトンネルに目を向けるようになる。そして1926年、国立劇場近くのスチュデンテルンデン公園に暫定的に置かれた終点とマヨルストゥエン駅を結ぶ300メートルの地下区間の工事がようやく始まった。

　2年後、マヨルストゥエン駅とナショナルテアートレ駅を結ぶトンネル全線が開通し（経由地のバルキリエ広場には、崩落でできた空洞に予定外の駅が建設された）、北欧初の地下鉄開業ともてはやされた。この地下区間は全長1.6キロしかなかったが、オスロの将来の大量輸送計画で重要な役割を担うことになる。

　1950年代には、オスロと近隣の街をつなぐ都市拡張の一環として、4つの支線のある大量輸送システムが計画される。1966年、トイエン駅からグロンランド駅を経由してオスロ東駅隣のヤーンバーネトルゲ駅までを結ぶ新しいトンネルが建設された。こ

の新トンネルは、いずれ先行する地下区間とナショナルテアートレ駅でつながるのを見越してつくられていた。既存のトラム2路線はメトロ仕様にアップグレードされて新トンネルを走れるようになったが、その結果、街の反対側を走るトラム路線とは技術仕様が異なる事態になった。この新トンネルがヤーンバーネトルゲ駅の先まで延びてセントルムの新駅に至るまでには、10年以上の歳月を要した。

1983年、浸水によりセントルム駅が閉鎖を余儀なくされる。4年に及ぶ改修を経て、トールティンゲ駅と改名して再開したこの駅は、東西から市中心部に乗り入れるメトロ路線の新たなターミナル駅として機能するようになる。1993年までには、街の両側から来た列車が地下をまっすぐ通り抜けられるようになり、現在の「フェレストゥンネレン（共通トンネル）」ができ上がった。全長7.3キロのこのトンネルは、今ではオスロ・メトロの背骨となり、6路線すべてが走っている。

完成までに長い時間がかかったこの新しいメトロ網は、「トンネルバーネ（Tバーネ）」と命名された。2006年にはリング線が開通し、現在では総延長85キロの路線が101駅（うち17駅は地下）を結んでい

る。人口という点では比較的小規模なオスロが誇る、世界屈指の大規模な大量輸送システムだ。

最初にできたホルメンコーレン線は延伸され、現在では11.4キロになっているが、バルキリエ広場駅は1985年に閉鎖された。街の西側を走る路線をメトロ仕様にするにはホームを拡張して長い列車を停められるようにする必要があったが、バルキリエ広場駅ではその工事が困難で危険を伴うことが分かったからだ。この駅は今、オスロ唯一の幽霊駅になっている。使われなくなったプラットフォームは、通過する列車から暗闇の中に今も見ることができる。映画の撮影に使われることもある。

幹線鉄道もオスロの地下トンネルを走っている。1953年、ノルドストランド地区（市中心部の南にある臨界地区）で大規模な地滑りが起き、エストフォル線（1879年開業）が塞がれた。この鉄道の復旧は周辺の道路拡張計画（モッセバイン）に組み込まれ、1958年に578メートルのトンネルが建設されることになった。

ノルウェーに最初の鉄道ができたのは19世紀半ばのことだった。そのため、民間の鉄道路線の駅は街の端のほうにつくられていた。だが、それでは20

上　ナショナルテアートレ（国立劇場）の連絡通路はTバーネと幹線鉄道の駅を結ぶもので、1995年に、3年後のエアポートエクスプレスの運行開始に向けた駅改良プロジェクトの一環として建設された。写真はその一部で、設計コンペで選ばれたLPO建設設計のデザインコンセプトは「限りなくシンプル」だった。

139

世紀のニーズはもはや満たせないことから、遠く離れたターミナル駅を1つにつなぐ構想が描かれるようになる。1938年、幹線鉄道会社がオスロ東（オスロØ）駅とオスロ西（オスロV）駅を結ぶトンネルを提案。だが、工事の難しい区間を克服するための費用がネックになり、この案はその後30年にわたり承認されず、3.6キロのトンネルがようやく開通したのは1980年になってからのことだった。

開通当初のナショナルテアートレ駅（Tバーネの同名駅の真下に位置している）は2009年に多額の費用をかけて拡張され、ホームが増設された。この駅から伸びる美しいデザインの連絡通路は、木目調コンクリートとあざやかな色のステンレススチール板で彩られている。

## オペラ・トンネル・システム

オスロには、相互接続する高速道路とトンネルからなる見事な複合システムがある。このシステムは、まとめてオペラ・トンネルと呼ばれている。1990年から段階的に建設され、オスロ西のフィリップスタッドから東のライエンまでがつながっている。現在

のトンネルの総延長はおよそ6キロ。片道3車線で、多くの接続ポイントが設けられている。1日10万台ほどの車がオスロ中心部の地下を自由に通り抜けられるようになったおかげで、市庁舎前広場を取り巻く街路の排ガス汚染が大幅に軽減された。

最初にできた区間は1.8キロのフェストニン・トンネルで、1990年に開通した。続いて1995年にはエーケベルグ・トンネルが、2000年にはスバルトダーレン・トンネルが開通。最近では、2010年に1.1キロ（うち675メートルは海底）のビョルビカ・トンネルがシステムに加わった。高速道路E18号線とも呼ばれるオペラ・トンネル・システムのおかげで、どの方角からでも臨海地区にアクセスしやすくなっている。

そのほか、オペラ・トンネル・システムにつながっていない2つの地下自動車道もある。1つはウラーン教会からムスタッドまで伸びるグランフォス・トンネル（1.5キロ）、もう1つはムスタッドとリーサークレを結ぶトンネル（500メートル）だ。どちらも1992年に開通した。

**右** 2本に分れたグランフォス・トンネルの最南端の入口。

**下** 高速道路E18号線の中で最も重要かつ高価な接続道路の1つが、オスロ中心部にある全長1100メートルのビョルビカ沈埋メガネトンネルだ。2010年に開通したこのトンネルは、両方向とも3車線あり、海中（オスロフィヨルドのビョルビカ入江）に沈んでいる区間が半分を超える。エーケベルグ・トンネルおよびモッセベイエン道路とアケルシュス要塞を結び、市内の環状道路とオペラ・トンネル・ネットワーク（フィリプスタードとリエンの間の相互接続トンネル）を形成する。

# ローマ [イタリア]

## 屋根が基礎になる街

市域に280万人、周辺を含めた都市圏にさらに200万人が暮らすローマは、イタリアの西海岸から30キロほど内陸にある。この街のユニークな特徴は、別の国——バチカン市国——をぐるりと取り囲んでいることだ。ローマの北西部に位置する世界最小の国バチカンはれっきとした独立国家だが、人口は1000人に満たない。

### 古代の歴史

考古学的な証拠によれば、1万4000年前頃にはテベレ川の河畔に人類が住んでいたようだが、古代ローマは2800年前頃のパラティーノの丘に端を発している。まもなく、近くにある6つの丘の上にもそれぞれ集落ができた。以来、途切れなく人が住み続けているローマは、ヨーロッパの首都でも屈指の歴史の長さを誇っている。

王政ローマは紀元前753年に建国され、250年ほど続いた。その後、共和制になったローマは侵略と領地拡大をさかんに繰り広げ、やがてヨーロッパの大部分とアジアの一部を支配下に収める大ローマ帝国が生まれる。キリスト誕生の頃には、人口はおよそ100万人に増え、当時の世界で最も強大な都市国家になっていた。ユリウス・カエサルの養子アウグストゥス（初代ローマ皇帝）とその後継者たちにより、皇帝たちのフォルム、トラヤヌスの市場、チルコ・マッシモ、フォロ・ロマーノといった壮大な建造物が時間をかけて築かれていった。完成までに約10年を要したコロッセオがようやく使えるようになったのは、紀元80年のことだ。

476年に西ローマ帝国が滅亡すると、ローマの人口も減少し、栄華を誇った建造物の多くが廃墟になる。ローマは1400年頃のイタリア・ルネサンスの時代に復活し、国家として統一されたばかりのイタリアの首都となった1870年代以降にもさらなる復興を遂げた。

### クロアカ・マキシマ

ローマの丘を囲む低地の谷は実質的には海抜ゼロメートル以下だが、この事実は忘れられがちだ。ほとんどの谷では、水を抜き、人海戦術で粗石で埋め立て、地面を10メートルほど高くする工事が行われた。その機に乗じて、ローマの土木技師たちは水路をつくるスペースを確保し、ほどなくしてこの水路は下水道になる。堂々たる水道橋が近隣の高地や湖からきれいな水をローマに運んでいた一方で、初期の下水道の目的は、廃水処理よりもむしろ沼地の排水にあった。とはいえ、クロアカ・マキシマは明確な目的を持ってつくられた世界最初期の下水道だ。紀元前600年頃から建設が始まったクロアカ・マキシマは、もともとは開放水路だったが、ローマ最後の王タルクイニウス・スペルブスの治世の数十年で一部が暗渠化された。

水路につながるトイレや浴場の増加に伴い、クロアカ・マキシマの暗渠化も進んだ。当時の地図を見ると、ウェスパシアヌスのフォルムから南西に向かってかなりの距離を流れ、テベレ川の排水口までつながっていたことが分かる。この排水口は今も残っているが、現代の下水道システムでは、未処理の廃水が川に直接流れ込んだり逆流したりしないようになっている。

## 埋もれた都市

西ローマ帝国が滅亡した5世紀末以降、既存の建造物の大半が無人のまま捨て置かれた。新しい建物が必要になると、古い廃墟の上に建てられた。ほかの廃墟のまわりにある石材が使われることも多かった。事実上、廃墟が新しい建造物の基礎になったというわけだ。そこから生まれたのが、無数の地下室である。

同じプロセスは別の都市でも起きたが、ローマは特に顕著だった。その一因は、新しい建物の基礎になる廃墟があまりにも多かったことにある。かつての古代都市に何万もの集合住宅や2000近い宮殿があり、その大部分が崩壊して新しい建造物の下敷きになったことを思えば、古代ローマは文字通り自らの生き残りの下に埋もれていると言っても過言ではないだろう。数ある例の中でも簡単に訪問できるものが、12世紀に建造されたサン・クレメンテ教会の地下にある。この教会の地下1層目にある身廊には、4世紀に建てられたローマ最古級のキリスト教会である初代サン・クレメンテ教会のフレスコ画がうっすら残っている。1000年頃に、この地下室は

不安定と見なされて大量の粗石や瓦礫で埋められ、その上に新しいバシリカ聖堂が建てられた。それだけではない。さらに地下へ降りていくと、紀元100年頃に建てられたさらに古い時代の構造物にたどり着く。こちらはかつて個人宅の聖堂だったものだ。信じられないことに、この聖堂もさらに古い構造の上に建てられている。考古学者の調査では、この地下3層目は、6日にわたって燃え続けて街の3分の2を破壊したと伝えられる64年のローマ大火の頃のものとされている。皇帝ネロが指揮した火災後の再建時に、この3層目の上に新しい建物がつくられたと見られている。考古学者の推定によれば、そのさらに下では、4層目の水道管（今でも流路をそれた水が流れている）と厚い煉瓦壁が少なくとも5メートル下まで地中を貫いているという。同じようなパターンは、古代ローマの街が広がっていた全域でそこかしこに見られる。ローマを訪れる人たちは、まさに文字通り、幾重にも重なって蜂の巣よろしく穴だらけになった歴史の上を歩いているというわけだ。その足もとでは、大邸宅、浴場、競技場、道路を丸ごと収めた空間がひしめいている。

下　サン・クレメンテ教会の下には遺物が何層にも重なって眠っている。その1つがキリスト教徒以外の者が雄牛を生け贄に捧げた2世紀のミスラ神殿だ。

深度（メートル）

0 ―

クロアカ・マキシマ
サン・ピエトロ大聖堂地下の
共同墓地（ネクロポリス）

-10 ―
アンバ・アラダム駅下の
古代ローマ兵舎

ドムス・アウレア（黄金宮殿）
コロッセオの地下室

聖ドミティッラのカタコンベ

-20 ―
ベネチア広場下のムッソリーニ防空壕

-30 ―
サン・ジョバンニ駅
（A線、C線／メトロの深い駅）

-40 ―

-50 ―

-60 ―

-70 ―

-80 ―

-90 ―

-100 ―

**上** コロッセオの闘技場の大きな特徴と言えば、砂
を敷き詰めた木製の床（83メートル×48メートル）
だ。この床は何百本もの柱を支えに浮いていて、そ
の下にヒュポゲウム（ラテン語で「地下」の意味）と
呼ばれる迷宮のような2層構造の空間があった。凝
った見世物、剣闘士、奴隷、動物たちを舞台まで持
ち上げる装置はすべてここに設けられていた。催し
には剣闘士や動物が登場したが、それはヒュポゲウ
ムから剣闘士の兵舎、牢屋、動物の厩舎まで続くト
ンネルがいくつも掘られていたからである。

## コロッセオとドムス・アウレア（黄金宮殿）

「巨像」を意味するコロッセオはその名の通りの代物だった。古代ローマ人の生活の中心となったコロッセオは縦横189メートル×156メートルの楕円形をした、8万人の観客を収容できる世界最大の自立型円形闘技場で、約10年の建設期間を経て紀元80年頃に完成した。闘技場と言われるが、催されたのは剣闘士の戦いだけでない。模擬戦、演劇、動物のけしかけ/追いこみなど壮大なスケールの見世物が行われた（紀元80年か81年のこけら落としの催しでは9000頭が屠殺された）。コロッセオの客席の配置とその下に広がる内部構造の設計はよく考えられており、その甲斐あって6世紀まで娯楽の殿堂として人気を博した。

ドムス・アウレアはかつてネロ皇帝の広大な宮殿と敷地があった場所で、地下にはローマ人がコンクリートを使っていたことを示す実例が残っている。八角形の中庭のまわりに食堂が設けられ、その上にかかる巨大なドームは中央にオカルスが開けられ、そこから中に日光が差し込むようになっていた。

下　ドムス・アウレアの下層部に
光が差し込む様子を描いた想像図。

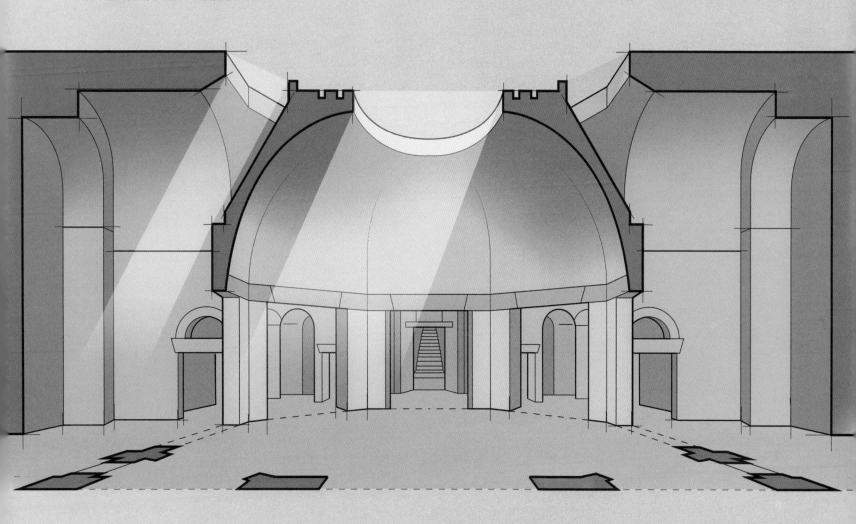

## 死者の街

　ネロによる再建の名残は、エスクィリーノの丘の地下にも
眠っている。この丘の東端には、在りし日には絢爛豪華な大
宮殿だったに違いないドムス・アウレア（黄金宮殿）へと至
る貴重な階段が残っている。2019年には、堂々たる猛獣が描
かれた部屋が発見され、考古学者たちが「スフィンクスの間」
と命名した。ネロの死後、宮殿の一部はその上に建てられた
コロッセオに埋もれて消滅した。

　カンピドーリオの丘では、ローマ市庁舎（セナトリオ宮）が
大昔の宗教建築物の跡地にそびえている。その地下では、古
代の共同墓地があった証拠が見つかっている。テベレ川を挟
んだバチカン市国のサン・ピエトロ大聖堂の地下5メートル
を超える深みにも、さらに大規模な別の共同墓地がある。こ
ちらは1940年代になってようやく発見された。

　現在のバチカンがある丘の斜面の地下には、2世紀頃の共
同墓地も残っている。ここは使徒ペテロが囚われていたと伝
えられている場所だ。ペテロの墓所は守られてきたが、それ
以外の遺跡は埋められ、忘れ去られていた。何世紀もの間、
地中に埋もれていた霊廟の一部は、少なくとも長さ30メート
ルにわたって伸びている。ギリシャ文字が記されたものや、

1000回以上の葬儀が行われたことがうかがえるものも発見されている。近年ではさらなる墓地が発掘され、修復されて見学できるようになっている。

パリなどの長い歴史を持つ都市と同じく、ローマにも数々のカタコンベがある。最大のものはサン・カッリスト教会の地下にあり、20キロにも及ぶトンネルに初期のキリスト教徒たちの骨が納められている。16人のローマ教皇も眠っていることから、「小さなバチカン」の異名を持つ。もう1つの大規模な共同墓地、聖ドミティッラのカタコンベはセッテ・キエーゼ通り沿いの地下16メートルのところにあり、長さ15キロのトンネルが残っている。アルデアティーナ地区のサン・セバスティアーノ聖堂の地下にある古代の採石場の中にも、長さ12キロのカタコンベがある。そのほか、サンタニェーゼやサンタ・プリシラをはじめ、ローマ全域に30を超える小規模なカタコンベが点在している。

## ローマのメトロポリターナ

街の地下深くに隠れているものの豊かさを考えれば当然の話だが、ローマのメトロ網「メトロポリターナ」の開発にはかなりの時間がかかった。最初の路線が計画されたのは、ファシストの独裁者ムッソリーニが政権を握っていた1930年代のこと。この路線は、基幹線のテルミニ駅と1942年に開催が予定されていたローマ万博の会場を結ぶはずだった。工事は市中心部の南のエリアで1930年代後半に始まった。全長11キロのメトロ網の半分以上が地下を走る予定になっていたが、第二次大戦により万博とともに工事も中止される。このとき掘られたトンネルの一部は、戦時中に防空壕として使われていた。

メトロ計画が再開したのは1948年のことだ。その頃にはすでに、広大な万博開催予定地は、新たにできた郊外都市エウル（EUR、ローマ万国博覧会 Esposizione Universale Roma の頭文字をとった名称）に転用されていた。22駅を結ぶ全長18キロの最初の路線（のちにB線と命名）は1955年に完成。第2のメトロ路線（のちにA線と命名）は、1980年によふやく開通した。A線はバチカン国境の近くを走り、ほぼ全線が地下にある。1990年には短い支線（8キロのB1線、うち7キロは地下）が開通。旧ライトレール路線と市中心部の新トンネルを組み合わせたC線は2014年に開通した（19キロ、22駅）。

C線の建設は、見事な考古学的発見により、ことあるごとに中断された。古代ローマ時代のフォルムに隣接し、ベネチア広場に入口を設けるはずだった駅は、貴重な遺跡が発見されたため、駅全体を当初の予定地から数メートル移動させる必要に迫られ

た。オーディトリアと名づけられたその遺跡は、ローマ最初の大学と見られている。アンバ・アラダム駅の掘削工事では、長い兵舎が発見された。ほぼ当時の姿を保つ兵舎には40の部屋があり、一部の部屋には大きなモザイク画が無傷で残っていた。

あまりにも続々と遺物が発見されるせいで、ローマの博物館ではすべてを受け入れきれなくなっている。サン・ジョバンニ駅などのいくつかの駅は、大きなガラス製陳列ケースを設置し、地下の通路を飾ると同時に発掘品の豊富さを誇っている。D線の建設計画は2012年に凍結されたが、一部の延伸線の構想はまだ残っている。

ローマには総延長31キロの地上路線も走っている。かつてイタリア一の規模を誇ったトラム網の名残だ。現代化された6路線をおもにライトレール車両が走っている（伝統あるトラムを改造した車両もいくつか残っている）。

3本の通勤鉄道線（近郊鉄道線）もローマに乗り入れている。そのうちの1つ、ローマ－ビテルボ線はローマ中心部を終点とし、メトロよりも歴史の古い2キロの地下区間もある。この路線は1932年に開通した。

メトロB線の延伸に伴って建設されたある駅は、日の目を見ないまま13年にわたって放置されていた。この旧ピエトララータ駅（ティブルティーナ駅とモンティ・ティブルティーニ駅の間）は、もともとは東部地区システム（SDO）と呼ばれる新地区のためにつくられた駅で、未建設のD線と接続するスペースもとられていた。この駅以外の延伸線は1990年に開通したが、旧ピエトララータ駅がクインティリアーニ駅と改名して通常の運行に加わったのは、2003年になってからのことだった。

## 駐車場問題

現代のローマっ子の中には、公共交通機関を使わない人もいる。彼らにとって、駐車場は逃れようのない大きな問題だ。2000年にバチカン市国で新しい駐車場が必要になったときには、ジャニコロの丘の地下に900台を収容できる地下5階の駐車場がつくられた。ローマ法王の祝福を受けたこの駐車場は「神のガレージ」と命名された。その3年前にも、バチカン市国の真下に位置する別の駐車場の建設工事が始まっていた。だが、建設中にまたもや共同墓地が発見され――その保存状態が極めてよく、考古学的な至宝であふれかえっていたため、建設計画を放棄せざるをえなかった。この場所は今、博物館になっている。

**左上** 紀元前19年に完成したビルゴ水道は何千立方キロもの新鮮な飲料水を効率的にローマに送る11本の主要水路の1つであった。ローマの丘陵を伝うこの水路の全長は21キロに及び、ほぼすべて地下水路になっていた。水源から末端までの高低差はたった4メートルしかなく、ローマ水道の中で勾配が最も小さい部類に入る。このビルゴ水道へ向かう螺旋階段は、ビッラ・メディチとスペイン階段の近くにある。

**左下** この聖コルネリウスと聖キプリアヌスが描かれた3世紀のフレスコ画は、アッピア街道沿いのコンプレッソ・カリスターノ（30ヘクタールの葬儀場）の地下に広がるカリクストゥスのカタコンベの入口にある。

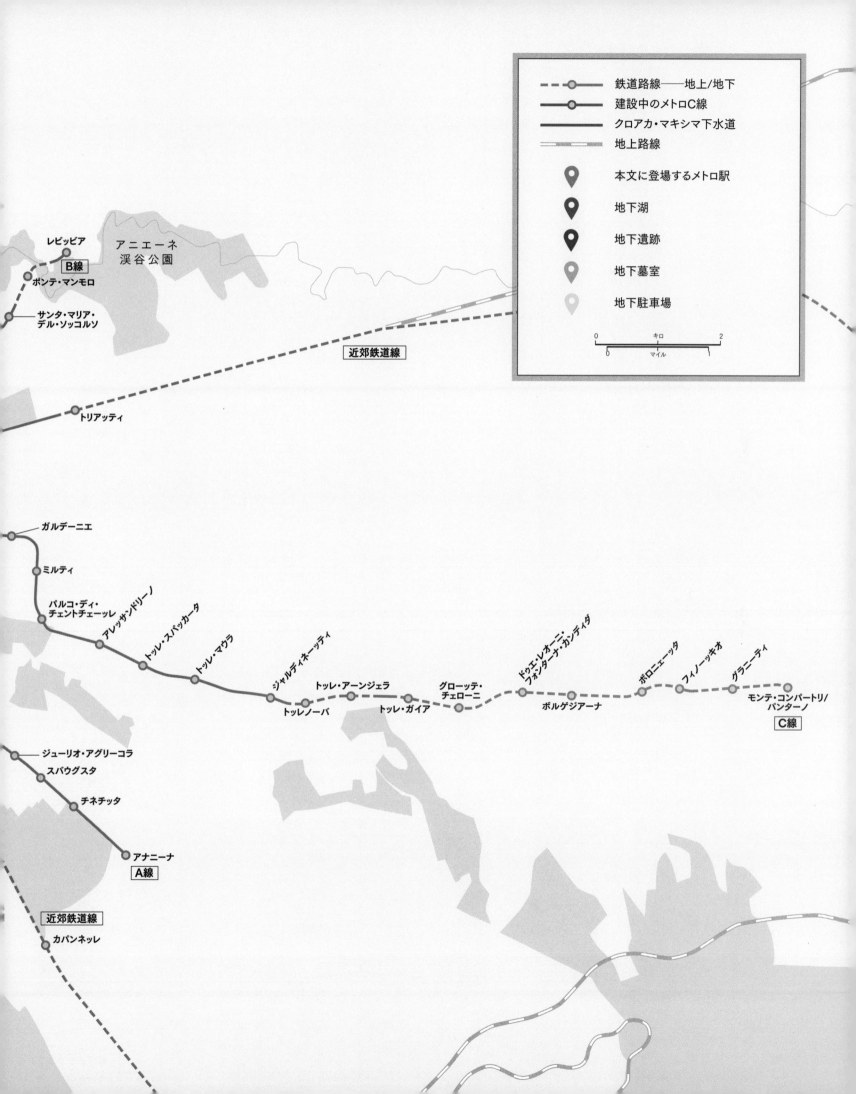

凡例

鉄道路線──地上/地下
建設中のメトロC線
クロアカ・マキシマ下水道
地上路線

本文に登場するメトロ駅
地下湖
地下遺跡
地下墓室
地下駐車場

0 ── キロ ── 2
0 ── マイル ── 1

レビッピア
B線
ポンテ・マンモロ

アニエーネ
渓谷公園

サンタ・マリア・
デル・ソッコルソ

近郊鉄道線

トリアッティ

ガルデーニエ
ミルティ
パルコ・ディ・
チェントチェーッレ
アレッサンドリーノ
トッレ・スパッカータ
トッレ・マウラ
ジャルディネッティ
トッレノーバ
トッレ・アーンジェラ
トッレ・ガイア
グローッテ・
チェローニ
ドゥエ・レオーニ・
フォンターナ・カンディダ
ボルゲジアーナ
ボロニェッタ
フィノッキオ
グラニーティ
モンテ・コンパートリ/
パンターノ
C線

ジューリオ・アグリーコラ
スバウグスタ
チネチッタ
アナニーナ
A線

近郊鉄道線
カパンネッレ

# ミュンヘン [ドイツ]

## 灰からの復活

　数々の博物館、クリスマスマーケット、オクトーバーフェスト（ビール祭り）で知られるドイツ第3の都市ミュンヘンは、バイエルンの州都でもある。市域人口は140万人、都市圏人口は600万人にのぼる。

　ベネディクト会の修道士たちが昔の交易路「塩の道」に築いたミュンヘン。その最古の記録は1158年にさかのぼる。1175年には城壁が築かれ、都市としての地位を得た。16世紀初頭にはルネサンスの中心地となり、バイエルンが主権を持つ王国となった1806年に王国の首都になった。

　ミュンヘンにある堂々たる新古典主義様式の大通りや建築物の多くは、19世紀はじめやルートヴィヒ1世時代のものだ。1835年にはニュルンベルクとフュルトを結ぶドイツ初の鉄道も建設された。王の名にちなんで名づけられたバイエルン・ルートヴィヒ鉄道は、1839年開業のミュンヘンとアウグスブルクを結ぶ12キロの路線とともに、この地域の工業化に弾みをつけた。

### ミュンヘンのUバーンシステム

　ミュンヘンで地下鉄網の建設計画が持ち上がったのは1905年のこと。うち1路線は東駅と中央駅を結ぶもの、もう1つはリングバーン（環状線）だった。だが、どちらの案も、当時の交通事情からすると度が過ぎると見なされた。当時の人口は50万人ほどで、トラム網で十分に旅客をさばけると判断されたのだ。メトロ計画は1928年に復活し、5路線からなるネットワークが提案されたが、世界的な経済危機

によりすぐに頓挫した。1936年以降、ミュンヘンは第三帝国ムーブメントの中心地となり、都市鉄道システムに投資する価値ありと見なされるようになる。1938年には、ゼンドリンガー・トーア駅とゲーテプラッツ駅を結ぶSバーン路線最初のトンネルの建設が始まった。1941年までに長さ590メートルのトンネルが完成し、同じ年に最初の鉄道車両が走ることになっていた。だが、第二次大戦中の資源不足により工事が中断。トンネルは防空壕として転用され、1945年以後は大部分が瓦礫で埋め戻された。

　戦争で壊滅したドイツの再建はスピーディにはいかなかった。ミュンヘンも徹底的に破壊されたが、フランクフルトのように現代的な都市をつくるのではなく、かつての街を再建することが住民投票で決まった。建物の高さは教会の尖塔の高さまでに制限され、アメリカ風のショッピングモールは許可されなかった。現在でも、ミュンヘン中心部は昔ながらの趣を守り通している。

　そうした施策の代償として、大量輸送システムへの投資がおざなりになった。1950年代にはトラム網が提案されたが、この案は却下され、完成までにさらに時間のかかる全線地下のメトロシステム（Uバーン）が採用された。ゲーテプラッツにある1940年代の古いトンネルが列車用トンネルとして十分に活用できる強度だと分かったため、1964年、ゲーテプラッツからキーフェルンガルテンまでを南北に走る長さ12キロの最初のUバーン路線（現在のU6号線）に向けて、並行するトンネルの建設が始まる。

**右上** バイエルンはビールの産地として有名で、ミュンヘン市内のイザール川沿いの多くの醸造所では、煉瓦づくりの地下貯蔵庫に業者用サイズのビール樽を何千個も貯蔵していた。このイラストを見ると、バーやカフェに運ばれてくるビール樽に比べてどれほど大きいかよく分かる。

**右下** Uバーンの駅のデザインがよく考え抜かれているのは明らかだ。1971年に開業したマリエンプラッツ駅の色のテーマは鮮やかなオレンジ色（1970年代の地下鉄では一般的な色）で、のちに行われた通路の延伸工事でも、写真のように開業時と同じカラースキームが使われた。

1966年には、1972年夏季五輪の開催地に決まったのを機に、この最初の路線の支線として、ミュンヘナー・フライハイトとオリンピアツェントルムを結ぶ路線（現在のU3号線の一部）が建設された。同時に、市中心部の両側にある基幹路線の駅を結ぶべく、中心地区の地下を東西に走る新トンネルもつくられた。この路線はSバーン（こちらはヘビーレール線で、おもに地下を走る軌間の狭いUバーンとは異なる）と名づけられ、マリエンプラッツ駅でUバーンとつながった。

　2017年、市街を横切る第2のSバーン・トンネルの掘削が始まった。この7キロの新ルートの狙いは、中央駅から東駅までの輸送能力の向上と所要時間の短縮にあり、マリエンホーフに新駅が設置される。16年かけて計画されたこの新路線は、ロンドンの新地下鉄計画にならってミュンヘンの「クロスレール」と呼ばれている。工事には38億4000万ユーロと10年を要する見込みで、2026年の完成が予定されている。

## 水の管理

　イザール川の氾濫源という立地とバイエルンの気候を背負ったミュンヘンでは、街を水害から守るために大がかりな戦略が必要だった。かつては大水で汚染物が流され、その水が最終的に川へ戻っていた。そうした事情から、1970年代以降、13にのぼる雨水貯留設備がつくられた。現在では、システム全体で70万6000立方メートルの水を貯留できる。雨水は巨大な地下漕に一時的に貯められてから、調整しながらド水道システムに戻される。

# ベルリン[ドイツ]

## 分断と復興

　ドイツの首都ベルリンは、ドイツ最大の都市でもある。市域人口は370万人で、さらに230万人がベルリン都市圏で暮らしている。ヨーロッパ平原の中央に位置する湖に囲まれた小さな村として13世紀に誕生したベルリンは、15世紀にはブランデンブルク辺境伯領と呼ばれる地域の首都だった。1688年の地図を見ると、現在のベルリンの市街地を形成する最初期の4つの集落は、実際にはシュプレー川に浮かぶ有人島の集合体として発展していったことが分かる。同じくシュプレー川中州にあるケルンとは2つの大きな橋で結ばれ、街の城壁を取り囲む地区とも多くの橋でつながっていた。その後、これらの集落は1701年に建国されたプロイセン王国の中心となり、8年後に近隣のフリードリヒスベルダー、フリードリヒシュタット、ドロテーエンシュタット、ケルンとともにベルリンの名のもとに統合された。

　産業革命時代に急速に成長したベルリンは、近隣の集落を飲み込み、鉄道と貨物輸送の中枢になる。1871年にドイツ帝国が誕生すると、帝国統一を強力に押し進めたのがプロイセンだったという事情から、ベルリンが新帝国の首都の座についた。1920年までに、ベルリンの面積は66平方キロから883平方キロにまで拡大。人口も400万人近くまで増加し、ヨーロッパ第3の都市となった。1945年の分断時には首都ではなくなっていたが、1990年の再統一を機に、ドイツの首都という伝統の地位に復帰した。

### 地面の下

　ベルリンの開発初期に都市設計者に突きつけられたのが、廃水の問題だった。ベルリンは、かつては多くの湖が点在していた氷河の流水路やシュプレー川などの氾濫原の上に位置している。そのため、集中的な取り組みがなければ、たまっていく下水の排水は不可能で、いずれ自らの汚物の中に沈んでしまうおそれがあった。ベルリン初の上水道は1856年にシュトララウアー門で開通したが、ジェームス・ホープレヒト率いる市の建設当局が煉瓦づくりのまともな下水道の建設という大仕事に乗り出したのは、それから15年が経ってからのことだった。現在のベルリンには、全長9700キロにのぼる排水渠や下水道がある。うち3分の1は、おもに雨水に対処するためのものだ。

　街の長い歴史にもかかわらず、1900年代はじめに輸送手段が必要になるまで、ベルリンの地下に何かが掘られたことは、下水道を除けばほとんどなかった。1864年、ベルリン馬車鉄道会社がベルリン中心部と近くのシャルロッテンブルクを結ぶトラムの運行を始める。トラムが電化されて架線が必要になると、美しい街路を走るには少しばかり見苦しいと思われるようになった。その解決策として、ウンター・デン・リンデンを走る電気式トラムを地下に移す案が浮上し、1916年のリンデントンネル開通につながった。

　その一方で、ベルリンの地下では別の交通網がすでに掘り進められていた。ベルリン初期の実験的な地下鉄は、1897年にAEG社が建設したものだ。深さ6.5メートルほどの地下を走る長さ300メートルのトンネルが、フォルクスパーク・フンボルトハインにある同社の2つの工場を結び、電動式の列車が貨物と工場労働者を運んでいた。この地下鉄は、ベルリンの街を走る将来の地下鉄の実験台とも目されていたが、市当局はできたばかりの下水道が破壊されるのではないかと懸念していた。

　ドイツでは鉄道の発展が目覚ましく、1800年代が終わる頃には、ベルリンはほぼ完全に高架鉄道に包囲されていた。その一部は、現在のSバーン（都市近郊鉄道）で今も使われている。それよりも軌間の狭い、のちにUバーン（地下鉄）となる鉄道の最初の路線は1902年に開業したが、10キロの路線の大部分は地上を走っていた。地下にあるのは4つの駅と長さ2キロの線路だけだったが、地下区間は1906年から1930年にかけて何度か延伸された。1912年に工事が始まった南北線は、戦争の影響で1923年まで開業しなかった。この南北線は、大きい車両が使われていることから「大型規格」と呼ばれるようになった最初の路線だ。既存の路線と新路線の急速な拡大は、1930年代はじめまで続いた。

## ヒトラーの遺産

　第二次大戦前夜、ナチス政権は無数の防空設備の建設に取りかかった。うち数百は高射砲塔として地上に建てられたが、ゲズントブルンネン防空壕をはじめ、多くの設備は巨大な地下空間だった。現在では、ベルリンの地下遺跡の保存に取り組むベルリン地下協会が、ゲズントブルンネン防空壕やUバーンの幽霊駅をめぐるツアーを開催している。ほかにも、ブロッホプラッツで見つかった1300人以上を収容できる防空壕など、いくつかの防空壕が今に残されているが、ほとんどは埋め戻されるか破壊された。

　ベルリンを再建し、荘厳な建築物や巨大なアーチと柱が立ち並ぶ新世界の首都「ゲルマニア」を築く

上　ゲズントブルンネンは、第二次大戦中に建てられた防空壕の中でも最大規模で、保存状態も極めて良い。ベルリン・ウンターベルテンe.V.（社団法人ベルリン地下世界）が細部にわたって維持管理を行い、ウンターベルテン博物館が主催するツアーに参加すれば、地下壕での生活とともに、Uバーンの歴史、下水道システム、昔盛況だった気送郵便網などを見学できる。ツアーの主催者は、「ベルリンの地下の過去160年の歴史を見ることができる」と胸を張る。

深度
（メートル）

0 ━━

━ フォアブンカー
　（総統地下壕とともにあった地下壕）

━ ベルナウアー・シュトラーセ
　脱出トンネル

━ AEG社実験用Uバーン

10 ━━ ━ 総統地下壕

━ トンネル57

━ ティーアガルテン・トンネル／
　ローテス・ラートハウス駅（U5号線）

━ ゲズントブルンネン駅
　（U8号線、Uバーン深層駅）

20 ━━

30 ━━ ━

40 ━━

50 ━━

60 ━━

70 ━━ ━ ベルリン井戸

80 ━━

90 ━━

100 ━━

170 ━━

## 集合式下水道と分離式下水道

ベルリンの下水道は、3種類の主な下水（雨水、廃水、複合水）を一緒にする方式で敷設され、総延長は9700キロを超える。市内の約4分の3の下水管は、この廃水と雨水が一緒に流れる集合式だ。公共交通機関がすでに道路の下のスペースを多く占めている都心部にとって、この設計は非常に実用的なものである。それ以外の地域は廃水と雨水を別々に集めている分離式（下右）で、これには豪雨にも対応できるという利点がある。

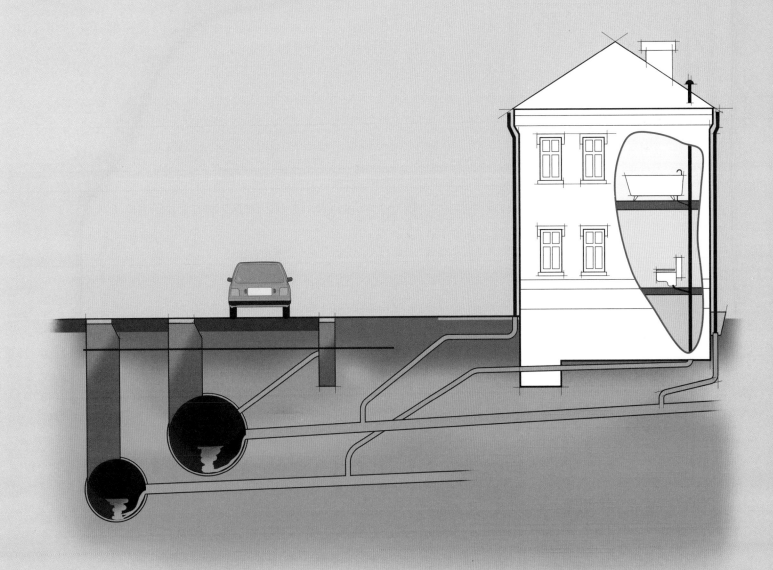

——ヒトラーはそんな野望を抱いていたが、ほとんどは実現しなかった。ゲルマニアの建設は、建築家アルベルト・シュペーアの指揮のもとで進められた。その中心となるはずだったのが、「プラフトアレー（栄光の道）」と呼ばれる長さ5キロの広大な式典用の大通りだ。この新しい大通りの一部は、広いシャルロッテンブルガー通り（現在の6月17日通り）に沿って走っていた。別の部分はシーゲス通り（もともとは皇帝の命で建設され、ティーアガルテン地区を走っていた）に沿っていたが、のちに公園に戻った。この「栄光の道」は、もっぱらパレードの舞台として設計されたもので、普段は通行できず、その代わりに自動車は通りの地下を走ることになっていた。この地下高速道路のためにトンネル工事の一部が実施され、現在もそのまま残されている。

## 鉄のカーテン

敗戦後、ドイツは連合国（アメリカ、イギリス、フランス、旧ソ連）の間で分割統治されることになった。街全体がソ連の占領区域に入っていたベルリンも、4つの管理地区に分断された。ドイツ国内に境界線が引かれ、ベルリンにもおおまかな境界ができたが、およそ350万人（人口の20％）にのぼる東ドイツ市民や東欧諸国の国民がソ連による支配を逃れ、西ベルリンに亡命した。その多くが頼ったのが、当時まだベルリンの東側と西側を結んでいたUバーンだ。1961年、東ドイツ当局はUバーン駅の多くを閉鎖して境界での検問を強化し、東側と西側の行き来を禁止する。さらに、長さ140キロの壁をつくり、

西ベルリンを完全に囲い込んだ。

東ベルリンの住民は、その後も壁をすり抜ける試みを続けた。最も成功率が高かったのは、下水道を使ったり壁のすぐ下にトンネルを掘ったりする方法だ。壁が存在していた1961年から1989年の間に、70本ものトンネルが掘られた。トンネルが崩壊したり捕まったりして命を落とす人は多かったが、300人をゆうに超える人たちがトンネルを通って西側へ逃亡した。とりわけ名を馳せたのが、1964年10月に掘られた「トンネル57」を抜けるルートだ。

ドイツとベルリンの分断とその後の冷戦を象徴する鉄のカーテンは、数百にのぼる軍用地下壕、地下司令室、核シェルターも生み出した。Uバーン8号線の延伸区間に沿って1977年につくられたパンクシュトラーセ防空壕は、万一、第三次大戦が勃発したときには、3339人を2週間以上にわたって収容できるほどの規模だった。

## 再統一の影響

1989年にベルリンの壁が崩壊し、1990年にドイツが再統一されると、分断時代に中断されていたサービスを復活させる必要が生じた。その第1弾として、壁の正式な崩壊日とされている1989年11月9日の2日後には、正式な検問ポイントとしてUバーンのヤノビッツブリュッケ駅の一般利用が早くも再開された。すぐに、ローゼンターラー・プラッツやベルナウアー・シュトラーセなどの幽霊駅も続いた。1990年に検問が完全に廃止されると、長年閉鎖されたままだった駅をまた自由に使えるようになり、

上 旧オスバルド・ベルリン醸造所の地下貯蔵室は、現在ベルリン・ウンターベルテンが催すツアーの展示室に使われている。ここで、ベルリンの壁があった当時の脱出トンネルの失敗例と成功例について学ぶことができる。

東ベルリンと西ベルリンの市民が街の地下のトンネルを"合法的に"通って再会できるようになった。その後の数年で、U2号線やU1号線のオーバーバウム橋を渡る区間（分断時代は完全に切断されていた）などの別の路線も再建された。

　再統一の犠牲になったのが、U10号線計画だ。この路線は、東ベルリンによる総延長200キロの地下鉄計画の一部だった。1953年から1955年にかけて開発され、少なくとも1977年までは計画が存続していたこの路線は、ファルケンベルクから街の対角線上を走ってアレクサンダープラッツやシュテーグリッツを結び、リヒターフェルデに終点が置かれることになっていた。ほかの多くの路線と接続する予定だったため、少なくとも5つの既存駅（ラートハウス・シュテーグリッツ、シュロスシュトラーセ、バルタ

ー=シュライバー=プラッツ、インスブルッカー・プラッツ、クライストパーク）でプラットフォームや相互連絡通路が建設された。この路線はのちに「ファントムリーニエ（幽霊線）」と呼ばれるようになる。西ベルリンが計画していたU3号線の新区間（バイセンゼーを通るもの）も中止されたが、ポツダム・プラッツ駅はすでに完成していた。この駅の放棄されたプラットフォームは、現在ではイベントスペースとして使われている。

　ベルリンのミッテ地区にある赤の市庁舎では、巨大な2層型のUバーン駅が建設されている。場所によっては深さ32メートルにもなり、U5号線の一部のほか、U3号線の延伸区間（消滅したU10号線の改良版）が乗り入れる。この駅は2020年の開業が予定されている。

下　赤の市庁舎（ローテス・ラートハウス）に建設中の新しい深層駅が市庁舎の下にどうつくられるかを示すイラスト。

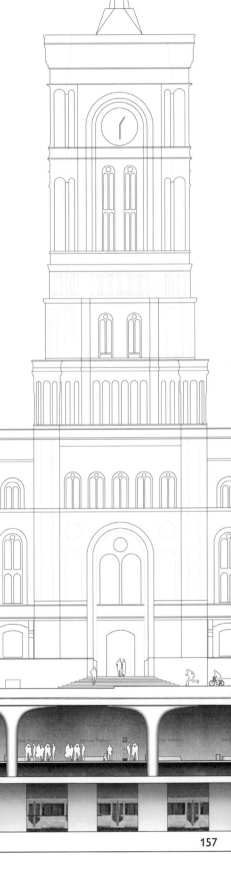

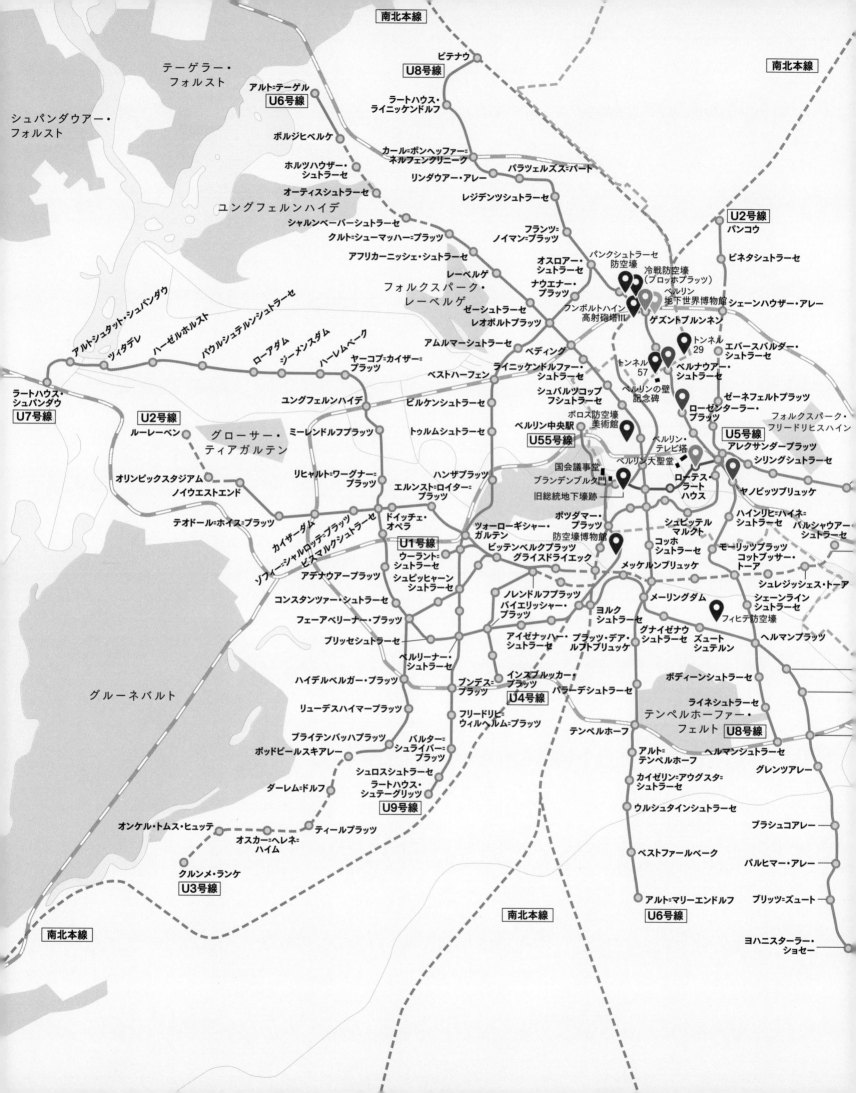

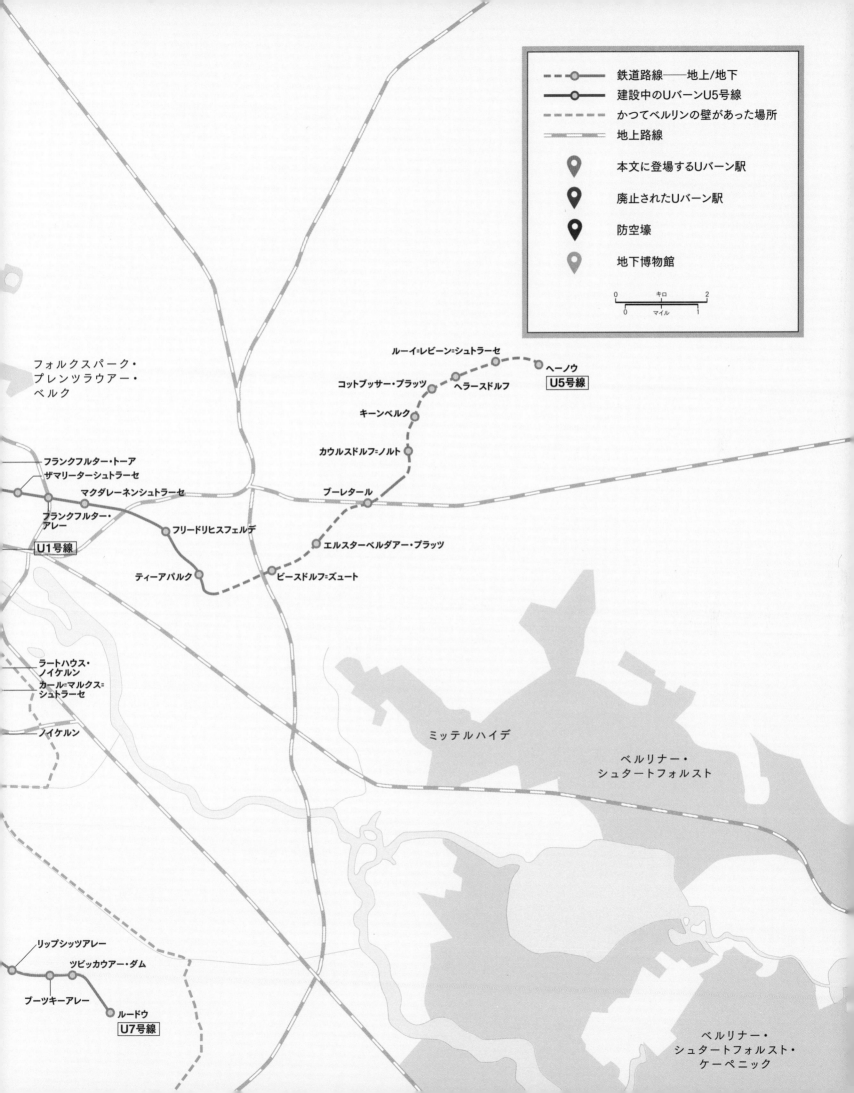

凡例

鉄道路線──地上/地下
建設中のUバーンU5号線
かつてベルリンの壁があった場所
地上路線

本文に登場するUバーン駅
廃止されたUバーン駅
防空壕
地下博物館

0　キロ　2
0　マイル　1

フォルクスパーク・
プレンツラウアー・
ベルク

ルーイ=レビーン=シュトラーセ
ヘーノウ
コットブッサー・プラッツ　ヘラースドルフ
U5号線
キーンベルク

カウルスドルフ=ノルト

フランクフルター・トーア
ザマリーターシュトラーセ
マクダレーネンシュトラーセ
ブーレタール
フランクフルター・
アレー
フリードリヒスフェルデ
U1号線
エルスターベルダアー・プラッツ
ティーアパルク
ビースドルフ=ズュート

ラートハウス・
ノイケルン
カール=マルクス=
シュトラーセ

ノイケルン
ミッテルハイデ
ベルリナー・
シュタートフォルスト

リップシッツアレー
ツビッカウアー・ダム
ブーツキーアレー　ルードウ
U7号線
ベルリナー・
シュタートフォルスト・
ケーペニック

# ブダペスト [ハンガリー]

## 熱水の地層

　市域に175万人、周辺を含めた都市圏にさらに100万人以上が暮らすハンガリーの首都ブダペストは、ケルト人の街アクインクとして誕生し、その後は古代ローマの街アクインクムとして知られるようになる。9世紀には、ブルガリア北部から来たマジャール人がこの地に住みついた。現在のハンガリー人の祖先にあたるマジャール人は、この地域の初代の王である聖イシュトヴァーンの支配する王国を築いた。ドナウ川の両岸で肩を並べていたブダ、オーブダ、ペストの街は15世紀にルネサンスの中心地となり、1873年に合併してブダペストと命名される。ブダペストはハンガリーの首都、さらには広大なオーストリア＝ハンガリー帝国の第2の首都（第1の首都はウィーン）にもなった。世界屈指の美しい都市としばしば称されるブダペストは、東欧の金融、文化、観光の中心地でもある。

### カルスト特有の風景

　この街はもともと、80もの温泉が点在する場所に築かれた。この温泉群は、今もブダペストの多くのスパにミネラル豊富な湯を供給している。地面の下では、温泉の湯が岩を削り、熱水作用でできたものとしては世界最大の洞窟群を生み出した。洞窟の数は合計200を超える。その多くはブダペストの街路の真下にあり、中に入れるものも少なくないが、そもそもの生みの親である温泉の湯で満たされている洞窟は、それよりもはるかに多い。ダイバーたちが70℃の湯の中を数十年がかりで探検し、現在では6.5キロをゆうに超える洞窟ネットワークが地図化されている。

　ブダ王宮地下の洞窟群は、大部分が水に浸かっていない。ここには、50万年近く前に温泉の湯が石灰岩を浸食して生まれた、巨大な迷宮のような地下空間や洞穴が広がっている。この場所は、数十万年前の先史時代の人類が風雨をしのぐ「隠れ家」として使っていたと考えられている。もっと時代を下ってからも、この洞窟群はさまざまな用途に使われてきた。中世には拷問室と牢獄が置かれ、20世紀にはワインセラー、軍病院、秘密の地下室、冷戦中の核シェルターなどに使われた。

　街のブダ側にそびえる雄大なゲッレールトの丘はこの迷宮につながっており、丘の地下には聖イヴァンにちなんで名づけられた洞窟がある。伝説によれば、聖イヴァンはこの洞窟の温泉からとった泥を使って病人を癒していたという。この洞窟は1920年代にパウロ会の修道士たちに再発見され、聖別後に教会に改造された。この修道士たちは国による迫害を受け、1951年のイースターマンデーに逮捕されて反逆罪に問われた。修道院長のフェレンツ・ヴェゼールは処刑され、仲間の求道者たちは強制労働に追いやられた。教会は封印されたが、1989年の鉄のカーテン崩壊後に修復された。都市伝説では、この洞窟にはさらに広い洞窟システムにつながる道が隠されているらしいとささやかれている。

　王宮そばにある聖ヤノシュ病院は第二次大戦中、隠れた病院を新設した。その隠し場所となったのが洞窟だ。「シクラコルハズ（岩の病院）」と命名されたこの病院は広さ2000平方メートルで、患者300人と

右上　ブダペストの下に熱水による浸食でできた鍾乳洞、モルナール・ヤノーシュ洞窟と、そこに果敢に潜るダイバー。こうした洞窟は通常、氷だらけの極地周辺の永久凍土にしか見られないが、ヒマラヤやアルプスにも少数ながらある。

右下　ブダ王宮の下にもたくさんの洞窟があり、一部は写真のように人工のトンネルでつながっている。

深度（メートル）

0
千年紀地下鉄（MFAV）

10

王宮の地下迷宮

20

王宮の丘の下を通る主下水管

カルヴィン広場駅（M4線）
30
クーバーニャ貯蔵庫群

40

50
ラーコシ防空壕

60

70

80

90

150
モルナール・ヤノーシュ洞窟

250

## カルヴィン広場駅と岩の病院

ブダとペストの歴史が地下の地形と深い関わりがあることを考えれば、現代のブダペストが社会インフラの基盤を地下に置くのに何の抵抗もないのは当然だろう。1896年にヨーロッパ本土で最初となる地下鉄路線を建設して以降、新たな路線を掘削して地下鉄網を拡充するのに長い年月がかかった。だが2014年には、M3線とカルヴィン広場駅で交差するM4線が開業するなど、ここ50年で公共交通機関は大きく発展している。

**下** 最新の地下鉄路線、M4線にあるカルヴィン広場駅を横から見た図。将来建設が予定されるパープルカラーのM5線との接続も考えてつくられている。M5線は郊外鉄道網HEVに接続する計画で、完成すればカルヴィン広場はブダペスト随一の公共交通の接続点となるだろう。

**右下** カルヴィン広場駅の断面図。M4線の島式ホームに降りるエスカレーターが見える。

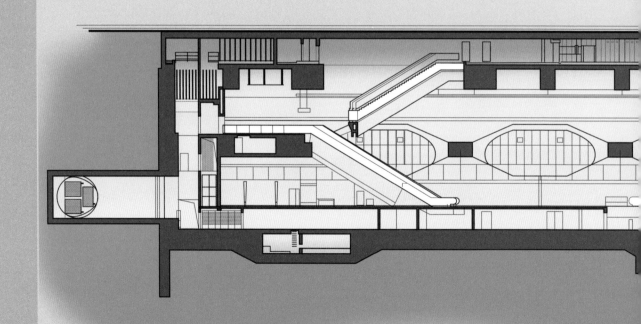

**上** 戦争が迫っていた1930年代、ブ
ダペスト市長はブダ王宮の地下に秘
密の病院と防空壕の建設を進めた。こ
の地下病院はブダペスト包囲戦（1944
〜45年）の際に活躍し、現在では「シ
シクラコルハズ・アトムブンカー・ム
ゼウム（岩の核シェルター内の病院）」
という名で復元されている。

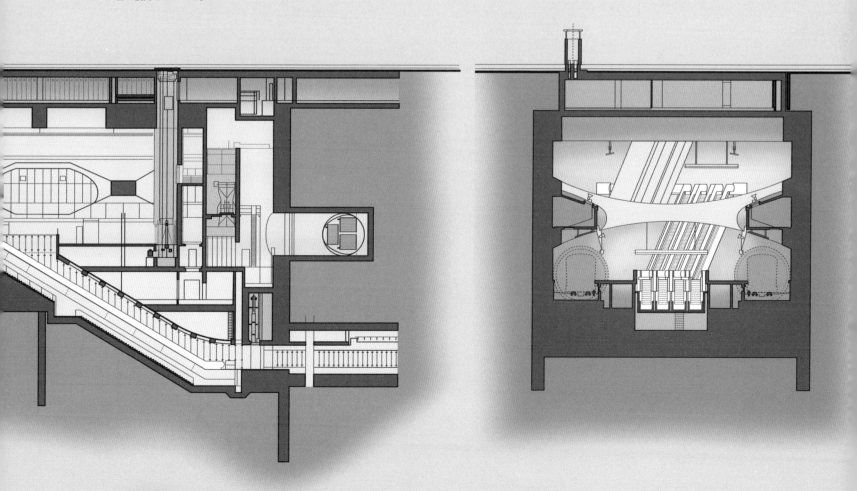

医療従事者40人を収容できた。大戦末期のブダペスト包囲戦のさなかには、600人を超える患者が詰め込まれていたと言われている。この空間は周辺にある地上の医療施設と通路でつながり、冷戦中には核シェルターとして機能していた。2008年に博物館として改修された。

共産主義時代はブダペストの全市民にとってつらい時代だったが、とりわけ反体制派は大きな危険にさらされていた。1956年、旧ソ連軍がハンガリー動乱を制圧すると、反体制派は攻撃から身を守るために地下に隠れることを余儀なくされる。多くはブダペスト地下の洞窟やトンネルに隠れたと言われているが、それ以外の人たちは行方不明になった。おそらく当局に捕えられ、殺されたのだろう。避難ルートへの入口のいくつかは、ヨハネ・パウロ2世広場(旧共和国広場)の周辺や東駅近くにあったと伝えられている。

## 時代を先取り

19世紀末になる頃には、ブダペストは堂々たる大都市に発展していた。1896年には、ハンガリー公国の建国1000年を祝う建国千年祭博覧会がブダペストで開かれることになっていた。ロンドン地下鉄の成功を目の当たりにし、ほかの都市もそれに続こうとしているのを伝え聞いたブダペストのトラム管理当局の長モール・バラージュは、博覧会に合わせて新トラム路線を建設すべしと主張した。当時シュガール通りと呼ばれていた大通り(現アンドラーシ通り)の地下を走るこの地下鉄路線は、千年祭に合わせてつくられたことからミレニウミ・フォルダラッティ・ヴァスート(MFAV、千年紀地下鉄)と命名され、のちに短くフォルダラッティと呼ばれるようになった。

運河をすり抜け、主下水管と交差する必要があったにもかかわらず、この地下鉄の建設にはわずか20カ月しかかからなかった。とはいえ、幅6メートル、高さ2.75メートルというトンネルのサイズは、当初望ましいとされていたよりも小さかった。市中心部のヴェレシュマルティ広場とセーチェニ温泉を結ぶ全長5キロの路線は、ヨーロッパ本土で最初に開通した電動地下鉄路線だ。この路線は長らく変わらず、80年経ってからようやくメキシコ通り駅まで延伸さ

**上** 2014年に開業した新メトロ線M4の駅の中で最も深い聖ゲッレールト広場/ブダペスト工科経済大学駅(地表から32メートル)。渦巻く縞模様のモザイクで飾られた天井と壁はタマス・コモロチュキーがデザインしたものだ。エスカレーター・シャフトの天井も凝っており、コンクリート製の梁がわざと見えるように配置されている。

**右上** ゲッレールトの丘の聖イヴァン洞窟内にある礼拝堂とそこに置かれた主祭壇および信徒席。鮮やかな照明によってむき出しの岩肌がいっそう際立つ。洞窟内にはこの礼拝堂以外にも部屋があり、そのうちの1つには、硬材を彫った元ポーリン修道士の装飾品が飾られている。

れた。

さらなるメトロ網拡大構想は、1970年代になるまで実現しなかった。東西を結ぶ路線（のちのM2線）の計画は1940年代までさかのぼる。工事は1950年代に始まったが、1954年から1963年まで中断されていた。最初の新区間は1970年まで完成しなかった。南北を結ぶ路線（のちのM3線）は、M2線よりもはるかに速く実現した。最初に計画されたのは1968年で、1976年に開通した。先行するフォルダラッティ（現在のM1線）よりもずっと深いM3線は長さ16.5キロで、ブダペストの4本のメトロ路線で最も長い。

1972年に浮上した第4の路線の計画は、実現までに長い時間がかかった。工事は2004年になるまで始まらず、長さ7.4キロの路線の完成には10年を要した。M4の建設費が当初の予定からはみ出したため、今後の拡張計画は保留されている。5番目の路線は、従来のメトロではなくパリのRER方式の基幹線乗り入れ路線で、市中心部の地下を通り抜け、さらに近郊都市へ向かう予定になっている。

## 風変わりな地下構造物

冷戦時代の興味深い遺物が、自由広場の地下50メートルにあるラーコシ防空壕だ。共産党を率いていたラーコシ・マーチャーシュやハンガリー社会主義労働者党の幹部の核シェルターとして、1950年代につくられたと長らく噂にのぼっていたが、実際に発見されたのは、1970年代に進められたメトロM3線の建設工事のときだった。防空壕と旧党本部を直接つなぐ通路もあった。

かつて採鉱の代名詞だった地区の地下には、別の新しい産業の「隠れ家」がある。ドナウ川のペスト側に位置するクーバーニャ鉱山では、30キロに及ぶ洞穴やトンネルが掘られた。鉱山としての役目を終えたあと、この巨大なトンネル網は地方自治体とビール醸造所に買い取られた。現在は、高品質の飲食物供給という新たな役割を担っている。ビール樽や缶詰などの日持ちする製品の保管のほか、一風変わった農場としても使われ、日光の届かない地下深くにあるかつての立坑で数千トンものマッシュルームが栽培されている。

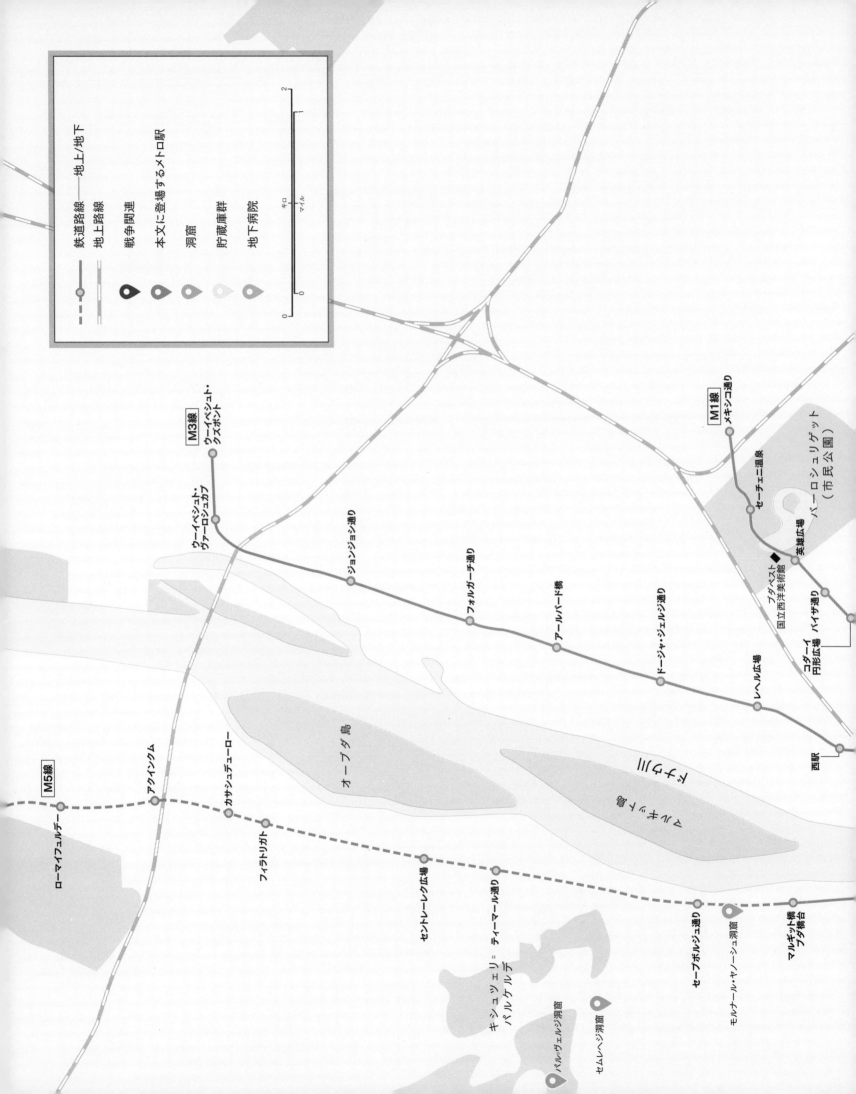

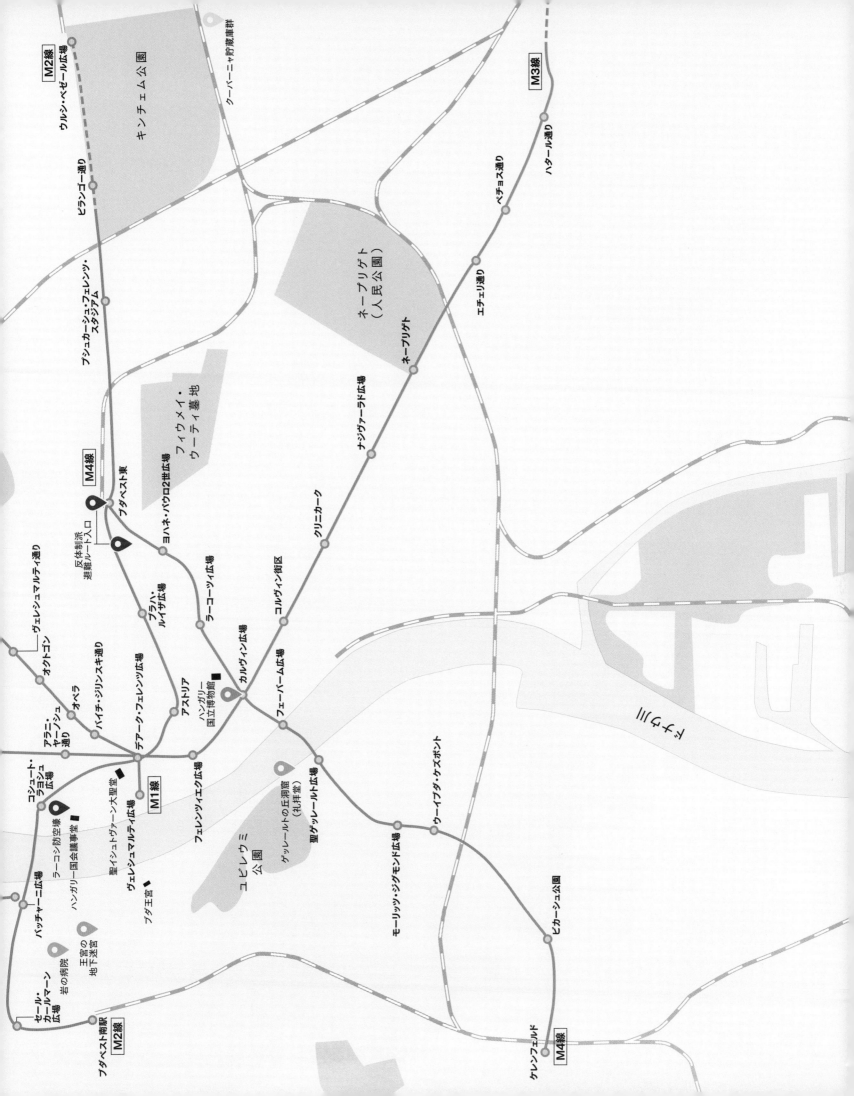

# ストックホルム［スウェーデン］

## トンネルを愛して

　スウェーデンの首都であり、ヨーロッパで5番目に大きい都市でもあるストックホルム。この街は14の島々からなり、それぞれの島があちらこちらで本土と結ばれている。市域人口はほぼ100万人で、都市圏人口は250万人にのぼる。街を取り巻く水は海のように見えるが、実は長さ120キロのメーラレン湖の一部である。メーラレン湖はバルト海につながっている。

### 起源と初期のインフラ

　この地域には最後の氷河期後の紀元前8000年頃から人が住んでいたようだが、現在のガムラ・スタ

ン（旧市街）がある小さな島スタッズホルメンに集落ができたのは1200年代になってからのことだ。この島には、大聖堂、リッダーホルム教会、ストールトルゲット（大広場）に立つ証券取引所など、ストックホルムの歴史ある建築物の多くが集まっている。ハンザ同盟（北欧の都市や商人ギルドからなる同盟）の一大貿易都市だったストックホルムは、ドイツ語圏との深いつながりとともに発展し、17世紀はじめまでに人口は1万人に達していた。1634年にスウェーデン帝国の首都となったが、その後は疫病と戦争により衰退した。

19世紀の産業化の訪れとともに、ストックホルムは貿易でも人口でもその地位を復活させる。1850年代には人口10万人を超え、その数はわずか50年で3倍になった。だが、下水道システムは遅々として発展せず、ようやく建設されたのは1870年代のことだった。1930年代には丘陵部の地下に世界初の地下下水処理場がつくられ、1936年から1941年にかけて、9万立方メートルの岩がヘンリクスダールの地下から掘り出された。5回にわたる拡張（最近では2015年）を経て、現在の処理場は当初の規模の2倍になっている。メーラレン湖底のイェルヴァ下水道とエオルシェール下水ポンプ場を地下26メ

ートルで結ぶ、長さ12キロの新しい廃水用トンネルの建設も進められている。

## 街の交通

街路を走るトラムは1877年に登場し、20世紀になる頃に電化された。1922年に北と南から来る路線がスルッセン駅でつながり、トラム網の人気が急上昇すると、多くの列車が同じ線路を共有していたことから、交通渋滞が起きるようになる。南の郊外では渋滞があまりにひどかったため、1933年、カタリーナ・ソフィア地区のスルッセン駅とスカンストゥール駅を結ぶ路線の中心区間が地下に移された。

「高速トラム」と呼ばれるこの新しい交通機関の成功に触発され、都市計画当局は1941年、拡大しつつある街の全域を網羅する将来の大量輸送計画を策定した。そもそも、スルッセンとスカンストゥールを結ぶトラムのトンネルは、将来的にメトロ方式のサービスになることを見越し、ハイスペックで設計されていた。スカンストゥールと南の郊外ヘーカレンゲンの間にトラム路線を改造した新区間がつくられ、1950年、昔ながらのトラムよりも輸送能力の高い車両を購入したことで、スカントゥール・ヘーカレンゲン間でのメトロ運用が実現。この路線は

下　2つの路線（グリーンとレッド）に続いて、1975年にストックホルム・トゥンネルバナは最も深い路線（ブルーライン）を新たに開通させたが、その際に野心的かつ大胆な行動に出た。プラットホーム建設のために発破で開けた洞窟の岩肌をあえてむき出しにしたのだ。照明や塗料で一部に色がつけられているものの、写真のように一切整えていないマルメー市庁舎駅の中は、有機的な建築と表現され（1954年にフランク・ロイド・ライトが最初に言った）、ほかの駅のさまざまな魅力的かつ革新的なデザインと合わせ、「世界一長い美術館」の舞台を形づくっている。

深度（メートル）

0

スルッセン－スカンストゥール・トラム
トンネル（1933年）

10

ヘンリクスダール下水処理場

20

イェルヴァ－エオルシェール
下水トンネル

30 バルカルビュー駅（建設中）
T－セントラーレン駅（T10、T11、T13、
T14、T17、T18、T19）
クングストラッドゴーデン駅（T10、
T11／トゥンネルバナ最深駅）

40

50

60

フェルビファール
（ストックホルム・バイパス）

70

80

90

100

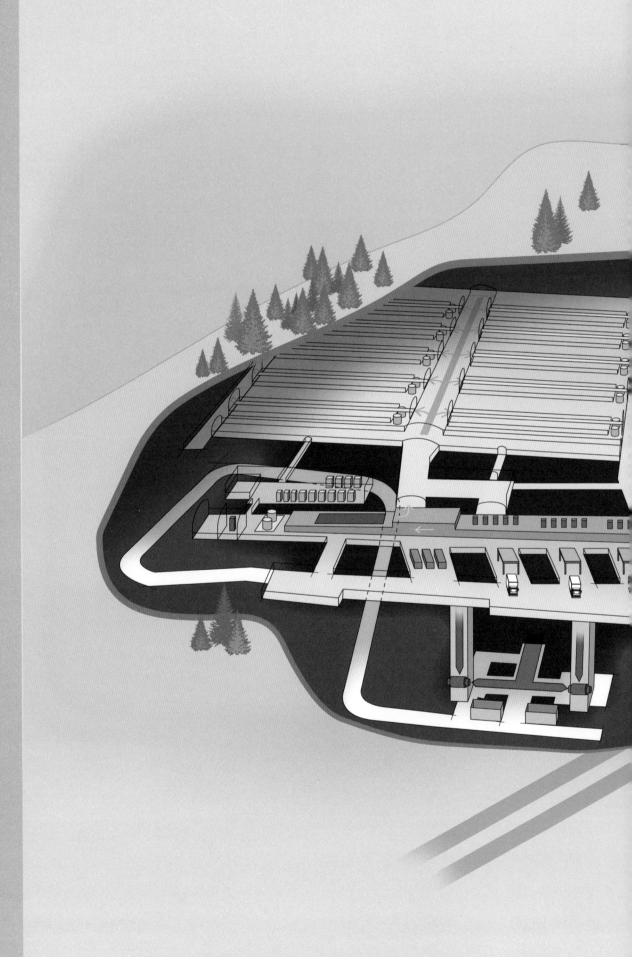

## ヘンリクスダール下水処理場

ストックホルム郊外、ヘンリクスダールにある丘陵の底に世界最大級の地下下水処理場がある。1941年の開設から定期的に拡張され、総容量は30万立方メートルに達する。現在、総延長18キロを超えるトンネルを使って、毎日100万人以上の人々の下水を処理している。

「トゥンネルバナ（地下鉄）」と呼ばれるようになった。翌年、ストゥールビュー駅を始点とする第2のトラム路線が改造され、スカンストゥールで地下トンネルに入れるようになった。1952年には、まだ既存路線とは接続していなかったものの、ヒョートリエット駅から西の郊外へ向かう路線が開通した。ヒョートリエット駅は、現在のストックホルム地下鉄の中枢であるT-セントラーレン駅のすぐ北に位置する。

1957年、スルッセン駅からガムラ・スタンの新駅を経由し、T-セントラーレン駅の地下を通ってヒョートリエット駅へ至る新トンネルがつくられた。これにより2つの系統が1つに結ばれ、現在「グリーンライン」と呼ばれている路線が誕生した。この路線のフリードヘムスプラン駅からスカンストゥール駅までは混雑を極める区間になった。1960年代になると地下鉄を大幅に延伸する野心的な構想が次々に浮上し、1964年、第2の地下鉄路線が開通した。この路線はT-セントラーレン駅を出ると、街の西側で2本の支線に分かれる。1本はフルエンゲン、もう1本はエルンスベリに向かう線だ。その後、北方面でもメルビーまで延伸され、1975年には現在「レッドライン」として知られる路線がおおむね完成した。

ストックホルム地下鉄の多くの駅は極めて深い地下空間にあり、文字通り岩盤を爆破してつくられた。レッドラインの2つの地下駅（ノルスボリへ向かう長い延伸線のアルビュー駅とマスモ駅）では、爆破後に露出した岩肌があえてそのまま残されている。その効果が絶大だったため、新路線「ブルーライン」（ほぼ全線が地下を走り、場所によっては深さ30メートルになる）の建設時には、全駅で露出した岩面が残された。1つ1つに異なる照明やペイントが施された駅は、この街の独特な印象を生み出している。独創的な装飾の駅もある。たとえば、T-セントラーレン駅はペール・オロフ・ウルトヴェット制作の青を基調にした絵画、スタディオン駅はオーケ・パッラルプとエンノ・ハッレクによる雲と7色の虹、クングストラッドゴーデン駅はフランス風幾何学式庭園を思わせる赤・白・緑の装飾や彫像、といった具合だ。

現在のストックホルム地下鉄の総延長は108キロ、駅数は100駅にのぼる。うち62キロと47駅は地下にある。3色の路線（レッド、グリーン、ブルー）とそれぞれの支線を合わせると全部で7ルートになる。90の駅が徹底的にデコレーションされているストックホルム地下鉄は、「世界一長い美術館」の異名をと

上　地下32メートルにある乗り換え駅、T-セントラーレンにあるブルーラインのホームを描いたイラスト。芸術家のペール・オロフ・ウルトヴェットが壁に施した花の模様は、世界の地下鉄駅の中でもひときわ象徴的、かつひと目で分かるものであり、地下鉄網の結節点にふさわしいデザインとなっている。

る。キムリンゲには幽霊駅まである。この駅では地上のプラットフォームが途中までつくられたが、工事が中止になって放棄された。

スウェーデンの人々はトンネルを大歓迎した。ストックホルムの中心を貫く幹線網を新たに地下区間に移し、市中心部の地下を走るようにしたほどだ。この開発のおかげで、それまで窮屈だった1871年開業の中央駅の地上部に待望のゆとりが生まれた。2017年以降、すべての通勤路線が新しい7.4キロの地下トンネルを走るようになり、中央駅に乗り入れる全国路線に使える地上スペースが増えた。

トンネル愛は鉄道だけにとどまらない。スウェーデンでは現在、世界第2の長さを誇る地下道路が建設されている。このストックホルム・バイパスは1960年代半ばから計画が進められていた。一時期には、未開発の田舎をつなぐ一連の橋の上を走ることになっていたが、現在の計画では、ストックホルム北のヘグヴィク・インターチェンジと南のクンゲンス・クルヴァを結ぶ全長21キロの道路の大部分（17キロ）が地下を走ることになっている。建設準備は2009年に始まった。最深部はメーラレン湖の水面下65メートルを通る予定になっている。完成したあかつきには、長さの点で東京の山手トンネル（200ページ参照）に次ぐトンネルになる。工事は2014年に始まり、完成までに10年以上がかかる見込みだ。

## 山の部屋

ストックホルムの地下の空洞には、かつては立派な軍事施設だったものが潜んでいる。建設されたのは第二次大戦が始まった頃のことで、海軍の司令室にするために、岩を穿って広さ1000平方メートルを超えるシェップスホルメン洞窟がつくられた。この「ベイルメット（山の部屋）」は、現在では展示会場としてときどき使われている。

右 2017年に開業したオーデンプラン駅には14人のアーティストが作品を提供した。写真のギザギザに波打つネオン灯が並ぶ西廊下は、そのうちの1人、ダーヴィッド・スヴェンソンがデザインしたもの。デザインのコンセプトは、息子が生まれるときにCTGモニターに映し出された心音をモチーフにした「生命線（Life Line）」だ。

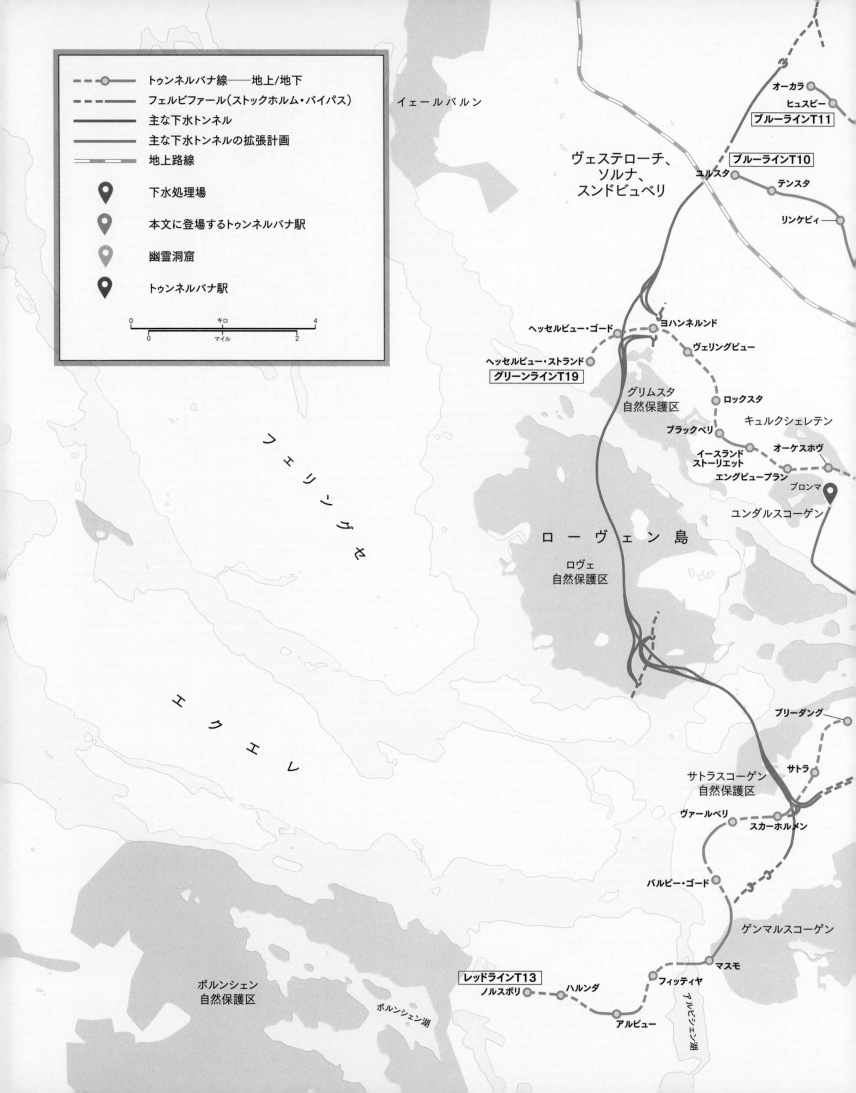

凡例

トゥンネルバナ線──地上/地下
フェルビファール（ストックホルム・バイパス）
主な下水トンネル
主な下水トンネルの拡張計画
地上路線

下水処理場
本文に登場するトゥンネルバナ駅
幽霊洞窟
トゥンネルバナ駅

0　　　　キロ　　　　4
0　　　　マイル　　　　2

イェールバルン

ヴェステローチ、
ソルナ、
スンドビュベリ

オーカラ
ヒュスビー
ブルーラインT11

ブルーラインT10

ユルスタ
テンスタ

リンケビィ

ヘッセルビュー・ゴード
ヨハンネルンド
ヴェリングビュー

ヘッセルビュー・ストランド
グリーンラインT19

グリムスタ
自然保護区
ロックスタ

キュルクシェレテン

ブラックベリ
オーケスホヴ
イースランド
ストーリエット
エングビュープラン
ブロンマ
ユンダルスコーゲン

フェリングさ

ローヴェン島

ロヴェ
自然保護区

ブリーダング

サトラスコーゲン
自然保護区
サトラ

ヴァールベリ
スカーホルメン

バルビー・ゴード

ゲンマルスコーゲン

ボルンシェン
自然保護区

マスモ

フィッティヤ

レッドラインT13
ノルスボリ
ハルンダ

ボルンシェン湖

アルビュー

エクェレ

ノローチ

ボゲスンズランデット

キスタ

キムリンゲ

イゲルベッケン・イ・ソルナ

ストゥーラ湖

アスクリケフヤルデン

レッドラインT14

モービィ・セントラム

ダンデリード病院

バリハムラ

ハロンバーゲン

リスナ

ネッコルセン

デヴボ

スンドビュベリ・セントラム

ウニヴェルシチェート

エステルマルム

ソルナ・セントルム

ハーガ公園

ロンガンゲン＝エルフヴィク

レッドラインT13

ロブステン

ソルナ・ストランド

フヴスタ

ヴェストラ・スコーゲン

オーデンプラン

スウェーデン王立工科大学

スタディオン

ヤーデット

ウルブスンダショーン

ブロンマプラン

サント・エリクスプラン

ロードマンスガータン

ヒョートリエット

カーラプラン

ラドゥゴルトスヤーデル

ハルフカクスンデット

アブラハムスベリ

スタッツハーゲン

カクネス塔

リラ湖

アルヴィック

フリードヘムスプラン

T-セントラーレン

マルメー市庁舎

エステルマルムストリ

クングストラッドゴーデン

ストラ・モッセン

クリスティンネベリ

国立博物館

シェップスホルメン洞窟

ユールゴーデン

ソリッドプラン

ストックホルム市庁舎

国会議事堂

ストックホルム大聖堂

ストックホルム宮殿

ガムラ・スタン

メーラレン湖

ツィンケンスダム

ニッケルヴィケン

ヴァルムド

ホーンストゥル

スルッセン

メッドボリヤルプラッツェン

マリアトリエット

エオルシェール・ポンプ場

リルイェホルメン

セーデルマルム

アルスタヴィケン

スカンストゥル

ヘンリクスダール

ナッカ

アクセルスベリ

アスプダン

ヘンリクスダール・シックラ施設

ウォンシュベリ

ミッドソマルクランセン

ヤルラション湖

メーラルヘイデン

グルマーシュプラン

フェルマルブリンク

テレフォンプラン

ハンマービハインダン

ハーガスタンスサン

グローベン

エリクソン・グローブ

ブロースート

ビョークハーゲン

ナッカ自然保護区およびナッカ

ヴェステルトルプ

エンフエデ・ゴード

サンスボー

シャルトルプ

フルエング

レッドラインT14

ソッケンプラン

スヴェドミーラ

スコーグスシュルコゴーデン

バガルモーセン

ストゥールビュー

バンドハーゲン

タルクローガン

スカルプナック

グリーンラインT19

ヘグダーレン

グーベンゲン

グリーンラインT17

ホウグセトラ

ログスヴェッド

フコーリンゲン

フラッテン

アルタ

セーデルテルム

ファルスタ

ファルスタ・ストランド

グリーンラインT18

# ヘルシンキ [フィンランド]

## 街全体をシェルターに

ヨーロッパ最北の首都ヘルシンキには、100万を超える人が暮らしている。市そのものの人口は64万8650人だが、フィンランド首都圏として知られる「グレーター・ヘルシンキ」の人口は140万人にのぼる。ヘルシンキは強固な岩盤の上に位置しているため、かつては地下に何かが掘られたことはほとんどなかったが、20世紀に状況が一変した。

### 初期の歴史

現在のヘルシンキがある地域には、はるか昔の鉄器時代から人類が暮らしていた。1300年代になって、300を超える島に囲まれた半島の先端にヘルシンゲという村が開かれる。1550年にはヘルシングフォルスという交易町になったが、現在のエストニアのタリンと肩を並べるという壮大な計画をよそに、長らく小さな貧しい町のままだった。この町は1809年以降のフィンランド大公国時代に成長し、1812年に首都になった。遅くとも1819年からはヘルシンキと呼ばれている。

1827年には大学が設立され、ドイツ生まれの建築家カール・ルードヴィッヒ・エンゲルの設計で市中心部が生まれ変わった。エンゲルが新古典主義様式を愛していたことから、ヘルシンキ中心部はロシアのサンクトペテルブルクにどことなく似た雰囲気を漂わせている。街の中心になっているのが元老院広場だ。ヘルシンキ大聖堂と市庁舎が脇を固めるその景観は、「北の白都」という愛称を生んだ。産業化とともに鉄道が到来し、フィンランドの建築家エリエル・サーリネンが手がけたアールヌーボー様式の中央駅は、当時の建築様式の傑作となった。ヨーロッパのほかの首都と比べるとヘルシンキは発展が遅かったが、1952年夏季五輪の開催地となったことでフィンランド全体が勢いづいた。

### 冷戦の不安

フィンランドはヨーロッパの中でも戦略的に重要な場所に位置し、とりわけロシアとは1340キロにわたる国境で接して

いる。そのため、冷戦時代のフィンランド国民は「鉄のカーテン」の向こうからの侵略や攻撃を警戒していた（その点は今も変わらない）。数十年の間に、ヘルシンキの地下には60万人という途方もない人数を収容するシェルター施設がつくられた。文字通り数百キロにわたるトンネルが掘られ、900万立方メートルの岩を取り除いて400前後のシェルターが建設された。その多くは互いにつながっていた。

シェルターの大部分は1960年代の冷戦の最盛期にできたものだが、今も定期的に保守点検され、最先端技術によって時代に即した状態に保たれている。軍や一部の民間人が参加する演習や訓練も頻繁に行われている。さらに、この巨大なシェルター複合体の一部には、基礎的な避難所以上のものが備わっている。フルサイズのアイスホッケーリンクや複数のスイミングプールがあり、攻撃を受けたときには全市民の命を数週間にわたってゆうにつなげるだけの水と食料が蓄えられている。

### ヘルシンキのメトロシステム

ヘルシンキのメトロ構想が最初に浮上したのは1955年のこと。当時は、地下トンネルが必要という認識はあったものの、その中を走る車両の種類はまだ決まっていなかった。7年後のある報告書では、地下14メートルを走るトンネルで100以上の駅を結ぶ全長86キロのライトレールが提案されていた。

この提案を受けて、都市計画当局は新たに建設する橋にそのための余地を残した。1964年にムンキニエミにある大型ショッピングセンターが拡張された際には、駅にするための空洞がつくられた。この最初の計画はやや野心的すぎると見なされたものの、ヘルシンキの街が少なくとも何らかの高速輸送／メトロサービスにふさわしい規模になりつつあるとの認識が広がっていった。

1969年の縮小版の案では3つの路線（一部はヘビーレール）

上　ヘルシンキ・エネルギー社がバイオ燃料へ転換する一環として建設されたトンネル。深さは30〜60メートル、全長12キロに及ぶ。

下　ヘルシンキの地下には核シェルター網が広がり、写真のような入口が市内に数百もある。入口のドアには通常、民間防衛を意味する国際的シンボルの青い三角形が描かれている。

が計画され、1971年までに2.8キロの試験用線路が完成する。最初のメトロ路線はプオティラ駅とカンピ駅を結ぶもので、ヘルシンキ中心部の地下を走るトンネルの大部分が1976年までに完成していた。

　この最初のメトロ路線の駅は、どれもやや「オーバースペック」気味だった。というのも、地下シェルターとしても使えるように設計され、防空システムとしての余分な機能を備えていたからだ。メトロの最初の区間は1982年に開通した。以来、何度か延伸され、現在では25の駅を結んでいる。うち16駅は地下にある。

　現在、いくつかの地下鉄延伸計画が持ち上がっている。いちばん進んでいるのは西のキベンラハティに向かうルートで、この路線は2022年に開業する予定だ。パシラ・メトロの愛称を持つ新路線は、カンピ駅を始点に4つの駅をつなぎ、北のパシラまで走ることになっている。遠い将来には空港もつながり、さらに南のサンタハミナ島方面に向かって、少なくとも7駅が結ばれるかもしれない。そのほか、ブリッキとマイビクまでの延伸線ができる可能性もあるが、これはさらに長期的な構想だ。

## マスタープラン

　2010年、ヘルシンキはあらゆる輸送機関と民間防衛の開発計画をまとめた地下空間マスタープランを採択した。これは地下システムを継続的に維持・拡張し、非常事態が起きた際の活動に備えるためのものだが、システムの一部を地上コミュニティの資源として常時活用できるようにする狙いもある。システムの一環として、地下にグッゲンハイム美術館をつくる案まである。

深度（メートル）

| | |
|---|---|
| 0 | |
| | フィンランドの典型的な地下貯蔵庫 |
| -10 | イタケスクス水泳センター |
| -20 | |
| | 市民向け岩盤シェルター |
| | 地下鉄トンネル（平均） |
| -30 | パシラ貯水池<br>カンピ駅（M1、M2線／メトロ最深駅） |
| -40 | パイエンネ湖地下水道（平均） |
| -50 | |
| -60 | |
| -70 | |
| -80 | 整備用トンネル |
| -90 | |
| -100 | エスプラナーディ公園貯水池 |

## イタケスクス水泳センターとカンピ駅

1958年の民間防衛法により、すべてのフィンランド人は平時のみならず有事も保護を受ける権利を有し、内務省は攻撃を受ける危険性の高い地域、つまり都市部の大半に住む全市民のためにシェルターを用意することになった。現在、フィンランドの地下には巨大なシェルターネットワークが整備され、たとえ大型核兵器が爆発しても、都市部を中心に300万人以上が生き延びられるとされる。ヘルシンキの地下鉄システムも単に都市交通としてだけでなく、核攻撃にも耐えられる頑丈なシェルターとしても使えるように建設された。東部郊外のイタケスクスにある地下シェルターにはフィンランド最大の地下公共プールがある。

下　1993年にオープンしたイタケスクスの地下プールは1000人が一度に利用でき、2本のウォーターシュートと高さ5メートルの飛び込み台まで用意されている。4つのプールで構成され、フィットネスセンターも併設されている。岩石をくり抜いて建設されているので、外からは見えない。

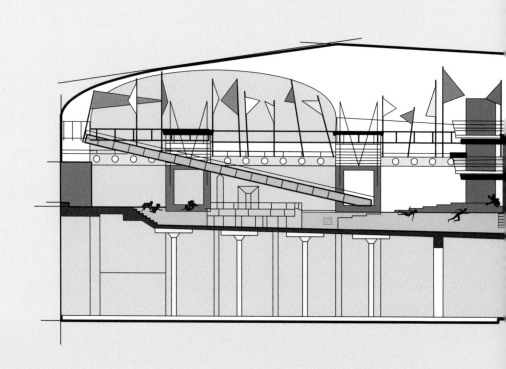

右　ヘルシンキ中心部のカンピにあるメト
ロ駅は、既存の市民用シェルターに沿って
掘られた空間に建設された。その後もさら
に掘削され、現在は大半が地下にある巨大
なショッピングモール、カンピ=フォーラム
複合施設が営業している。駅のホームは地
下31メートルとメトロで最も深いが、その
下には既存線路に対して直角に走る新たな
メトロ線計画のための別のホームが控えて
いる。駅の天井に見えるたくさんのサイン
はヘルシンキ美術館が依頼したものだ。ヘ
ルシンキの多文化性を称え、ヘルシンキの
住民がさまざまな地域からやってきている
ことを一部ながら示している。

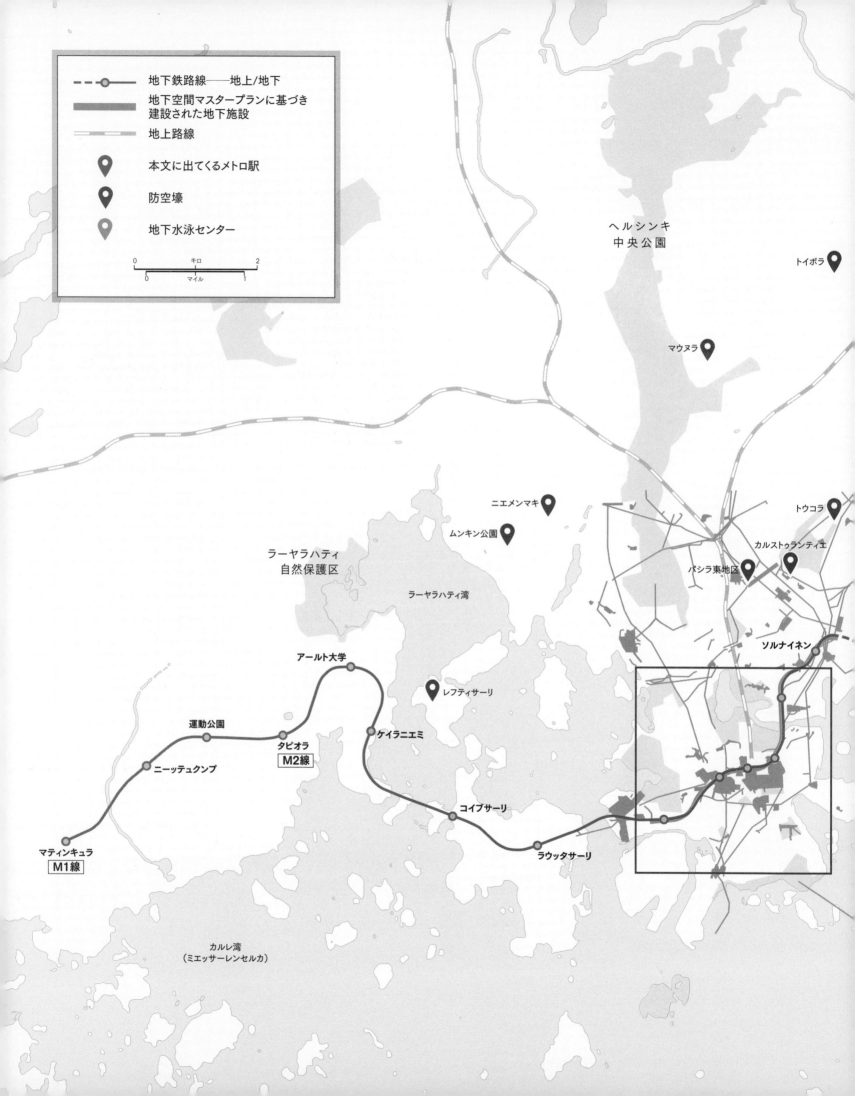

凡例

地下鉄路線──地上/地下

地下空間マスタープランに基づき
建設された地下施設

地上路線

本文に出てくるメトロ駅

防空壕

地下水泳センター

0　　　　　キロ　　　　　2
0　　　マイル　　　1

ヘルシンキ
中央公園

トイボラ

マウヌラ

ニエメンマキ

トウコラ

ムンキン公園

カルストゥランティエ

ラーヤラハティ
自然保護区

パシラ東地区

ラーヤラハティ湾

ソルナイネン

アールト大学

レフティサーリ

運動公園

タピオラ
M2線

ケイラニエミ

ニーッテュクンプ

コイブサーリ

マティンキュラ
M1線

ラウッタサーリ

カルレ湾
（ミエッサーレンセルカ）

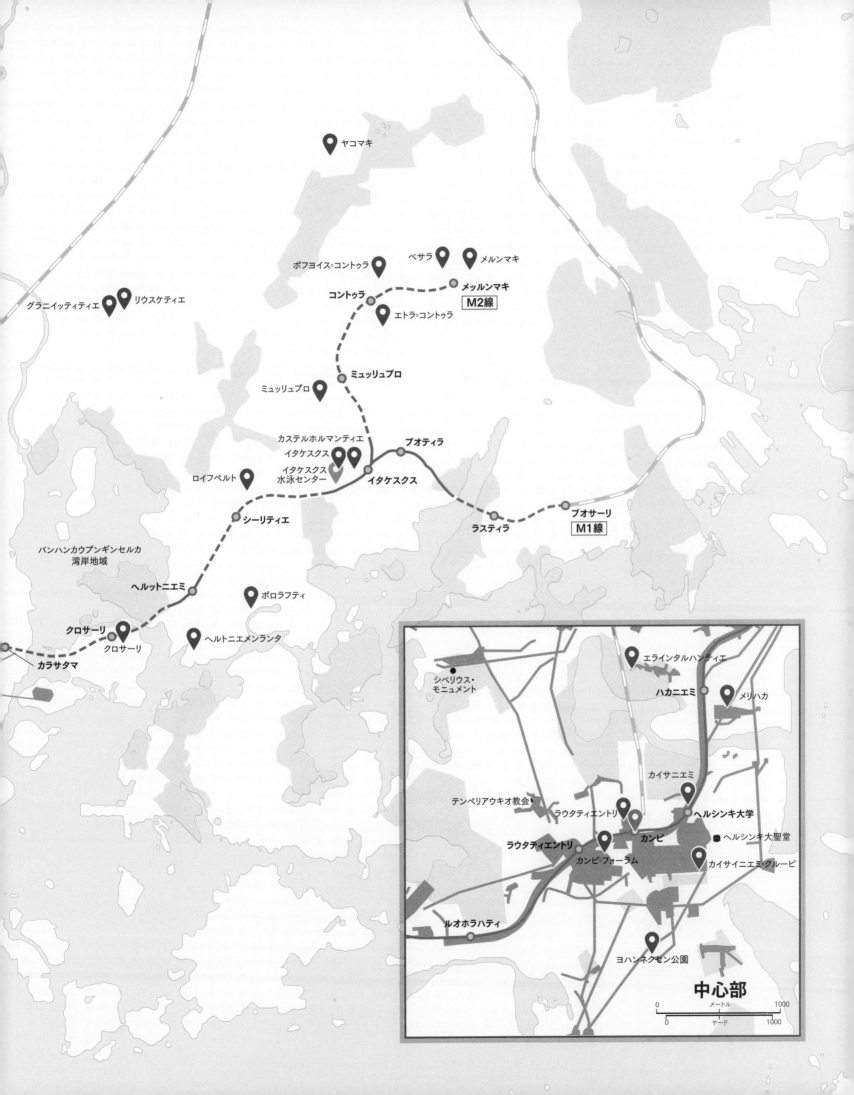

ヤコマキ

ポフヨイス゠コントゥラ　ベサラ　メルンマキ

グラニイッティティエ　リウスケティエ

コントゥラ　　　メッルンマキ
**M2線**

エトラ゠コントゥラ

ミュッリュプロ

ミュッリュプロ

カステルホルマンティエ　プオティラ
イタケスクス

イタケスクス
ロイフペルト　水泳センター　イタケスクス

シーリティエ　　　　　ラスティラ　プオサーリ
**M1線**

バンハンカウプンギンセルカ
湾岸地域

ヘルットニエミ

ポロラフティ

クロサーリ

クロサーリ　ヘルトニエメンランタ

カラサタマ

---

エラインタルハンティエ

シベリウス・
モニュメント

ハカニエミ　メリハカ

カイサニエミ

テンペリアウキオ教会

ラウタティエントリ　ヘルシンキ大学

ラウタティエントリ　カンピ　ヘルシンキ大聖堂

カンピ゠フォーラム　カイサイニエミ゠クルービ

ルオホラハティ

ヨハンネクセン公園

## 中心部

0　メートル　1000

0　ヤード　1000

# モスクワ[ロシア]

## 秘密の地下空間

ロシアの首都であり、市域に1320万人、周辺も含めるとさらに700万人が暮らすヨーロッパ大陸最大の都市圏でもあるモスクワは、地球最北の巨大都市だ。たまねぎ形のドームを頂く教会やヨーロッパ一高い自立塔が織りなすモスクワのスカイラインはひと目でそれと分かる独特さを誇るが、この街にはそれに劣らず魅力的な地下空間も隠されている。

モスクワ川の河畔では、新石器時代の人類や鉄器時代の集落の痕跡が見つかっている。現代のモスクワがある場所はいくつもの重要な交易路の途上に位置し、9世紀には東スラブ人がこの地に住みついたとされている。モスクワという小さな街の名が登場する最古の記録は1147年のものだが、その数年後、街はモンゴルの襲撃により壊滅した。

14世紀までにモスクワは再建され、繁栄に向かう。1480年頃にはモンゴル=タタールのくびきを打ち破る戦いを主導し、その後、ロシアとシベリアを配下に収める帝国の首都になった。

クレムリンの建設が始まったのもその頃だ。現存する壁は1495年頃に完成していた。当時のモスクワは、すでに人口10万人を擁する世界有数の大都市になっていた。だが1571年、タタール人の侵略を受け、当時の人口20万人のうち3万人しか生き延びられなかった。1713年には、ロシアの首都がサンクトペテルブルクに移された。

モスクワが再びロシアの首都になったのは、1917年のロシア革命後のことである。その後も内戦は続いたものの、ロシアは史上初のマルクス・レーニン主義国家であるソビエト社会主義共和国連邦となり、その国家体制は1991年まで続いた。モスクワの地下にある秘密の防空壕やトンネルのほとんどは、第二次大戦の終戦後から始まった冷戦時代にできたものだ。

### モスクワのクレムリン

モスクワの中心にそびえるクレムリン。その実体は教会と宮殿を内包する城塞で、地下には新旧のトンネルが無数にあると噂されている。クレムリンには、長年にわたってモスクワで最も高い建造物の座にあったイワン大帝の鐘楼もある。1508年に建造されたこの鐘楼は、1600年の改築で現在の高さになった。「壁に囲まれた街」を意味する「クレムリン」という名の起源は1320年代にさかのぼる。1359年以降、30年にわたるドミトリー・ドンスコイ大公の治世に、クレムリンから外へ出るための地下通路が数多く掘られたと言われている。後年、この地下通路は包囲戦や攻撃の際に城塞から脱出するための逃げ道として、ロシア正教の歴代総主教により拡張された。

16世紀の支配者イワン雷帝は、クレムリン地下の脱出用トンネルに武器庫を丸ごと隠していたようで、1970年代の地下鉄の拡張工事中にその名残が発掘された。ピョートル大帝の時代（1682年から）には、イワン雷帝がクレムリン地下に蔵書を埋めた

とも噂されていた。中には金の表紙がついた稀覯本（きこうぼん）もあったと言われているが、そうした貴重な品々が隠されていた形跡は見つかっていない。

16世紀半ば、トリニティ教会と総称される9つの教会群が聖ワシリイ大聖堂に進化した。当時としてはユニークだったたまねぎ形の尖塔は、近くの鐘楼に合わせたものとも炎を模したものとも言われている。だが、この美しい建造物は、不安定な足もとに悩まされている。1500年代にできた基礎が、長年にわたり周辺で行われてきた数々の地下工事に影響され、鐘楼が明らかに傾いていると指摘されている。聖ワシリイ大聖堂の由緒ある壮大なモニュメントに最大のダメージを与えたのが、スターリン時代につくられた大型戦車を置くための巨大な地下車庫だ。この戦車庫は赤の広場の東端に位置している。ここはかつて「下流商店街」と呼ばれていた場所だが、商店街は地下戦車庫をつくるため1936年に撤去された。

クレムリンが建造されてから数世紀の間に、舗装した堀をはじめとする防衛設備が追加された。その頃の街の境界は、現在サドーボエ環状道路と呼ばれている16キロほどの道路におおむね沿っていた。その後の数世紀で、さらなる攻撃、大火、飢饉、疫病、蜂起により、モスクワの人口は激減する——燃える

ものは残らず焼き尽くされたという、1812年のナポレオンによる侵攻もそれにひと役買ったことは言うまでもない。街はロシア帝国時代（1721〜1917年）に復興を遂げ、第一次大戦の頃までに人口は200万人近くに達した。

大河モスクワ川を除けば、モスクワを流れる細い支流のほとんどは、時代とともに運河や暗渠になったり、工事により流れを変えられたりした。その一例がネグリンナヤ川だ。この川は19世紀以降、サビョロフスキー駅に近い市北部から地下に入り、市中心部の赤の広場や数々の建造物の下を流れている。コンクリートの暗渠を流れたあとは、モスクワ川の排水口に出る。1974年から1979年にかけては、クレムリンなどのモスクワを象徴する建造物の地下を流れる4キロの雨水排水管が新設された。

## モスクワのメトロ

モスクワの地下鉄構想はロシア帝国時代から出ていたが、その目論見は第一次大戦とそれに続く革命と内戦に打ち砕かれた。1923年になってようやく、地下鉄建設の可能性を調査すべく、モスクワ鉄道人民委員会のもとに地下鉄設計局が設置された。

1928年までにソコルニキ駅と市中心部を結ぶ11キロの1号線の計画がまとまり、1931年に共産党中

**上** 全長7.5キロのネグリンナヤ川はかつて、現在のモスクワ中心部に当たる地域を南北に流れていた。だが、早くも1792年には暗渠化が始まり、現在は完全に地下を通ってモスクワ川へと注いでいる。

**184〜185ページ** モスクワの地下鉄の駅は間違いなく世界で最も美しく、実際、見事な装飾が施されている。駅を美しく飾る伝統は1935年の開業時に始まり、近年新設された駅まで続く。左上：コムソモーリスカヤ駅（5号線、1952年開業）、左下：パールク・クリトゥールイ（文化公園）駅（5号線、1950年開業）、右上：トロパリョボ駅（1号線、2014年開業）、右下：ゴボロボ駅（8A号線、2018年開業）

深度（メートル）

0

−10 ── トロパリョボ駅（1号線）
── ゴボロボ駅（8A号線）

−20

−30

── コムソモーリスカヤ駅（5号線）

−40 ── パールク・クリトゥールイ（5号線）

−50

── 第42地下壕／ルジェフスカヤ駅

−60

−70

■ メトロ2号線（推定）

−80 ── パールク・パベーディ（勝利公園）駅
（3、8A号線／メトロ最深部駅）

−90

−100

−200 ── ラメンキ地下壕（推定）

## ルジェフスカヤ駅と第42地下壕

モスクワの地下建設は単に豪華なだけでなく、深いところを掘り、場合によっては秘密裏に進められてきた。実はもっと深いところに闇の地下鉄システムが今も存在するのではないか、という話が根強く残っている。だが、存在を確認できた冷戦時代の建造物の多くは、単に公表されるだけでなく、大々的に宣伝されている。巨大な第42地下壕のような歴史的な場所を新たに取得した個人や企業は、観光客を呼び込むために積極的にPRを行っているのが現実だ。

**下**　モスクワでは現在、路線番号11号のボルシャヤ・コルツェバヤ（大環状）線（郊外の外縁部を走る3番目の環状線）の建設が進められている。この11号線で新たに建設される駅の1つが、ブランク設計事務所が設計したルジェフスカヤ駅だ。これが完成すれば、上にある1958年建設のカルーシュスコーリーシュスカヤ線（6号線）のリーシュスカヤ駅と乗り換え可能になる。リーシュスカヤ駅のホームはタイルがふんだんに使われている。これを設計したのはラトビア人建築家のバイデロティス・アプシーティスとA・レインフェルズだ。リーシュスカヤ駅のホーム自体、地下46メートルに潜ったところにあるが、この透視図で示すようにルジェフスカヤ駅の新しいホームはそこからさらに深いところに建設される。

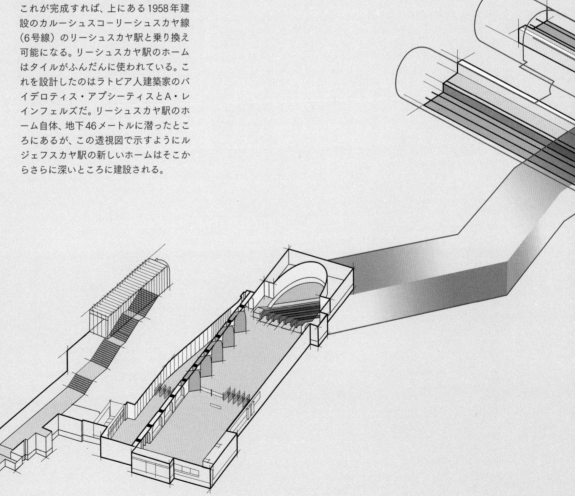

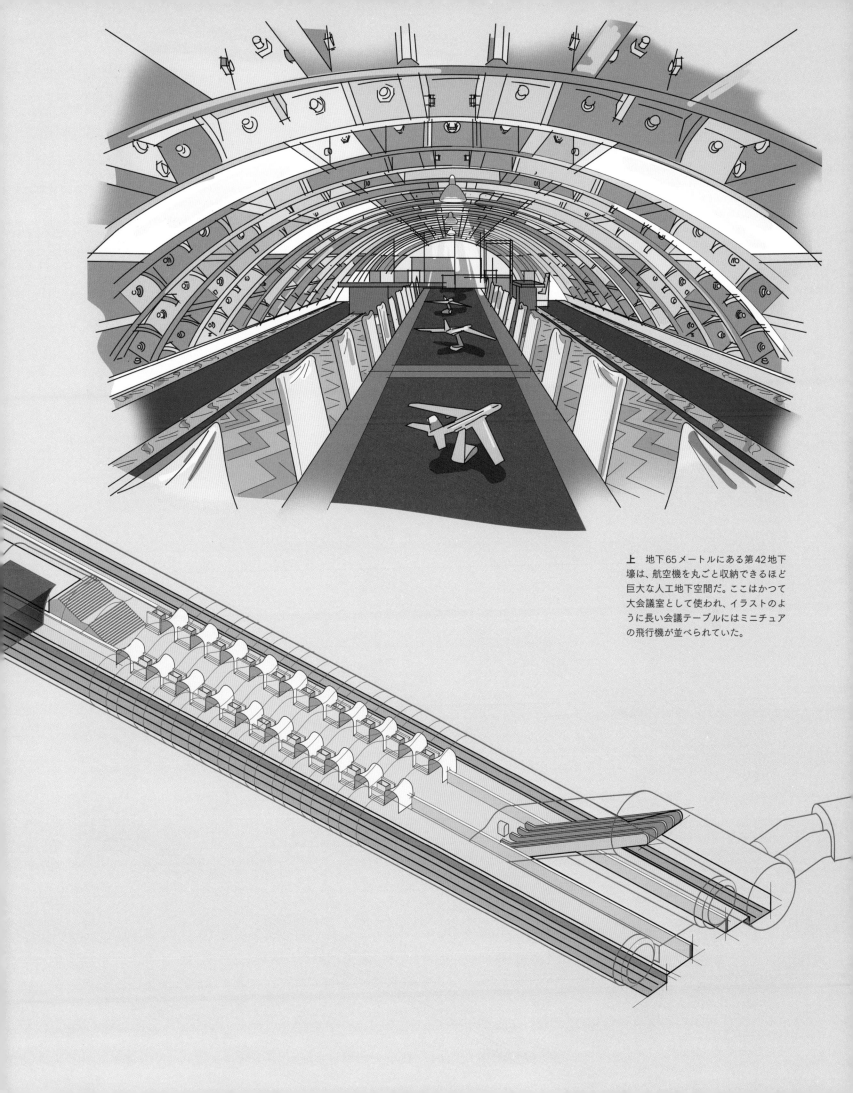

上　地下65メートルにある第42地下壕は、航空機を丸ごと収納できるほど巨大な人工地下空間だ。ここはかつて大会議室として使われ、イラストのように長い会議テーブルにはミニチュアの飛行機が並べられていた。

央委員会の承認を取りつけた。

　その後、10路線の地下鉄網全体がソ連政府の計画に組み込まれ、設計の助っ人としてイギリスのロンドン交通局から専門家が招かれた。イギリス人たちは地下深部のトンネルにエスカレーターでアクセスする方式を支持し、開削工法で掘った比較的浅い溝と階段（またはエレベーター）からなるパリ方式には反対した。

　ソ連側はこのアドバイスを額面通りに受け取り、地下鉄網のほぼ全体が深いトンネル内に敷設されることになった。この方式に大きな利点があると分かったのは、地下鉄網を第2の目的——防空壕——で使う必要が生じたときのことだ。最初の路線は1935年に開通し、1937年には第2の路線が続いた。その後、核兵器がもたらす最悪の影響——爆発と降灰——から市民を守るため、モスクワ地下鉄に特殊な工事が施された。トンネルが深いというだけでなく、巨大な「防爆扉」で密閉できるモスクワの地下鉄網は、途方もなく大きなひとつながりの防空壕としての機能も備えている。

　総延長437キロの16路線で261の駅を結び、世界屈指の運転間隔の短さを誇るモスクワの地下鉄は、現在では1日あたり700万人を超える乗客を運んでいる。初期の駅の大多数は、目もくらむほど豪華な様式で建てられた。大理石の柱、シャンデリア、アップライトなどを備え、世界でも一、二を争う壮麗な地下空間になっている。最近できた駅の

多くにも、現代様式ではあるが、惜しみない装飾が施されている。1号線のトロパリョボ駅（2016年）や10号線のセリゲルスカヤ駅、11号線のデロボイ・ツェントル駅（いずれも2018年）はその典型だ。地下84メートルにあるパールク・パベーディ駅（1986年）は世界で4番目に深い地下鉄駅で、ヨーロッパ最長のエスカレーターがある。

　西側との関係が冷えきり、地下トンネルの利点が認識されるようになった頃、モスクワ当局は「メトロ2」と呼ばれる第2の地下鉄の建設にゴーサインを出したという。ヨシフ・スターリンの命で建設された最低でも長さ25キロ、もしかしたらさらに長いかもしれない秘密のトンネルが地下50〜200メートルを走り、クレムリンの地下深くにある司令室から市外の少なくとも3地点、さらにはモスクワ大学近辺までをつないでいると言われている。ロシア政府はこのトンネルの存在をおおやけに認めていないが、アメリカ諜報筋からリークされた情報によれば、市外へ出る3本の路線が存在しているという。地元の「穴掘り屋」（都市探検家）たちも、トンネルをとらえた証拠写真があると主張している。

　1970年代に建設されたというこの3路線の少なくとも1つは、公共地下鉄の1号線の線路と直接つながっていると見られている。メトロ2の「駅」の1つは、ラメンキ地下壕（後述）につながっているらしい。1990年代の第2期につくられたとされる別の路線は、市中心部から28

**左** 1955年に核戦略施設として開設された第42地下壕は総面積が7000平方メートルほどあり、航空機の格納庫のみならず、通信司令部、宿泊施設、事務所、レストランなどが設けられていた。写真のように、現在レストランは冷戦時代の博物館として営業している。ここに入れば、地下につくられた空間の広大さが多少なりとも感じられるだろう。

**右** 第42地下壕の内部には、このような回廊がたくさん通っている。そのうちのいくつかは、近くの地下鉄タガンスカヤ駅につながっていた。そこを通ったのは歩行者だけではない。列車もメトロの線路から回廊に入って、地下壕の建設に一役買った。

キロ離れたブヌーコボの旧軍用飛行場まで伸びているという。

その一方で、2012年以降、公式なメトロでも大規模な拡張が進められている。2022年までの10年間で、24種類のトンネル掘削機を使って150キロ近い新トンネルが建設される。現在、複数の路線で延伸工事も進行している。すでに最初の区間が開通している新しいネクラソフスカヤ線は、2020年までに全線が完成する予定だ。17キロの全線が地下にあるこの路線は、6つか7つの駅を結び、15号線と呼ばれることになっている。

## モスクワの地下シェルター

モスクワの地下には多くの地下空間が存在し、核攻撃を受けたときに全市民が避難できるほどの数にのぼると言われている。1300万人を超える人口を考えれば、途方もないスペースだ。地下シェルターはおもに4つのタイプに分かれる。地下室、メトロ型シェルター（おもに民間人用の避難場所）、球形シェルター、そしてメトロ2型シェルターだ（最後の2つは軍用）。最も昔からあるタイプが地下室だ。名前からも分かるように、これは基本的には既存の建物や公園の地下に掘られた浅い穴で、比較的安く手軽につくれる。土を掘り出してから、コンクリート製の覆いをつける方式だ。球形シェルターは、核爆発の衝撃を和らげる球形のコンクリート製シールドを特徴とする。サイズや製造年代はさまざまだ。比較的新しいものは、コンクリート製シールドが建築物の一部に最初から組み込まれており、内部にいる人を守るショックアブソーバーを備えている。初期の球形シェルター（冷戦時代につくられた比較的浅いもの）は、既存の建築物の上に球形のコンクリート製シールドをあとから付け加えてつくられた。メトロ型シェルターの一例が、タガンスキーの第42地下壕だ。このシェルターは現在では博物館になっている。

1992年、アメリカの『タイム』誌が、ほとんど地下都市まるごと1つぶんに相当する巨大な地下シェルターの存在を報じた。同誌によれば、「1960年代に建設が始まった」と情報提供者が明かしたという。モスクワ大学キャンパスに近いモスクワ南西部のラメンキに位置するこの地下施設は、1970年までに完成し、とある科学団体が使う予定になっていた。

理論上の深さは最大200メートルで、1万5000人を収容できる。それが本当なら、世界一とは言わないまでも、モスクワ一の深さと巨大さを誇る地下壕ということになる。この地下施設はメトロ2系統ともつながっているとされ、「ラメンキ43」という住所に入口があると複数のウェブサイトで伝えられている。ただし、その住所は現在、緊急事態対応組織と見られる2団体（第21軍救援隊と第1準軍救援隊）が使っている。

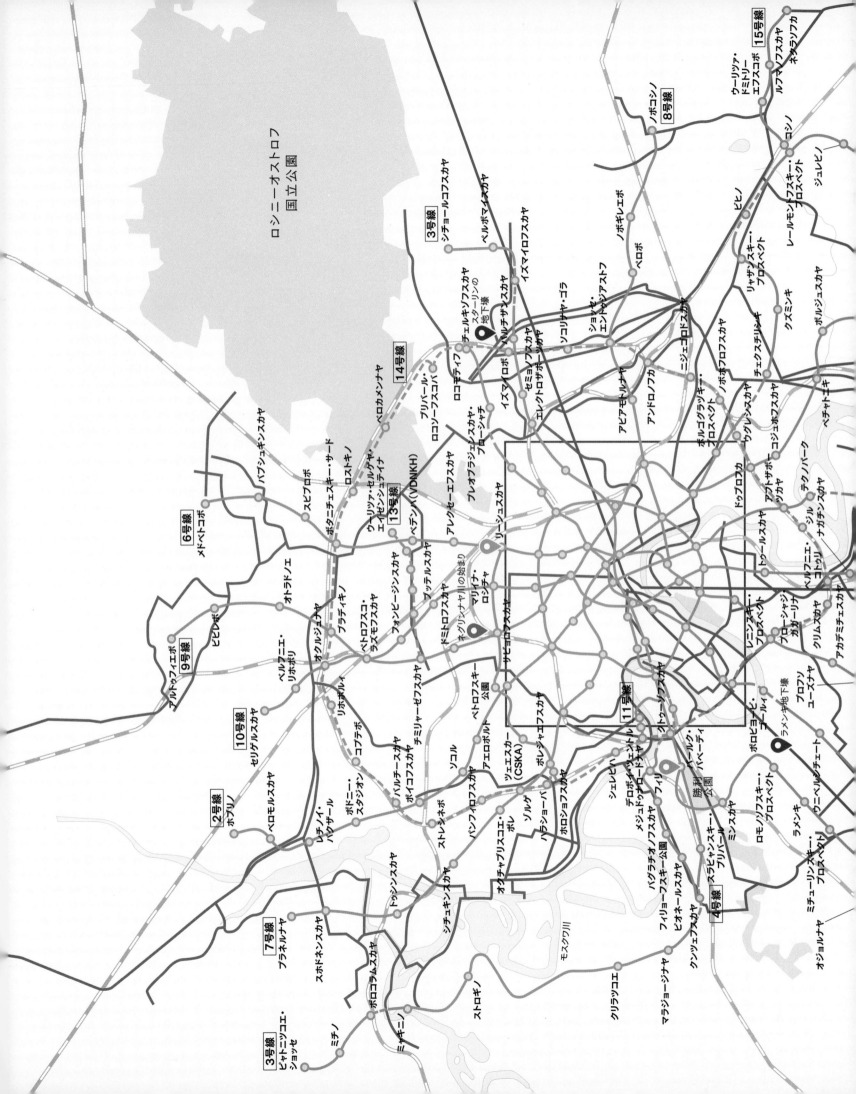

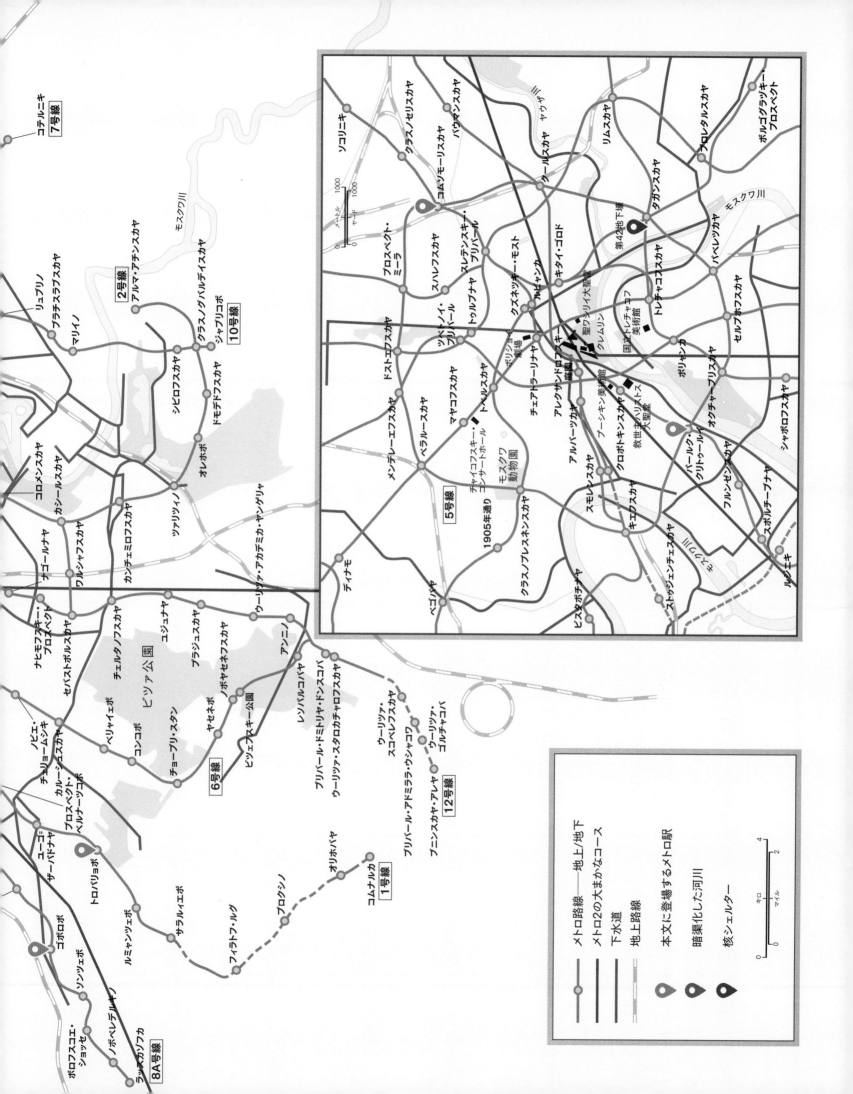

# アジアとオセアニア

## Asia and Oceania

1923年、シドニーのシティ・サークル（都市循環交通）地下鉄
道のためにハイドパークに建設中のトンネルを撮影した写真。

# ムンバイ ［インド］

## 7つの島からなる都市

　かつてはボンベイと呼ばれ、現在はマハラシュトラの州都でもあるムンバイは、インド西岸に浮かぶ7つの島からなる列島の上に築かれた街だ。市域人口は1200万人、周辺を含めた都市圏には2100万人以上が暮らしている。

　ムンバイの最も古いエリアの歴史は、グジャラートから来たコーリーの民が住みついた先史時代までさかのぼることが、考古学的な証拠から分かっている。16世紀にポルトガル帝国の支配下にあったボンベイは、1661年にイギリスに譲渡され、イギリス東インド会社に貸し付けられた。インド洋周辺での交易のために1600年に設立された東インド会社は、のちにインドとなる国全体に影響力を及ぼすようになり、東南アジアの植民地支配において重要な役割を果たすことになった。

### 島をつなげる

　1782年以降、埋め立てや堤道により7つの島を1つにつなげるべく、野心的な土地改良事業がたびたび行われた。そのうちの1つ、ホーンビー・ベラード・プロジェクトでは、最大の島であるH形をしたボンベイ島とそのわずか0.3キロ北に位置する小さなワーリ島を結ぶ土堤がつくられ、その上に長い道路が敷かれた。この道路は南北4.2キロ、東西4.5キロにわたって伸びていた。1784年に完成したこの堤道により、列島中央の潟湖に絶えず流れ込んでいた海水が堰き止められた。この干拓地や島の隙間にあった283ヘクタールの湿地帯から段階的に水が抜かれ、さらなる堤道が築かれた結果、1838年までには、かつてのボンベイ島はもはや存在しなくなっていた。ひとたび本土やほかの島々とつながると、ボンベイの人口は一気に増加した。

### 大昔のトンネル

　最近になって、セント・ジョージ要塞からセント・ジョージ病院の地下までを結ぶ、240年前につくられた1.5キロのトンネルが発見された。このトンネルは武器や負傷兵を運ぶためのもので、かつては大きなネットワークの一部として、別のトンネルでチャーチゲート、ブルー・ゲート、アポロ・バンダル（現在はウェリントン桟橋と呼ばれ、ムンバイのランドマーク的建造物のインド門が

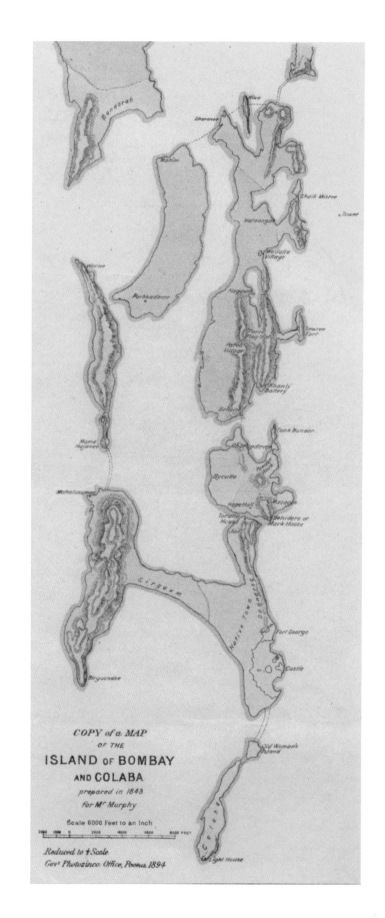

上　総面積1400平方メートルに及ぶラジ・バワンの地下壕の一部を描いたイラスト。

左　1894年に作成されたこの地図のように、もともとムンバイ湾には7つの島があったが、土手道の建設と干拓によって、わずか数年ですべて本土（地図の左上）と陸続きになった。

ある）とつながっていたと見る歴史学者もいる。

19世紀半ばにさかのぼる古いトンネルはほかにもある。その一例が、旧マハラシュトラ州知事公邸ラジ・バワンの地下で最近発見された秘密の地下壕だ。これは兵舎としてつくられたもので、450平方メートルの広さがある。正確な建設時期は分かっていないが、1885年以降と見られている。

## ムンバイの交通

ムンバイがボンベイと呼ばれ、大英帝国の一部だった頃に、インド亜大陸全土で大規模な鉄道網が開発された。ムンバイでも鉄道が発展し、現在のムンバイ近郊鉄道（西部線、中心部線、港線）沿線で人口が急速に増加した。ムンバイ近郊鉄道の1日あたりの乗客数は、現在では700万人を超える。ディバとターネを結ぶ1916年開通の長さ1.3キロのトンネルは、インド屈指の古さと長さを誇っている。

トラム網も発展を後押ししたが、ムンバイが急激に拡大していた1980年に廃止された。現在のムン

バイは慢性的な交通渋滞に日々悩まされている。そうした事情から、現代的な大量輸送ネットワークに投資する決断がようやく下った。生まれてまもないムンバイ・メトロには、現在のところ全長11.4キロの1路線しかない。この1号線は2014年に開通し、大部分が高架を走っている。これを手始めに、さらに大規模な8路線からなるメトロ網が整備される予定で、現在工事が進められている。完成後は、メトロ網の24％が地下を走ることになる。その中心となるのが、長さ33.5キロの3号線だ。3号線は、ムンバイ南端のビジネス中心地区カフ・パレードと北側のサンタクルス電子輸出加工区（SEEPZ）を27の駅で結ぶ。2025年までにネットワークをさらに拡大し、総延長235キロまで延伸する計画もある。ただし、建物の密集する古い都市での工事の難しさから、現時点では予定よりも進展が遅れている。だが、完成のあかつきには、メトロ網はほぼ倍増し、全部で14路線になるはずだ。

# 北京 [中国]

## 手作業で築かれた地下都市

市域に2100万人、周辺を含めた都市圏にさらに300万人が暮らす中国の首都・北京は、人口ランキングをまたたくまに駆けのぼり、世界屈指の人口を擁する都市に成長した。

この地域には数十万年前から人類の祖先が暮らしていたことが考古学的な証拠で示唆されているが、現在の北京のルーツは3000年ほど前、西周王朝時代に開かれた薊という都市にある。20世紀に至る

までの800年の間に、北京は34人の皇帝の治世で少なくとも6回にわたって「首都」になった。

明王朝時代（1368～1644年）には、一連の城壁と厳重な城門が街の周囲に築かれた。長さ24キロ、高さ15メートル、厚さ20メートルの内城壁をはじめとする城壁の名残は、時の流れに耐えて現在の北京中心部を形づくってきた。数百の建物からなる紫禁城は15世紀はじめに建造され、現在では世界遺産

に登録されている。

中国はその長い歴史を通じて文明を目覚ましく発展させてきたが、この国を最も大きく変えたのは、おそらく1945〜1949年の内戦以降の急激な変化、もっと言えば1978年の経済改革だろう。

## 北京の地下都市

1978年に先立つ10年の間、中国は隣国である旧ソ連との戦争の脅威にさらされていた。1969年、毛沢東は核攻撃に備えた地下シェルターの建設を国民に命じ、国民はその命令を額面通りに受け取った。北京だけでも、最大30万人の国民が1万という前例のない数のシェルターを街の地下につくった。その多くは、手持ち工具を使って掘られたものだ。

冷戦が熾烈を極めていた10年の間に、ときどきは軍の協力があったものの、北京市民はもっぱら自らの意志の力を頼りにせっせと穴を掘り、密閉し、相互に接続して、最大85平方キロに及ぶ地下都市をつくり上げた。地元の人たちが「北京地下城」と呼ぶこのシェルター網は3層の深さにまたがり、900もの入口があった。ありとあらゆる主要政府施設がトンネルで結ばれ、600万人にのぼる北京の人口(工事が始まった1960年代当時の人口)の大多数が避難できる広さだった。地下にはレストラン、工場、倉庫のほか、劇場、運動場、さらにはキノコなどの農作物を育てる農場まであった。

鉱山と地下鉄を別にすれば、この地下都市は間違

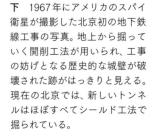

下　1967年にアメリカのスパイ衛星が撮影した北京初の地下鉄線工事の写真。地上から掘っていく開削工法が用いられ、工事の妨げとなる歴史的な城壁が破壊された跡がはっきりと見える。現在の北京では、新しいトンネルはほぼすべてシールド工法で掘られている。

いなく人類史上最も見事な人工の地下構造物だろう。1980年代に冷戦が雪どけを迎えると、地上の不動産価格が急騰し始め、高額なアパートに住む余裕のない多くの人たちが地下空間に住むようになる。そうした地下の住人たちは「ネズミ族」として世に知られることになった。近年では、政府当局がたびたびネズミ族の一掃に取り組んでいるが、大半は今も地下に残っている。

地下城の名残は、起業精神にあふれる一部の市民や大規模な不動産開発業者が別のものに転用している。かつての地下城の一部は、ショッピングモール(王府井大街沿い)の地下階に改造された。観光客が利用している例もある。地下6階まである長安大飯店(ホテル)には、地下城の一部が活用されている。

北京地下のトンネルは、局所的な攻撃を逃れる市民のための単なるシェルターとは思えないほど、市外のはるか先まで伸びているとも囁かれている。反体制派の主張によれば、地下城よりもはるかに幅の広い舗装トンネルが遠く離れた兵舎や戦車庫を結び、近郊都市まで延々とつながっているという。秘密の軍用道路や鉄道の地下ネットワークが中国全土に存在しているという噂もある。

## 大胆な地下鉄計画

北京最初の地下鉄路線が開通したのは1969年のこと。メトロ網は1950年代はじめからすでに議題

にのぼっていた。モスクワ式のメトロをつくれば、大量輸送に対応できるだけでなく、軍用資産も倍増するとの調査報告もまとめられていた。だが、総延長172キロの6路線で114の駅を結ぶという1957年の計画——ソ連の助言によるもの——は、実現には至らなかった。

1965年になって、ようやく地下鉄工事がスタートするが、東西を結ぶ21キロのこの路線は、由緒ある内城壁や城門の一部を取り壊す必要があったことから、大きな論争を巻き起こした。この路線は公式には1969年に完成したことになっているが、土木工学的な問題から、1971年はじめに開通したのは10キロの区間にとどまり、翌年に少しずつ延伸された。1981年までに19駅を結ぶ長さ27.6キロの路線ができ上がり、管理権限が北京市地鉄運営有限公司に引き渡された。数々の延伸計画を温めていた同社は、明朝時代の城壁のラインに沿って地下を走る馬蹄形の第2の路線をわずか3年で完成させた。

2001年には、2008年夏季五輪の開催地に選ばれたのを機に、地球上で最も急激なメトロ網拡大が幕を開ける。「3つの環状線、4つの水平路線、5つの垂直路線、7つの放射状路線」をつくるという大胆な宣言は建設界を震撼させたが、香港MTR（香港鉄路）とのコンソーシアムにより、総延長561キロにのぼる全19路線の計画がおおむね達成された。

2008年には、さらなる野心的な計画が発表された。2022年までに北京地下鉄を総延長1000キロ（うち62%は地下）に延伸するというのだ。全22路線で結ばれる駅の数はまだ明らかになっていないが、600駅を超える可能性がある。

鉄道の拡張はメトロ路線だけにとどまらない。2015年には、2つの基幹駅（北京駅と北京西駅）の行き来をしやすくするべく、街を横断する9キロの鉄道トンネルが開通した。2017年以降は、郊外鉄道の新しい北京都市副中心線もこのトンネルを利用している。

## 衛生と水のニーズ

中国政府は交通に劣らぬ途方もない規模で下水道のニーズに取り組んでいるが、メトロほど成功し

ていないという批判の声も上がっている。1990年になっても、北京の下水システムは悲惨なほど整っていなかった。全長3000キロにのぼる下水溝や排水管が新たに建設され、2000年以降は新しい下水処理場が毎年のように開業しているが、進歩の余地はまだおおいに残っている。

そのうえ、北京では水も不足している——降水量の多い地域に街を丸ごと移設する話まで出ているほどだ。数十億リットルにのぼるきれいな水が手に入るにもかかわらず、その量ではまだ、この巨大都市のニーズを満たすには16%ほど足りない。地下深くの水を急速に吸い上げたせいで、地盤沈下も起きている。水不足のあまりの深刻さから、150キロ離れた沿岸部から脱塩処理した水を地下水路で運ぶ可能性も浮上している。

### 歴史ある宝物

紫禁城（故宮）の地下にその昔トンネルが掘られたことをうかがわせる証拠はほとんどないが、故宮博物館の100万点を超える貴重な遺物を安定した環境で保管するために、2つの地下保管庫（1980年代と1990年代に建設されたもの）を広さ2万9000平方メートルに拡張する工事が進められている。現在のところ、歴史的遺物は北京のあちらこちらに立つ建物に散らばっているが、この新たな地下空間が完成したあかつきには、2つの保管庫の片方を家具調度品の展示ホールとして使えるようにする予定だ。拡大された保管スペースと修復工房もトンネルで結ばれるため、施設内を移動させる際にデリケートな収蔵品を外気にさらさずにすむようになる。

# 東京 [日本]

## 超巨大都市の地下にあるもの

3800万人以上が暮らし、関東平野の1万3500平方キロを占める東京都市圏は、世界一人口の多い都市圏だ。GDPが1兆8000億ドルにのぼる、世界で最も生産性の高い都市でもある。この街は、日本を構成する主要4島のうち最大の島である本州に位置し、東京湾に面している。地震による破壊と再建を繰り返してきた東京の歴史的地区は、もともとは「河口」を意味する江戸の名で呼ばれていたが、命名当時はまだ日本の首都ではなかった。現代の東京の基礎ができたのは、明治天皇が京都からこの地に移った1868年のことだ。

### 自然の力

巨大都市・東京は、地理的にさまざまな自然現象の被害を受けやすい場所にあり、それが地上でも地下でも建造物に影響を及ぼしている。とりわけ影響を受けやすいのが、地震、津波、洪水だ。

地震の多さと高層建築に対する飽くなき欲求から、東京にそびえる超高層ビルの基礎の多くは、建物を岩盤につなぎとめるために並外れて深いところに設けられている。新しい建物をつくるときには、ただでさえ複雑な公共設備、下水道、地下鉄の網をすり抜けて、地上のビルを安全に保てるだけの深さまで地面を掘らなければならない。現在の東京には高さ100メートル超のビルが300棟以上あるが、近

年の大きな地震の際にも、高層ビルは1棟たりとも倒壊しなかった。

東京湾を囲む地域は、全域が都市化されている。湾の東岸の木更津から西岸の川崎まで車で行こうとすると、かつては東京の下町を経由して湾岸をぐるりとまわるルートで90分ほどかかっていた。そこで1970年代に浮上したのが、橋とトンネルを組み合わせて東京湾の両岸を結ぶ計画だ。1997年、110億ドル（1兆4400億円）を費やした10年近くにわたる工事を経て、東京湾アクアラインが開通した。海上と海底を走るこの道路により、100キロの道のりがわずか15キロに短縮された。トンネル部は深さ最大45メートル、長さ9.6キロで、自動車用海底トンネルとしては世界一の長さを誇る。

それよりもさらに長いのが、2015年に全線開通した18キロの山手トンネルである。1970年代に高架高速道路として計画されていたこの道路は、環境保護論者の反対でいったんは頓挫したものの、20年後にトンネルという形で復活した。最初の区間の完成までに15年、全線が開通するまでにさらに10年を要した。

水もこの大都市の悩みの種だ。東京は雨がよく降る。夏の雨の多い時期には、1時間の降水量が100ミリに達することもある。1991年の大規模な水害では3万棟が浸水被害にあった。その対策として、台

風に伴う過剰な雨水を排水するための抜本的な計画が練られた。東京から北に45キロの春日部市にある首都圏外郭放水路——"G-CANS"とも呼ばれ、「地下神殿」の異名を持つ——は、地下50メートルにつくられた5つの巨大なコンクリート製地下立坑からなる。6.5キロのトンネルで結ばれた立坑は、1つにつき67万立方メートルの水を貯められる。この施設の工事は1993年に始まり、完成までに13年の月日と20億ドル（2300億円）を要したが……その甲斐はあった。この巨大な貯水槽に水が流れ込む回数は、少なくとも年間6回にのぼる。水はこの施設に貯められてから、ポンプで安全な水流を保ちつつ、東京湾に注ぐ江戸川に排水される。

現代の排水対策以前にも、小伝馬町などの古い集落の周辺には、下水道や排水管が昔から存在していた。一説によれば、江戸は1700年までに世界最大の都市になっていたという（1678年の"庶民"人口は57万361人で、1721年までには100万人を超えていた可能性がある）。それならば、邪魔な下水もどうにかしなければならなかったはずだ。手作業や船で下水を捨てていたと主張する学者もいるが、最近の調査では、江戸時代に建設された木の筒や樋からなる下水の遺構が発掘されている。また、1653年には43キロ離れた近くの丘陵地から多摩川の水を江戸に供給する玉川上水も建設された。

日本は山脈が多く、都市空間に使える平地が限られているため、都市部の不動産価格が並外れて高い。昨今では、地上の駐車場はあまり見かけず、ほとんどの新しいビルが地下数階にまたがる駐車場を備えている。だが、さらに都市部をがんじがらめ

**上** 首都圏外郭放水路は洪水を防ぐために建設された。これはその調圧水槽を支える巨大なコンクリート柱と天井のイメージ図。

深度（メートル）

- 0 ── 江戸（東京以前）

- -10 ── 地下駐輪場

- -20 ── 首都圏外郭放水路調圧水槽

── 地下鉄トンネル（平均）
- -30

── 東新宿駅（大江戸線、副都心線）

- -40 ── 神田下水
── 六本木駅（日比谷線、大江戸線＝地下
鉄最深駅）
── アクアライン

- -50 ── 首都圏外郭放水路トンネル

- -60

── ガスパイプ

- -70

- -80

- -90

- -100

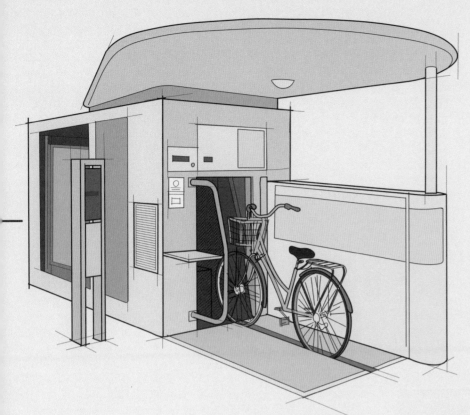

## 地下駐輪場

地上のスペース不足に悩む東京では、数千台の自転車でさえ地下に追いやられる。これほどの大都市ともなると通勤の15パーセントほどが自転車になるだけで、その数は数千台にもなり、歩道を塞いでしまう。この問題を解消するには、当然ながら地下に大きな駐輪場を作って収容するしかない。そして完成したのが、このエコサイクルという巨大なシリンダー型の駐輪場だ。利用者は道ばたにある小さな売店のような施設から自転車を地下に入れる。イラストは自転車の収納方法を示している。

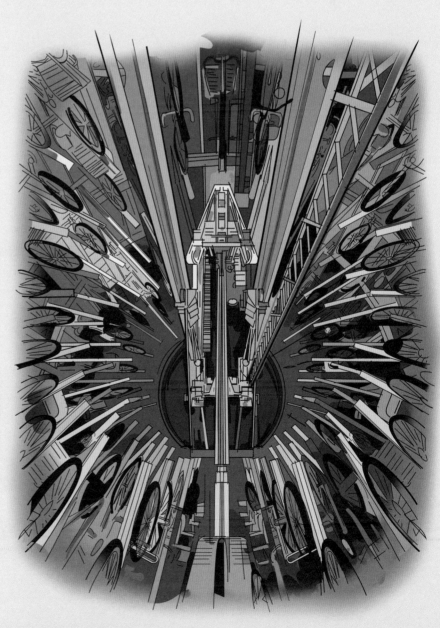

にしていたのが、貴重なスペースを占領する大量の自転車だった。その解決策として最近登場したのが地下駐輪場である。この手の駐輪場は、深さ最大13メートルの地下に設けられた円柱状の空間からなる。路上の入出庫口から自転車を自動的に引き入れて地下駐輪場に収納できる特殊な装置を備えている。出庫時には、預けた自転車がたちまち回収され、すぐに走り出せる状態で地上に戻される。

## 都市鉄道網

広大な面積を占める大都市圏であり、鉄道を愛する国の首都でもある東京には、世界屈指の密度を誇る都市鉄道網が存在し、その大部分が地下を走っている。巨大な近郊鉄道路線に加えて、東京には2つの異なる組織が運営する地下鉄網がある。民間事業者が運営する東京メトロは、総延長180キロの9路線に179の駅がある。公営の都営地下鉄は総延長108キロで、4路線で99の駅を結ぶ。

最初に開通したのは、現在「銀座線」(東京メトロの運営)と呼ばれている路線だ。1927年に開通した

この路線は、アジア最古の地下鉄と言われている。ただし、それ以前の1915年に東京駅の地下を走る郵便鉄道が開業しているが、こちらは郵便運搬専用で旅客運行はしていなかった。

銀座線の成功は地下鉄人気の火つけ役になった。伝えられているところによれば、走行時間わずか5分の列車に乗るために、乗客が最大2時間並ぶこともあったという。1938年には、東京高速鉄道が運営する別の路線が開通。第二次大戦後、2つの路線の運営会社が帝都高速度交通営団の名のもとで合併し、公的な性格を持つようになった。

その後の数十年でさらなる路線が開通し、2008年には東京屈指の深さを誇る(東新宿駅で地下35メートルに達する)副都心線が開業した。副都心線には、特定の駅をとばして走る急行列車もある。

歴史の長さを思えば奇妙な話だが、東京の地下鉄網には廃業した駅がほとんどない。例外は、千代田区にあった銀座線の萬世橋駅だ。1930年に開業したこの駅は、銀座線が神田川を渡った1931年に廃駅になった。

**上** この航空写真に写っているのは世界最大の都市圏、東京首都圏のほんの一部に過ぎない。首都圏の地下に作られたインフラや交通機関の多さにはただただ圧倒される。年間200兆円のGDPを生み出す首都圏の面積は、都県の含め方によっては1万3500平方キロを超える。

**右上** 1997年に開通した東京湾アクアラインは海上橋と海底トンネルを組み合わせた自動車道だ。写真は道路が橋から長い海底トンネルへ入るところ。その場所に建てられた人工島「海ほたる」は、トンネルの換気設備を収容するとともに、トイレやラウンジ、レストラン、アミューズメント施設などの営業も行っている。

## 東京の隠された都市

南北線（7号線）や大江戸線（12号線）などの比較的新しい東京の地下鉄路線の建設は、予想よりも大幅に速いペースで進んだようだ。そうしたことから、すでに存在していたトンネルの一部を利用したのだと主張する者が現れた。

作家の秋庭俊（文献目録参照）は、現代の東京の地下に秘密の隠れ都市が埋もれていると推理している。とある建物の設計図でミスのようなものを偶然見つけた秋庭は、地下鉄のさらに下にある、地図に記されていない謎のトンネルらしきものの調査に乗り出した。新たな事実が見つかれば見つかるほど、謎は深まっていった。やがて秋庭は、どんな地図や建設記録にも載っていない奇妙なトンネルが既存のメトロ路線につながっていることに気づき始める。

東京の地下鉄路線の公式な総路線距離は250キロほどだが、秋庭の主張によれば、東京の地下には最長2000キロの知られざるトンネルが埋もれている可能性があるという。その証左として挙げている

のが、図面が公開されていない、既存の広大な地下空間の上に建てられた建築物の存在だ。その一例が国立国会図書館の地下8階まである地下部分で、これは国会図書館が建設したものではないという。「この地下複合施設は、核攻撃に備えてつくられた可能性があるのではないか」と秋庭は述べている。とはいえ、この謎めいた場所の存在を肯定もしくは否定する公的機関は現れそうもない。

## 世界最深の基礎

高さ634メートルの東京スカイツリーは日本一高い建造物だが、近いうちにその座を奪われるかもしれない。最先端の耐震技術に揺るぎない自信を持つ日本の建築家たちは、世界一高い超高層タワーの建設を計画している。高さ1700メートルの「スカイマイルタワー」は400階建てで、5万5000人ぶんの住居が入る。当然、世界最深の基礎を持つことになる。ただし、これほど天高い野望の実現にはそれなりの忍耐が求められる——タワーの完成は2045年以降になる見込みだ。

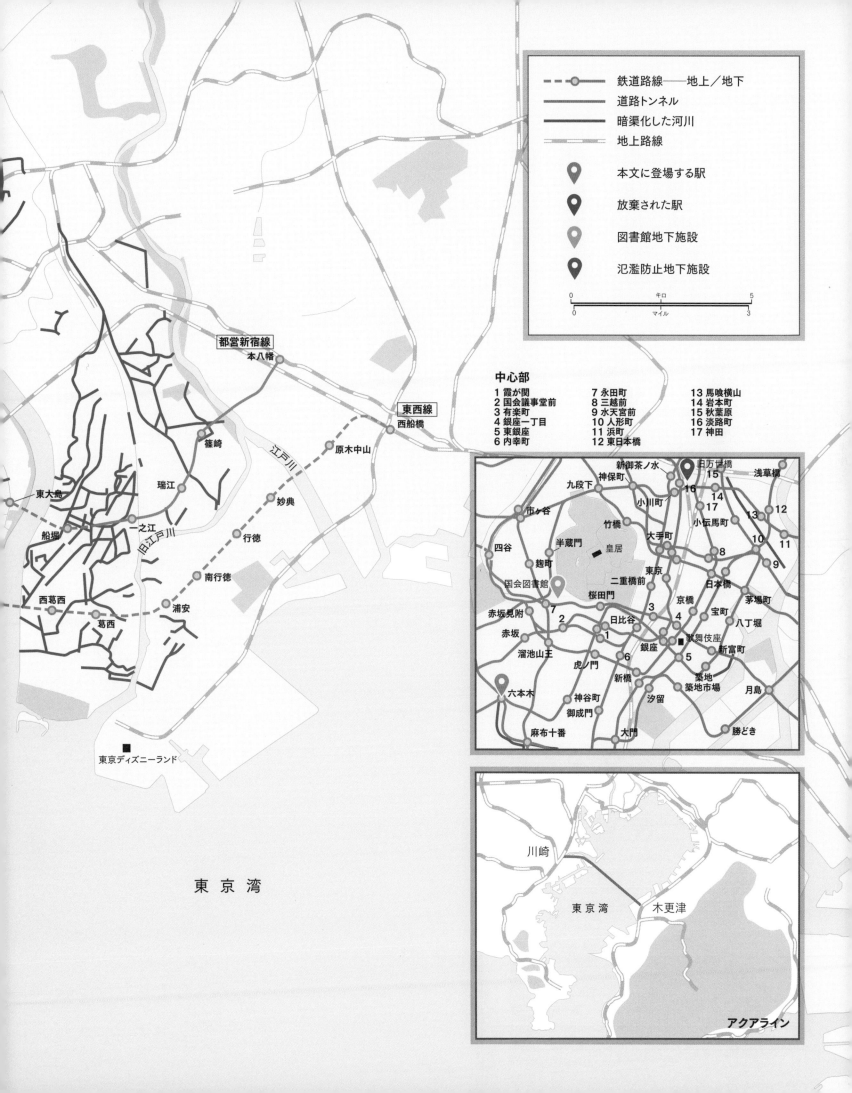

鉄道路線──地上／地下
道路トンネル
暗渠化した河川
地上路線

本文に登場する駅

放棄された駅

図書館地下施設

氾濫防止地下施設

0 ──── キロ ──── 5
0 ──── マイル ──── 3

**中心部**

| | | |
|---|---|---|
| 1 霞が関 | 7 永田町 | 13 馬喰横山 |
| 2 国会議事堂前 | 8 三越前 | 14 岩本町 |
| 3 有楽町 | 9 水天宮前 | 15 秋葉原 |
| 4 銀座一丁目 | 10 人形町 | 16 淡路町 |
| 5 東銀座 | 11 浜町 | 17 神田 |
| 6 内幸町 | 12 東日本橋 | |

都営新宿線
東西線
本八幡
西船橋
篠崎
原木中山
瑞江
妙典
江戸川
東大島
一之江
行徳
船堀
旧江戸川
南行徳
西葛西
浦安
葛西

東京ディズニーランド

東 京 湾

新御茶ノ水
旧万世橋
浅草橋
神保町
九段下
小川町
15
16
14
17
13
12
市ヶ谷
竹橋
小伝馬町
四谷
半蔵門
皇居
大手町
10
11
8
9
麹町
二重橋前
東京
日本橋
国会図書館
桜田門
京橋
茅場町
赤坂見附
7
3
宝町
2
日比谷
4
八丁堀
赤坂
1
銀座
溜池山王
6
5
新富町
虎ノ門
歌舞伎座
築地
新橋
築地市場
月島
六本木
汐留
神谷町
御成門
麻布十番
大門
勝どき

川崎
東京湾
木更津
アクアライン

# シドニー[オーストラリア]

## どこにも行きつかない道

オーストラリア東海岸の天然の港に位置する街、シドニー。市域に440万人ほどが暮らし、周辺に広がる郊外を含めた都市圏の人口は500万人をゆうに超える。この数はオーストラリア最多で、全国人口の20%以上を占める。

現在のシドニーがあるエリアには、少なくとも3万年前からオーストラリア先住民が暮らしていた。一説によれば、地中から発掘されたアボリジナル・ピープルの道具の中には、それよりもさらに2万年さかのぼる時代のものもあるという。1770年、ジェームズ・クック船長率いるイギリスの入植者がボタニー湾に上陸し、ヨーロッパ人としてはじめてこの海岸の地図を描いた。その18年後、ポート・ジャクソンに流刑植民地が開かれた。

### 初期のインフラ

初期の入植者にとって、きれいな水の供給は問題だった。ボタニー湾ではなくシドニー入江を拠点に入植地が開かれたのは、この入江に注ぐ川の存在が大きかった。1788年のポート・ジャクソン開拓のわずか3年後から、タンク・ストリームと呼ばれるその川の治水工事が始まり、すぐに橋が架けられた。1820年代になる頃には、この川の水は汚染がひどくなっていた。そこで、1850年代にブリッジ・ストリート付近で暗渠化され、公式に下水道に転用された。イギリス人の土木技師ジョン・バスビーは、1827年から1837年にかけてタンク・ストリームの暗渠化を意欲的に進め、現在のセンテニアル・パークあたりにあった池からきれいな水を運ぶために長さ3.5キロのトンネル——オーストラリア近現代史で最初のトンネル——をつくった。この「バスビーズ・ボア」は、現在では歴史遺産になっている。1842年、シドニーが都市の地位を手に入れたのと

同じ年に、都市計画の必要性から、地方政府に当たるシドニー・コーポレーションが誕生した。

オーストラリア最初の鉄道は1830年代から建設されていたが、シドニー市街の端、クリーブランド・フィールズと呼ばれる地区に鉄道が到来したのは、1855年になってからのことだ。最初にできた単式ホームの駅はシドニー駅と名づけられた。その後の拡張（最終的にはホーム数は14本にまで増えた）を経て、1906年に数百メートル北のエディ・アベニューに移転し、現在の中央駅の場所に落ちついた。

### シドニー・ハーバー・ブリッジ

シドニー・ハーバー・ブリッジの構想が最初に浮上したのは1816年のことだが、街が爆発的に成長するのに伴い、その巨大な橋の計画も進化を続けた。計画では、橋に鉄道の線路を敷き、既存のシドニー中央駅から湾を渡って北岸にあるミルソンズ・ポイントまでを結ぶことになっていた。工事には9年の年月を要した。時間がかかった理由の1つは、両岸に基礎を設けるにあたり、広大な地下洞穴の岩を深く貫く必要があったことだ。橋は1932年に開通した。

この橋の完成によりシドニー中央駅が終着駅ではなくなり、列車が通り抜けられるようになったのをきっかけに、大々的な再配置や建て直しが進められた。その結果、シドニー中央駅を発着する複数の主要路線をはじめとする、まったく新しい鉄道区間が必要になった。まずは地下区間がつくられ（タウンホール駅とウィンヤード駅を経由）、その後は地上に出てハーバー・ブリッジを渡り、対岸のミルソンズ・ポイントで既存の北行き支線につながった。

ハーバー・ブリッジ完成に伴う再編成で最初に浮上したのが、「シティ・サークル」の建設だ。この

短い路線は、シドニー中央駅から地下に潜ってビジネス中心地区の下で小さな円を描き、シドニー中央駅、タウンホール駅、ウィンヤード駅、サーキュラー・キー駅（ここでいったん地上に顔を出す）、セント・ジェームズ駅、ミュージアム駅の6駅を結ぶ。完成までにはやや時間がかかったが、この環状線はシドニーの地上を走る通勤路線とつながり、実質的には800キロを超える線路で178駅を結ぶシドニー・トレインズ（旧シティレール）鉄道網の一部になった。

技師のジョン・ブラッドフィールドが提案したシティ・サークルは、全線地下のメトロ網の中心になるはずだった。複数のトンネルが掘られたものの、当初意図した目的で使われることはついになかった。工事半ばで放棄されたセント・ジェームズ駅地下のトンネルは、現在では水がたまり、「湖」と呼ばれている。その中枢にある、東の郊外へ向かう地下鉄路線のために建設された2つのホームも、使われずに放置されている。この路線はダーリング・ハー

バーからシティ中心部に入り、タウンホール駅からオコネル・ストリートやセント・ジェームズ駅までつながるトンネルを走ることになっていた。この路線のためにつくられたタウンホール駅のプラットフォームは、現在では東部近郊鉄道が使っている。そのほか、ウィンヤード駅にも放棄されたトンネルがある。これはウィンヤード駅から地上へ出てハーバー・ブリッジを渡る路線の一部で、もともとは1932年から1958年にかけてトラムが走っていた。市中心部の対岸にあるノース・シドニーにも、モスマン方面に向かう、一度も使われたことのない長さ500メートルのトンネルがある。

## 郊外を結ぶ

東部近郊鉄道が建設されたのは1970年代のことだ。30年をかけて計画されたにもかかわらず、1979年の開業時にどうにかでき上がったのは、シドニー中央駅とボンダイ・ジャンクション駅を結ぶ短い

深度（メートル）

0 ─ シティ・サークル

セント・ジェームズ"湖"

ノースフォート標定室

10 ─

20 ─ クロス・シティ・トンネル
ビクトリア・バラックス

シドニー・ハーバー・トンネル／レーン・
コープ・トンネル／バスピーズ・ポア

30 ─

イースタン・ディストリビューター

ノース・ライド駅（ノースウエスト線、メトロ
最深駅）／ウエストコネックス地下高速道路

シドニー・オペラハウス駐車場

40 ─ メトロ・シティ＆サウスウエスト・トンネル

50 ─

60 ─ ウエスト・ペナント・ヒルズにある
メトロ・ノースウエスト・トンネル
（エッピング－ベラ・ビスタ間）

70 ─

80 ─

90 ─

100 ─

## シドニー・オペラハウスの地下駐車場とマッコーリー灯台

シドニーは大都市で、歴史が比較的長いこともあり、南半球最大級の地下インフラが作られている（シドニーを上回るのはブラジルのサンパウロとアルゼンチンのブエノスアイレスだけだ）。その反面、地下鉄網は世界の同じ規模の都市より整備が進んでおらず、地下鉄のために掘られたトンネルが使われないまま数多く残っている。そうした廃トンネルの中に、かつてのピアモント・グッズ貨物線が使用していた3つのトンネルもある。シドニーには地下駐車場がいくつもあるが、オペラハウスの下にあるものがひときわ大きく、そして見事だ。

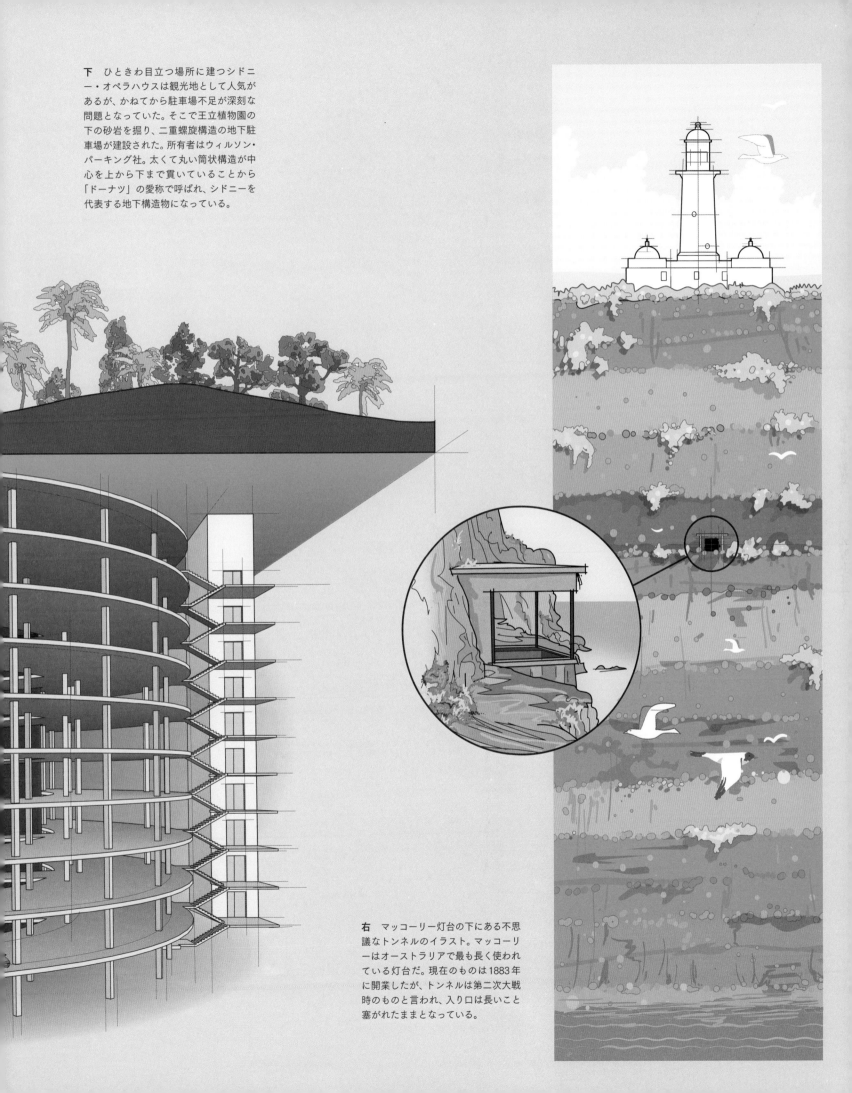

下　ひときわ目立つ場所に建つシドニー・オペラハウスは観光地として人気があるが、かねてから駐車場不足が深刻な問題となっていた。そこで王立植物園の下の砂岩を掘り、二重螺旋構造の地下駐車場が建設された。所有者はウィルソン・パーキング社。太くて丸い筒状構造が中心を上から下まで貫いていることから「ドーナツ」の愛称で呼ばれ、シドニーを代表する地下構造物になっている。

右　マッコーリー灯台の下にある不思議なトンネルのイラスト。マッコーリーはオーストラリアで最も長く使われている灯台だ。現在のものは1883年に開業したが、トンネルは第二次大戦時のものと言われ、入り口は長いこと塞がれたままとなっている。

往復路線だけだった（当初の計画の半分しかなく、人気のボンダイ・ビーチからはやや距離がある）。とはいえ、この路線の3駅（マーティン・プレイス駅、キングス・クロス駅、ボンダイ・ジャンクション駅）は地下につくられた。シドニー中央駅には、マスコットに向かう南部近郊鉄道用の2本のホームと短い地下区間も建設されたが、この路線の計画はついに実現しなかった。使われなくなったホームには、26番線と27番線という番号まで割り振られていた。旅客が訪れたことは一度もないにもかかわらず、この2本のホームは今もシドニー最大の駅の地下にひっそりと隠れている。レッドファーン駅の地下にも工事半ばで放棄されたホームがある。こちらもマスコット行きの路線のためにつくられたものだ。

1990年代に建設されたエアポート・リンクは、ほぼ全線を地下にする必要があった。うち4キロは岩盤を貫き、残りの6キロはそれほど工事の難しくない土の中を通っている。2000年に開通したエアポート・リンクはシドニー中央駅と空港を結び、空港内に2つの駅がある。また、ウォーライ・クリーク駅でイラワラ線に接続している。シティ北の郊外では、エッピングとチャッツウッドを結ぶ新路線の計画が浮上した。全線が地下を走る12.5キロのこの路線は

2009年に開通したが、10年足らずで廃線になり、シドニー・メトロ・ノースウエスト線プロジェクト（以下を参照）に組み込まれることになった。

## 高速輸送

最初のメトロ計画の提案──一部は実現したが（シティ・サークル）、多くは出だしでつまずいた──から数十年を経た2010年、オーストラリア政府はようやく、シドニーが待望する高速輸送システムを完成させる決意を固めた。シドニーの街のあちらこちらに地下鉄が散らばっていることから、シドニー・メトロ計画は段階的に進められ、2024年までにすべてが1つにつながる予定になっている。その第1期が、ノースウエスト線と呼ばれる路線だ。この路線ではエッピング・チャッツウッド駅間の既存の地下路線が使われ、その両側が延伸された。トンネル工事は2016年に完了し、エッピングからベラ・ビスタまでを結ぶ長さ15キロの2孔トンネルができ上がった。このトンネルは、最も深いところでは地下27メートルを走っている。ベラ・ビスタからラウズ・ヒルまでは「スカイトレイン」と呼ばれる高架区間で、その先は地面の上を走って終点のタラウォング駅に至る。この路線は2019年に開通した。

上　ミュージアム駅は1926年に開業した。ラウンデルの中に駅名を書く看板のデザインが、ロンドン地下鉄の看板とそっくりだ。当初の計画では「シティ・サークル」とともにいくつかの地下鉄道ができるはずだった。一部は実際に建設されながら、一度も使われないままとなっている。ミュージアム駅を出てセント・ジェームズ方面に向かうと、未使用のトンネルの存在を確認することができる。

右　新しく建設されたメトロ・ノースウエスト線には、キャッスル・ヒル・キャバーンと呼ばれる巨大なトンネルがある。最近建設された鉄道や道路によく見られるように、このトンネルも手前で線路が交差している。緊急時や運行の状況に応じて通るトンネルを切り替えられる仕組みだ。

第2期には、チャッツウッド駅から南の市中心部に向かう新トンネルがつくられる予定で、2018年に掘削工事が始まった。シティ＆サウスウエスト線と呼ばれるこの路線は、ノース・シドニーを南に向かって走り、港の海底を通って市中心部を抜け、サイデンハム駅へ向かう。地下につくられた7つの新駅を経てサイデンハム駅で地上に出たあと、バンクスタウンに至る。18駅からなるこの路線は長さ30キロで、地下区間の深さは25〜40メートルだ。

## ライトレール網

かつてのシドニーには南半球最大のトラム網があったが、1961年までに段階的にすべて廃止された。だが、シドニーでは現在、現代的なライトレール網の構築が始まっている。1997年に開通した最初の路線（L1線）は長さ12.8キロで、2つの地下駅がある。CBD＆サウスイースト・ライトレールと呼ばれる新路線は、全長12キロで19の駅を結ぶ（すべて地上の駅だが、ムーア・パークの地下に短いトンネルがある）。パラマタ、湾岸地区、グリーン・スクエア、アンザック・パレードなどの複数の地区で延伸の可能性が検討されている。

## 道路交通

自動車交通用のインフラ開発も、鉄道網の整備に劣らず厄介だった。シドニーが属するカンバーランド郡の計画では、早くも1948年には放射状の道路が提案されていたが、1970年代はじめまでほとんど実現しなかった。交通パターンがシティ南や空港を中心とするものに変化したため、当初の案に代わって1987年に新たな計画が立てられた。この新計画に沿って多くの事業が実施されたが、そのうちのいくつかは論争を巻き起こした。

さまざまな延伸計画や拡張計画から、多くのトンネルが生まれた。1992年には、海水面の25メートル下を走る全長900メートルのシドニー・ハーバー・トンネルが開通した。東西を結ぶ長さ2.1キロのクロス・シティ・トンネルは2005年に開通。2007年には、3.6キロのレーン・コーブ・トンネルも開通した。とりわけ大規模だったのが、イースタン・ディストリビューター高速道路のトンネル計画だ。全長110キロのシドニー環状道路網の一角をなす長さ6キロのこのトンネルは、既存のサザンクロス・ドライブを経由してシドニー空港とビジネス中心地区を結ぶためにつくられ、1999年に開通した。掘削工事では、40万立方メートルにのぼる土を掘り出して取り除かなければならなかった。トンネルの大部分は掘割構造だが、オーストラリアでも特に人口密度が高いエリアには、地下32メートルを走る1.7キロの「ピギーバック式」トンネル（車道を別の車道の上に重ねる方式）もある。

同じくシドニー環状道路網の一環としてつくられたのが、「ウエストコネックス」自動車道だ。おもに地下を走る全長33キロのこの道路により、M5およびM4自動車道がつながった。巨大な環状道路網に残る最後の穴は、M1とM2を結ぶ9キロの「ノースコネックス」により、2020年に埋められる予定になっている。

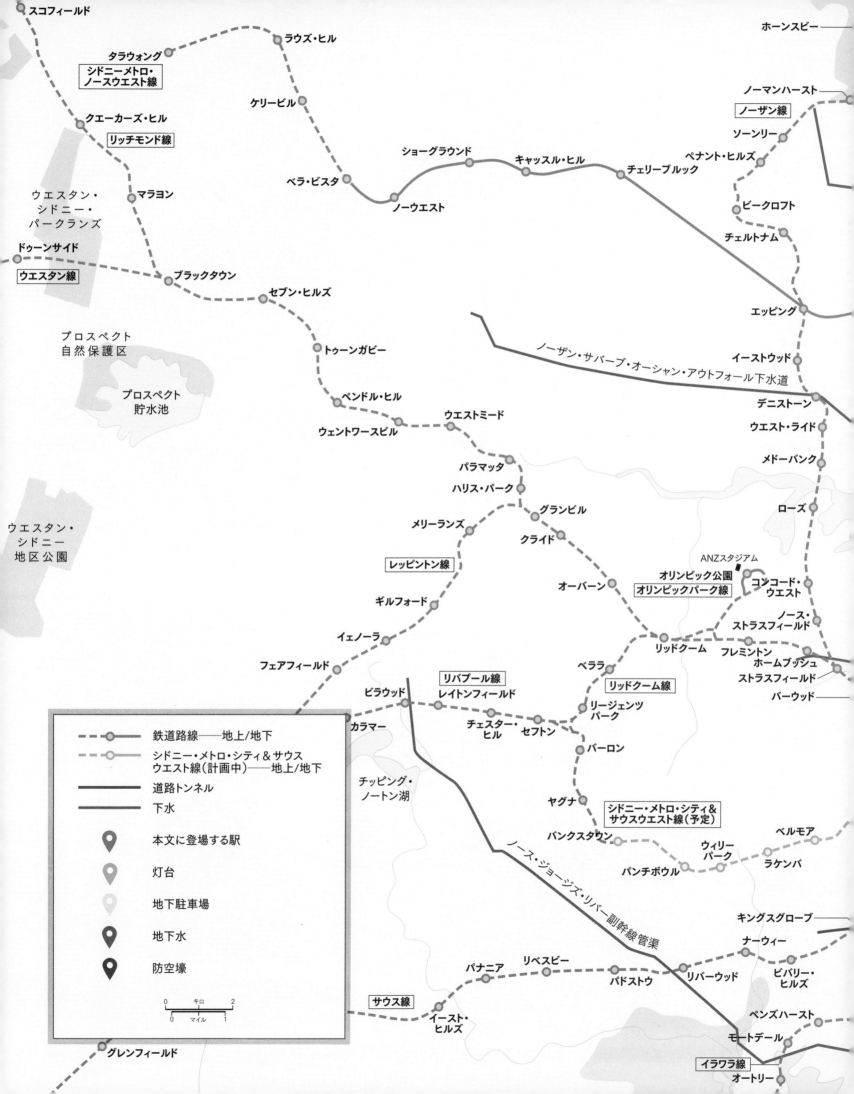

スコフィールド

ラウズ・ヒル

タラウォング

**シドニーメトロ・
ノースウエスト線**

ケリービル

クエーカーズ・ヒル

**リッチモンド線**

ショーグラウンド　　キャッスル・ヒル

ベラ・ビスタ

ノーウエスト

ホーンスビー

ノーマンハースト

**ノーザン線**

ソーンリー

ペナント・ヒルズ

チェリーブルック

ビークロフト

チェルトナム

ウエスタン・
シドニー・
パークランズ

マラヨン

ドゥーンサイド

**ウエスタン線**

ブラックタウン

セブン・ヒルズ

エッピング

プロスペクト
自然保護区

プロスペクト
貯水池

トゥーンガビー

イーストウッド

ノーザン・サバーブ・オーシャン・アウトフォール下水道

デニストーン

ウエスト・ライド

ペンドル・ヒル

ウエストミード

ウェントワースビル

メドーバンク

パラマッタ

ハリス・パーク

ローズ

ウエスタン・
シドニー
地区公園

メリーランズ

グランビル

クライド

**レッピントン線**

オーバーン

ANZスタジアム

オリンピック公園

**オリンピックパーク線**

コンコード・
ウエスト

ギルフォード

ノース・
ストラスフィールド

イェノーラ

リッドクーム

フレミントン

ホームブッシュ

ストラスフィールド

バーウッド

フェアフィールド

**リバプール線**

ビラウッド

レイトンフィールド

ベララ

**リッドクーム線**

カラマー

チェスター・
ヒル

セフトン

リージェンツ
パーク

バーロン

チッピング・
ノートン湖

ヤグナ

**シドニー・メトロ・シティ＆
サウスウエスト線（予定）**

バンクスタウン

ウィリー
パーク

ベルモア

パンチボウル

ラケンバ

ノース・ジョージズ・リバー副幹線管渠

キングスグローブ

ナーウィー

パナニア　　リベスビー

ビバリー・
ヒルズ

**サウス線**

パドストウ

リバーウッド

イースト・
ヒルズ

ペンズハースト

グレンフィールド

モートデール

**イラワラ線**

オートリー

**凡例**

鉄道路線──地上/地下

シドニー・メトロ・シティ＆サウス
ウエスト線（計画中）──地上/地下

道路トンネル

下水

本文に登場する駅

灯台

地下駐車場

地下水

防空壕

0　　キロ　　2

0　　マイル　　1

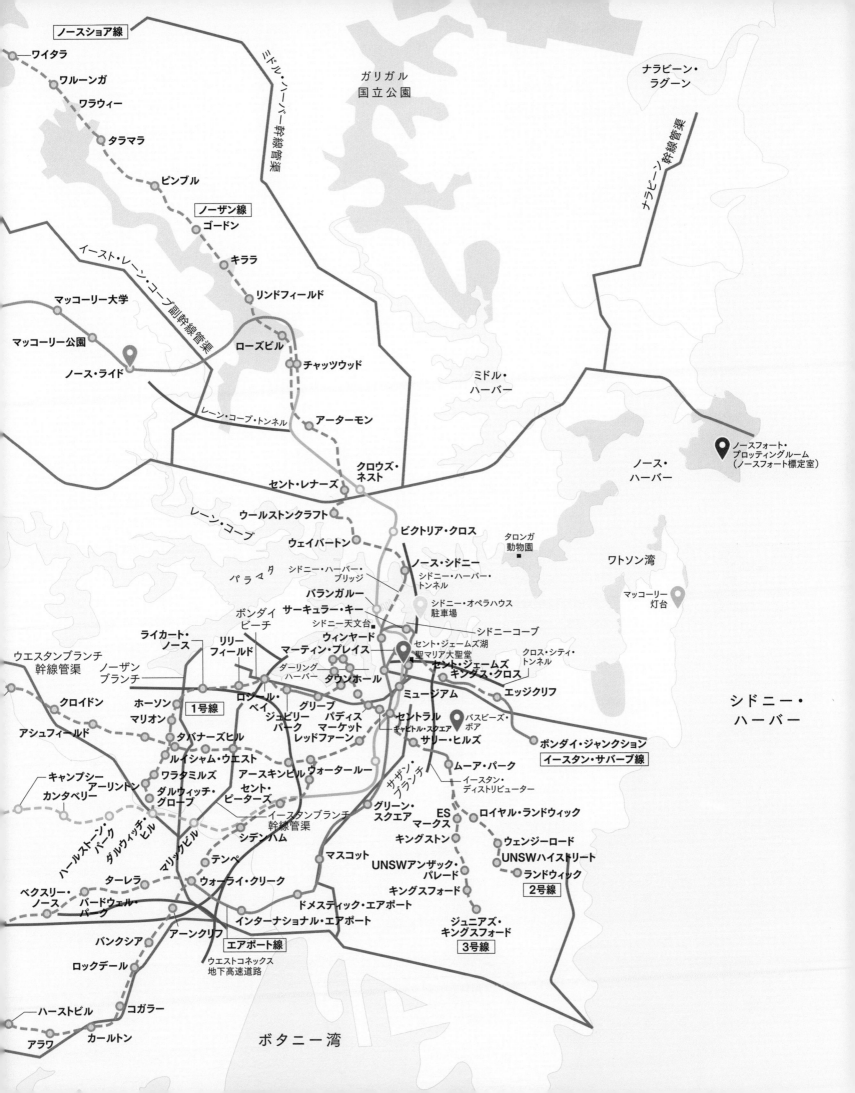

# 惜しくも選から漏れた地下都市

　ここまでに紹介した都市のラインナップには、登場しなかった都市を低く評価する気持ちはまったくない。どんな本にもスペースの制約がある。本書に登場する都市は、まさに「表面をひっかいている」に過ぎず、ほかにも地下空間を持つ町や都市は数多く存在する。そのすべてを紹介するスペースがないというだけのことだ。紹介する都市を絞り込むのは難しい仕事だったが、惜しくも選から漏れた都市を挙げるなら、以下のようになるだろう。

**アトランタ（アメリカ）** 1969年開業の地下ショッピングモール・エンターテインメント複合施設がある。

**インディアナポリス（アメリカ）** 数多くの地下墓地がある。現在は冷蔵庫として使われている。

**オールバニー（アメリカ）** 地下警察署を特色とする「エンパイア・ステート・プラザ」がある。

**オクラホマ（アメリカ）** 建物をつなぐ地下歩道の最初のトンネルの建設が1930年代に始まった。

**カンザスシティ（アメリカ）** 世界最大の地下貯蔵施設「サブトロポリス」がある。

**クリーブランド（アメリカ）** いくつものビルが相互につながった「タワー・シティ・センター」と呼ばれる施設がある。

**クリスタルシティ（アメリカ）** ほぼ全域が地下にあるバージニア州アーリントンの一地区。

**サンフランシスコ（アメリカ）** 放棄された無数の貨物トンネルや列車トンネルがある。

**シアトル（アメリカ）** 地面の高さが高くなる以前は地上の街路だったものの、現在では地下になっている通路がある。

**ソルトレイクシティ（アメリカ）** 教会を結ぶ無数のトンネル通路がある。

**ダラス（アメリカ）** 貨物トンネル網と、36ブロックの店舗、ホテル、オフィスを結ぶペドウェイがある。

**ダルース（アメリカ）** 市街地の地下に、互いにつながった多くのトンネルがある。

**デトロイト（アメリカ）** 禁酒法時代にはトンネルが散在していた。

**ハバー（アメリカ）** 1904年の火災後に地下に再建された町。

**ヒューストン（アメリカ）** 「ザ・トンネル」が、地上のビルをつなぐエアコンの効いた連絡路を提供している。

**フィラデルフィア（アメリカ）** 大通りの地下に数キロにわたるトンネルがあり、交通機関や市の重要庁舎を結んでいる。

**フレズノ（アメリカ）** 65の部屋からなる「フォレスティア地下庭園」は、地上の暑さを忘れさせてくれる。

**ベイカーズフィールド（アメリカ）** 56キロ離れたテハチャピの街につながる一連のトンネルがある。

**ボイシ（アメリカ）** 「キャピトル・モール」複合施設にある州機関のビルが地下でつながっている。

**ポートランド（アメリカ）** 川から地下倉庫に荷物を運ぶための「シャンハイ・トンネル」が建設された。

**ローリー（アメリカ）** かつてはショッピング・エンターテインメント複合施設「ビレッジ・サブウェイ」があったが、現在では打ち捨てられている。

**ワシントンDC（アメリカ）** 連邦議会議事堂などがある複合施設の地下には、大規模なトンネルシステムがある。政府職員だけが使っているミニ地下鉄システムもある。

**ウィニペグ（カナダ）** モントリオールやトロントの地下モールに似た「ウォークウェイ」がある。

**オタワ（カナダ）** 長さ5キロのトンネルが店舗やオフィスをつないでいる。

**ハリファックス（カナダ）** 市街地のビルをつなぐトンネルがある。

**エディンバラ（イギリス）** 数々のトンネルのほか、橋の空洞部につくられた「ボールト」がある。

**グラスゴー（イギリス）** 道路の両脇の平地に人口が密集していたため、防空壕を道路の中央につくらなければならなかった。ポート・グラスゴーにある防空壕は、最大1000人を収容できた。

**コーシャム（イギリス）** 戦時中央政府司令部に指定された広さ14万平方メートルの地下執務室と居住スペースがある。

**ストックポート（イギリス）** 砂岩を掘ってつくられた4系統の地下防空壕には、最大6000人を収容できた。

**ドーバー（イギリス）** 白亜質の土壌に掘られた、互いにつながったトンネルがある。これらのトンネルは、おもに防衛の目的で使われていた。

**ノッティンガム（イギリス）** 中世にさかのぼる数百の人工洞窟の上に位置している。

**バーミンガム（イギリス）** 地下電話交換局、閉鎖された地下映画館、ロイヤルメールのトンネル、無数の防空壕がある。

**ジュネーブ（スイス）** 複数のビルがつながる大規模な地下ショッピングセンターがある。

**チューリヒ（スイス）** 地下ショッピングモール「レイルシティ」がある。

**トレド（スペイン）** 古代の人々が浴場、墓地、礼拝所として使っていた洞窟がある。

**ナウル（フランス）** かつての採掘場に、第二次大戦時にドイツ占領軍が司令部として使っていたトンネルがある。

**マーストリヒト（オランダ）** 2万本を超える回廊とかつての砲床を備えた広大な洞窟系がある。この洞窟系は、市民の防空壕とするために、いくつものトンネルで拡張された。

**フランクフルト（ドイツ）** 「Bエーベネ」という地下ショッピングモールと、船舶用のトンネルがある。

**ホーレ（ノルウェー）** 「Hole」の名にふさわしく、「セントラランレゲット」と呼ばれるノルウェー最大の地下防空壕・民間シェルターの上に位置している。

**ナポリ（イタリア）** 隠れた地下墓地や地下霊廟、それを結ぶトンネルが数多くある。

**バラクラバ（ウクライナ）** かつて地下潜水艦基地だった博物館がある。

**アイディンテペ（トルコ）** 火山岩を削ってつくられた3000年前の集落がある。

**カイマクル（トルコ）** 100近いトンネルと地下空間があり、デリンクユにつながっている。

**デリンクユ（トルコ）** 地下最大60メートルのこの地下都市には、かつて2万人が暮らしていた（さらに、複数のトンネルで地下都市カイマクルにつながっていた）。

**ウーイ（イラン）** 「きれいな水の街」を意味する「ヌシャバード」の名でも呼ばれる地下都市がある。

**キャンドバン（イラン）** 崖を掘ってつくられた家々があり、今も人が住んでいる。

**ペトラ（ヨルダン）** 岩から切り出された都市としてはおそらく最も有名なもので、その歴史は紀元前7000年までさかのぼる。

**ブラレジア（チュニジア）** 多くの家屋が並ぶ古代遺跡があり、家屋の一部は地下に位置している。

**大阪（日本）** いくつかの地下ショッピングモールがある。中には、1000軒を超える店舗やレストランが立ち並ぶモールもある。

**天神（日本）** 福岡市の天神には、「天神地下街」と呼ばれる地下ショッピング街がある。

**広島（日本）** 地下街「紙屋町シャレオ」で公共交通機関が結ばれている。

**広州（中国）** 交通機関やオフィスを結ぶ、数多くの地下トンネルがある。

**深圳（中国）** 多数の地下モールと交通機関をつなぐ地下街「リンクシティ（連城新天地）」がある。

**台北（台湾）** 市民大道の地下に、「台北地下街」などの地下ショッピング街がある。

**ソウル（韓国）** 「会賢」と「明洞」という二大地下ショッピング街があり、さらに多くの建設が予定されている。

**シンガポール** 島国のシンガポールには、多くの地下ショッピングモールや駅と駅をつなぐトンネルがある。最大規模の「シティリンク」モールは5575平方メートルの店舗面積を誇る。「サイエンス・シティ」と呼ばれる地下科学パークの建設も検討されている。

**クーバーペディ（オーストラリア）** 地下に掘られた家やホテルからなる魅力的な町。

# 参考資料

## Bibliography

Ackroyd, Peter, *London Under, The Secret History Beneath The Streets*, Chatto & Windus, London, 2011

Alfredsson, Björn, et al, *Stockholm Under – 50 år-100 stationer*, Brombergs, Stockholm, 2000

Andreu, Marc, et al, *La ciutat transportada; Dos segles de transport collection al servei de Barcelona*. TMB, Barcelona, 1997

Bautista, Juan, et al, *Color Subterráneo*, Metrovias, Buenos Aires, 2007

Clairoux, Benoît, *Le Metro de Montreal*, Hurtubise HMH, Montreal, 2001

Collectiv, *Montréal en métro*, ULYSSE/STM, Montreal, 2007

Cudahy, B.J., *Under the sidewalks of New York; the story of the greatest subway system in the world*, Fordham University Press, New York, 1995

Dost, S. *Richard Brademann (1884–1965) Architekt der Berliner S-Bahn, Verlag Bernd Neddermeyer*, Berlin 2002.

Emmerson, Andrew and Beard, Tony, *London's Secret Tubes*, Capital Transport, Harrow Weald, 2004

Greenberg, Stanley, *Invisible New York: The Hidden Infrastructure of the City*, Johns Hopkins University Press, Baltimore, 1998

Hackelsberger, Christoph, *U-Bahn Architektur in München*, Prestel-Verlag, New York, 1997

Homberger, Eric, *The Historical Atlas of New York City: A Visual Celebration of 400 Years of New York City's History*, Henry Holt & Company, New York, 2005

Jackson, A. and Croome, D,. *Rails Through The Clay*, George Allen & Unwin, London, 1962

Lamming, Clive, *The Story of the Paris Metro*, Glenat, Paris, 2017

Macaulay, David, *Underground*, HMH Books for Young Readers, 1983

Marshall, Alex, *Beneath The Metropolis – The Secret Lives of Cities*, Carroll & Graff, New York, 2006

Moffat, Bruce G, *The "L" – The Development of Chicago's Rapid Transit System, 1888–1932*, Central Electric Railfans Assn, Chicago, 1995

New York Transit Museum, *The City Beneath Us: Building the New York Subway*, W. W. Norton & Company, 2004

Ovenden, Mark, *Paris Underground – The Maps, Stations And Design Of The Metro*, Penguin, New York, 2009

——, *London Underground by Design*, Penguin, London, 2013

——, *Transit Maps of the World*, Penguin Random House, London, 2015

——, *Metrolink – The First 25 years*, Rails Publishing/TfGM, 2017

Pepinster, Julian, *Le Metro de Paris – Plus d'un un Siecle d'Histoire*, La Vie du Rail, Paris, 2016

Price, Jane, *Underworld – Exploring The Secret World Beneath Your Feet*, Kids Can Press, Toronto, 2013

Schwandl, Robert, *Berlin U-Bahn Album*, Robert Schwandl Verlag, Berlin, 2002

——, *Metros in Spain*, Capital Transport, Harrow Weald, 2001

——, *München U-Bahn Album*, Robert Schwandl Verlag, Berlin, 2008

Strangest Books, *Strangest Underground Places in Britain*, Strangest Books, 2006

Talling, Paul, *London's Lost Rivers*, Random House Books, London, 2011

Warrender, Keith, *Below Manchester*, Willow Publishing, Altrincham, 2009

## Webography

Please note: all the transit systems, most of the shopping malls and places that can be visited mentioned in this book have official operators websites which can easily be found with a simple online search. The list provided here is mainly of unofficial sites run by enthusiasts.

### Canada

Montreal Metro fan: **emdx.org/rail/metro/index.php**
Montreal underground: **montrealundergroundcity.com**
Toronto PATH: **toronto.ca/explore-enjoy/visitor-services/path-torontos-downtown-pedestrian-walkway/**
Toronto Subway fan: **transit.toronto.on.ca**

### China

Rail & Metro fans: **en.trackingchina.com**

### Finland

Helsinki underground masterplan: **hel.fi/helsinki/en/housing/planning/current**

## France

French subterranean spaces: **souterrains.vestiges.free.fr**

Paris catacombes explorer: **annales.org/archives/x/
gillesthomas.html**

Paris Metro curiosities: **paris-unplugged.fr/category/metro-2/**

Paris Metro fan site: **siteperso.metro.pagesperso-orange.fr**

Paris Metro preservation society: **ademas.assoc.free.fr**

## Germany

Berlin underground fan: **berliner-unterwelten.de/en.html**

Munich U-Bahn fan: **u-bahn-muenchen.de**

U-Bahn Archive: **u-bahn-archiv.de/**

U-Bahn fan: **berliner-u-bahn.info**

## Hungary

Metro fan site: **metros.hu**

## India

Transit fan: **themetrorailguy.com**

Urban transit news: **urbantransportnews.com**

## Italy

Milan Metro fan: **sottomilano.it**

Rail fans: **cityrailways.com**

Rome underground fan: **sotterraneidiroma.it/en**

## Mexico

Metro fan: **mexicometro.org**

## Russia

Metros across Russia fan site: **meta.metro.ru**

Moscow Metro fan site: **metro.ru**

Other Russian Metros fan site: **mirmetro.net**

## South America

Buenos Aires Subte fan: **enelsubte.com**

Latin America Subways: **alamys.org/es/**

## Spain

Metro fans: **anden1.es**

Train fans: **trenscat.com**

## UK

Abandoned stations: **disused-stations.org.uk**

Closed Mail Rail: **postalmuseum.org/discover/attractions/mail-rail/**

Hidden London tour: **ltmuseum.co.uk/whats-on/hidden-london**

Hidden Manchester tour: **hidden-manchester.org.uk/tunnels.html**

Liverpool tunnels: **williamsontunnels.co.uk/view.php?page=about**

Subterranea Britannica: **subbrit.org.uk**

Underground fan: **londonreconnections.com**

Underground forum: **districtdavesforum.co.uk**

## USA

Chicago El: **chicago-l.org**

Chicago Pedway: **chicagodetours.com/images/chicago-pedway-map-detours.pdf**

LA Transit Coalition: **thetransitcoalition.us/RedLine.htm**

NYC Subway: **nycsubway.org**

NYC Transit: **rapidtransit.net**

Transit advocates news: **thetransportpolitic.com**

## Worldwide

All urban rail systems: **urbanrail.net**

Forbidden places: **forbidden-places.net**

Metro data: **mic-ro.com/metro/**

Strange places: **atlasobscura.com**

Subways forum: **skyscrapercity.com/forums/subways-and-urban-transport.130/**

Transit maps: **transitmaps.tumblr.com**

Underground explorers: **undergroundexplorers.com**

## Wikipedia

**en.wikipedia.org/wiki/List_of_metro_systems**

**en.wikipedia.org/wiki/Underground_city**

**en.wikipedia.org/wiki/Urban_exploration**

# 索引

# 写真・イラスト クレジット

## Acknowledgements

Author's appreciation for their assistance on compiling this book: Richard Archambault, Mike Ashworth, Jennifer Barr, Laura Bulbeck, Luca Carenzo, Pat Chessell, Roman Hackelsberger, Leo Frachet, Kate Gunning, Reka Komoli, Juan Loredo, Peter B. Lloyd, Geoff Marshall, Julian Pepinster, Maxwell Roberts, Chris Saynor, Rob Shepherd, Julia Shone, Guy Slatcher, Anna Southgate, Paul Talling, Adam Wales, Mike Walton, Lucy Warburton.

ナショナル ジオグラフィック協会は1888年の設立以来、研究、探検、環境保護など1万3000件を超えるプロジェクトに資金を提供してきました。ナショナル ジオグラフィックパートナーズは、収益の一部をナショナルジオグラフィック協会に還元し、動物や生息地の保護などの活動を支援しています。

　日本では日経ナショナル ジオグラフィック社を設立し、1995年に創刊した月刊誌『ナショナル ジオグラフィック日本版』のほか、書籍、ムック、ウェブサイト、SNS など様々なメディアを通じて、「地球の今」を皆様にお届けしています。

nationalgeographic.jp

# 世界の地下都市 大解剖
## 立体イラストで巡る、見えない巨大インフラ

2021年3月9日　第1版1刷

| | |
|---|---|
| 著者 | マーク・オーブンデン |
| 訳者 | 梅田 智世、竹花 秀春 |
| 編集 | 尾崎 憲和、田島 進 |
| 編集協力・制作 | リリーフ・システムズ |
| 装丁 | 三木 俊一（文京図案室） |
| 発行者 | 中村 尚哉 |
| 発行 | 日経ナショナル ジオグラフィック社<br>〒105-8308　東京都港区虎ノ門4-3-12 |
| 発売 | 日経BPマーケティング |

ISBN978-4-86313-460-7
Printed in China

乱丁・落丁のお取替えは、こちらまでご連絡ください。https://nkbp.jp/ngbook

NATIONAL GEOGRAPHIC and Yellow Border Design are trademarks of the National Geographic Society, used under license.

UNDERGROUND CITIES

First published in 2020 by Frances Lincoln Publishing,
an imprint of The Quarto Group.

Text©2020 Mark Ovenden
Illustration©2020 Robert Brandt

Japanese translation rights arranged with
Quarto Publishing Plc
through Japan UNI Agency, Inc., Tokyo